煤矿班组长
安全培训教材

综合本

《煤矿班组长安全培训教材》编委会 编

中国矿业大学出版社

·徐州·

图书在版编目(CIP)数据

煤矿班组长安全培训教材:综合本/《煤矿班组长安全培训教材》编委会编. －徐州:中国矿业大学出版社,2018.7(2024.5 重印)

ISBN 978 - 7 - 5646 - 3989 - 1

Ⅰ. ①煤… Ⅱ. ①煤… Ⅲ. ①煤矿－矿山安全－安全培训－教材 Ⅳ. ①TD7

中国版本图书馆 CIP 数据核字(2018)第 119180 号

书　　名	煤矿班组长安全培训教材·综合本
编　　者	《煤矿班组长安全培训教材》编委会
责任编辑	齐　畅
出版发行	中国矿业大学出版社有限责任公司
	(江苏省徐州市解放南路　邮编 221008)
营销热线	(0516)83884103　83885105
出版服务	(0516)83995789　83884920
网　　址	http://www.cumtp.com　E-mail:cumtpvip@cumtp.com
印　　刷	徐州中矿大印发科技有限公司
开　　本	850 mm×1168 mm 1/32　印张 12.375 彩页 4 字数 322 千字
版次印次	2018 年 7 月第 1 版　2024 年 5 月第 9 次印刷
定　　价	32.00 元

(图书出现印装质量问题,本社负责调换)

《煤矿班组长安全培训教材》编委会

目　　录

目　录

第一章　煤矿班组与班组长

第一节　煤矿班组地位

一、班组是煤矿的"细胞"

班组是煤矿组织生产经营活动的基本单位,是煤矿最基层的生产管理组织。煤矿的所有生产活动都在班组中进行,如煤矿的各项经济指标和技术指标最终要通过班组来实现,生产中大量的信息数据要靠班组来提供。班组工作的好坏直接关系着煤矿经营的成败。班组就像人体的一个个细胞,只有人体的所有细胞都健康,人的身体才能健康,才能充满旺盛的生命力。只有班组充满了勃勃生机,煤矿才会有旺盛的活力,才能在激烈的市场竞争中立于不败之地。

二、班组是煤矿创新活力的"源头"

看一个煤矿企业是否有活力,首先看班组有没有活力。只有不断创新才能保持班组活力。班组有了创造力,煤矿企业的活力和竞争力就会提高。如果班组在工作中能用创新的精神去解决工作中的问题,就会不断激发员工的工作热情,员工在这样的班组工作,每天都会保持新鲜感、成就感,每天都会面对新的挑战,那么员工就会快乐地工作,不断地进步。

三、班组是煤矿安全的"基石"

国务院国有资产监督管理委员会原主任李荣融曾说：看一个企业有没有竞争力，关键要看班组、看岗位。没有优秀的班组作为基石，企业的腾飞就是一句空话。班组是煤矿安全管理的最基层组织，是煤矿安全管理的出发点，是企业一切工作的立足点。因为先进的管理制度、科学的施工方法、合理的劳动组织、完善的安全措施都要靠班组去落实。2011年1月召开的全国煤矿班组安全建设推进会强调，把企业安全生产责任制落实到班组、把各项安全管理措施落实到班组、把安全防范技能落实到班组、把企业安全文化建设落实到班组、把党和政府对煤矿工人的关怀落实到班组。由此可以说，班组又是煤矿安全管理的落脚点。

班组是煤矿安全管理的"压舱石"。煤矿企业的纵向管理可划分为三个层次，即经营层、管理层和执行层，而执行层的最基础单位就是班组。班组管理是煤矿企业安全管理的最基础工作，安全生产是煤矿诸多工作的综合反映，仅有集团、矿领导和部分职工的积极性和热情还不够，因为往往是个别职工、个别工作环节上的马虎和失误把煤矿安全毁于一旦。所以说，小班组成就大安全，班组是煤矿安全管理的"压舱石"，班组建设好，企业安全稳。因此，从中央到地方各级政府，到煤矿集团公司，直到矿、区队，抓安全生产着眼于班组，功夫下在现场管理，措施落实在岗位和具体操作人员身上。实践证明，抓好煤矿班组管理，是煤矿规范化管理的重要环节。

第二节　煤矿班组长作用

一、班组长是煤矿班组工作的"核心"

班组长是煤矿最基层的管理者。实际工作中，经营层的决策做得再好,如果没有班组长的密切配合和强有力的执行力,没有一批政治强、管理精、技能高的班组长来组织领导,那么经营层的决策就很难落实。班组长是班组工作的"核心",既是安全生产的组织领导者,也是直接的生产者,还是班组员工的技术技能"培训师"、职业生涯发展的指导者。

但是,实际工作中有的班组长往往意识不到自己的重要作用,把自己仅仅看作是一个普通生产者。其实,能够带好一个班组的班组长,必定是一个既善于做思想政治工作又能以身作则的领导者,当然也一定是一个能够站在班组的"指挥岗"、"战斗岗"上起到"细胞核"作用的技术能手,所以,发挥班组长"多面手"作用,是班组工作不断创新的重要基础。

二、班组长是承上启下的"纽带"与"桥梁"

面对上级——既是执行者又是责任者。作为执行者,就是不折不扣地完成工作任务;作为责任者,必须为本班组发生的所有情况承担责任。

面对下级——既是领导者、指挥者,同时还是"教练"。作为领导者,应该确保员工以高度的热情和信心来完成任务;作为指挥者,要学会合理组织人力、财力与物力,以确保目标任务的完成;作为"教练",要能够发现员工工作中存在的不足,并及时提供指导与培训,以不断提升他们的工作能力。

面对同级——站在他人的立场上,了解他人的需要和难处,并尽力予以配合。学会换位思考,理解他人的不得已之处,从大局出发,为完成企业的大目标而团结奋斗;交涉问题时,心平气和,礼让三分,以解决问题为目的。

三、班组长是煤矿"前沿阵地"的"安全责任人"

班组是煤矿生产的最基层组织,是"前沿阵地",也是生产事故的高发地带。据统计,有超过90%的事故发生在班组,可见班组在煤矿安全基础管理中的地位。

班组长作为班组的领头羊,是各项具体工作实施的直接指挥者、组织者和执行者,是班组安全的直接责任人,是煤矿安全生产前沿阵地的"总指挥",所以说班组"安全不安全,班长是关键"。

第三节　煤矿班组长素质要求

班组长是"兵头将尾",作用重大,素质要求高,一个企业如果没有一批综合素质优秀的班组长,那么企业的发展战略和经营管理措施就很难得到顺利落实。

一、政治思想素质

具备较高的政治思想素质,是当好班组长的首要条件。

(1) 对党和政府的安全生产方针及安全管理的法律规章能够正确理解,对企业的经营决策、工作目标能够全面了解,并认真贯彻落实。

(2) 正确执行上级指令,正确处理好国家、企业、个人三者的利益关系。

(3) 具有较强的民主、法制和文明意识。

(4) 热爱煤炭事业,敬业奉献。

(5) 有良好的社会公德、职业道德、家庭美德和个人品质,自身修养好。

(6) 办事公道,不徇私情。坚持原则不含糊,发扬民主不武断,热情真诚不落俗,平等待人不特殊,艰苦奋斗作表率。

(7) 谦虚谨慎,团结同志。

(8) 艰苦奋斗,厉行节约,廉洁奉公。

二、科技文化素质

（1）提高获取知识的能力。不断加强学习，不断更新知识，不断改善自己的知识结构。

（2）强化思考问题的能力。在勤奋学习的基础上养成勤于思考的习惯，培养积极思考的能力，进而形成新的思想、新的思路、新的工作方法，才能更好地指导工作实践。

（3）强化理论联系实际的能力。即联系实际分析问题的能力，应用技术知识解决问题的能力。

（4）不断提升所从事专业、岗位应该具备的能力。班组长要有专业化水平，如果个人能力能满足岗位需要，就做到了专业化。班组长专业化是综合素质的具体体现，是专业教育、领导能力和实际操作能力的综合体现。

（5）精于学习运用新技术、新工艺，熟练掌握和遵循《煤矿安全规程》、各种标准进行生产和管理。

（6）善于学习总结本身及他人的先进经验，形成具有实践应用价值的安全操作技能和安全管理方法。

三、现代管理素质

（1）具备优良的安全管理素质，理论知识与实践经验兼备，善于在实际工作中应用新知识和结合形势创新。

（2）班组自主管理执行力强。实施班组自主管理就是逐步达到人本管理，对员工靠纪律约束，用道德熏陶，在人格上受尊重，并让员工充分享受煤矿改革发展的成果，使他们成为一个人格比较健康完善的人。

（3）具有精湛的煤矿作业现场安全管理能力。勤于钻研作业规程要求，熟悉煤矿安全生产与管理的相关法律法规，并在实际工作严格贯彻执行。

（4）具有独立处理问题的能力。班组长在本班组是技术上的尖子、业务上的能手、安全生产上的标兵，能及时解决生产和技术的关键问题。

（5）具有较强的组织指挥能力。善于把本班组的工作任务和贯彻措施传达到每一位成员，充分发挥每个人的主观能动性，调动大家的积极性，促进班组各项工作高效率地开展，思想和行动一致，保障工作目标的顺利实施。

（6）知人善任。准确了解和掌握本班组每个人的思想情况、技术水平和业务专长，量才使用，充分发挥每个人的聪明才智。

（7）具有协调沟通能力。班组是企业的基层生产单位，从管理环节上来看，上有业务部门，下有一般员工，左右有兄弟班组，协调好方方面面的关系有利于班组工作的顺利开展。

（8）具有精细化劳动组织管理的能力。平时工作中要留意关心本班组成员的生活，了解班组成员的爱好，掌握每个成员的思想脉搏。对员工思想中存在的问题，班组长要晓之以理、动之以情，及时解决、化解矛盾。保护员工合法权益，关心职工疾苦，激发员工的工作热情，充分调动员工的工作积极性。

四、身体心理素质

（1）身体素质。由于煤矿开采属于地下生产，生产环境较差，劳动强度较大，上下井及现场作业时间较长，这就要求班组长具有健康的身体，具备吃苦耐劳、勇敢顽强和克服各种困难的毅力。因此，健康的体魄是当好班组长所必须具备的重要条件。班组长平时要养成良好的生活习惯，妥善处理好工作、娱乐和休息的关系，劳逸结合；要培养良好的文体活动兴趣爱好，坚持参加体育锻炼，以健康的体魄和充沛的精力投入到煤矿安全生产管理中去。

（2）心理素质。一是学会自我心理调节。班组长的工作任务重，安全责任大，经常要面对来自各方面的工作压力，需要进行自我心理调节,做到以积极乐观的心态看待问题、解决矛盾。二是增强自信心,遇事沉着冷静,坚信有领导和同事的支持,什么困难险阻都能战胜。有了自信才能应对压力,才能鼓舞班组员工的士气,同心协力做好班组安全生产与安全管理。

五、协同创新素质

班组长应具有开拓精神和创新意识。随着改革开放的不断深化,煤矿班组管理将面临新的形势和任务,面临新的挑战,需要解决新的问题和矛盾,这就要求班组长一定要摈弃墨守成规的旧意识,积极学习并运用新知识、新技术、新方法、新工艺,协同创新,带领班组全体职工适应社会主义市场经济的新要求,实现班组安全生产目标。

第四节　煤矿班组长工作职责

一、班组安全生产标准化管理

(1) 根据有关规定,结合实际,建立安全标准化。

(2) 严格岗位(工种)作业规范,现场安全管理中严格按照作业规范施工,切实提高员工作业质量。

(3) 加强现场安全生产质量标准化管理,落实工序终端责任,明确标准要求,管理做到精细化。

(4) 开展好班组隐患排查和风险评估,及时处理隐患,保证现场安全生产。

(5) 实行结构工资制,将质量标准化与员工工资挂钩考核并兑现。

二、班组员工安全技能培训

（1）根据培训计划与教学大纲，编制本班组培训教材（内容）、参加培训人员安排及课程表，采用脱产、半脱产和班前学习相结合的形式，按月实施。

（2）组织本班组"一日一题"学习内容编写，注重内容的针对性和学习的实效性。

（3）在"一月一考"中，理论考试要与现场实际操作相结合，注重理论考试的针对性。

（4）实行班组长讲课制，按规定要求进行"一日一题"和"一周一案"的教学。班组长达到专业化要求的由班组长亲自讲课，班组长未达到专业化要求的由技术副班组长讲课。

（5）对本班组员工学习笔记定时进行检查，发现问题及时纠正，并按月对员工的学习情况进行综合评议。

（6）建立考试管理制度，认真组织员工按时参加月度考试，遵守考试制度，学习上互相帮助提高，争取培训取得好成绩。

（7）把职业道德教育纳入安全培训教学内容和班前会内容，引导员工尽职尽责，遵守职业操守。

三、班组成员安全行为规范

（1）重点抓好员工作业行为规范。

（2）建立班组员工不良行为档案，作为帮教及奖惩的依据。

（3）坚持月度安全行为分析例会制度，采取"三工流转"评价办法，激励员工规范行为、遵章守纪，并在班组建立工序终端责任，促进互联保工作。

（4）自主查处的一般"三违"行为报安监部门备案，由本单位处理；严重"三违"行为须报安监部门处理。

（5）对"三违"人员采取"帮教→警告→处理""三步法"。

（6）经常开展自主查岗、班前不良行为点评、事故责任者说教等活动。

四、班组岗位管理

（1）在基层区队党政的领导下，负责本班组的安全生产管理工作，是本班组安全生产工作的终端责任人。

（2）贯彻执行《中华人民共和国安全生产法》《中华人民共和国矿山安全法》和煤矿"三大规程"；掌握本班生产工序和各工种安全生产技术标准，科学合理地组织施工；坚决做到不违章指挥、不违章作业、不违反劳动纪律。

（3）不断完善本班组的安全生产管理制度，并严格组织落实。

（4）遵守安全工作的要求，按规定程序开好班前会，规范职工作业行为，严格现场施工流程和工作标准。

（5）认真听取职工的合理化意见和建议，注意掌握职工的思想动态，为职工解决实际问题；抓好队伍稳定，促进安全生产。

（6）坚持队务公开，分配做到公平、公开、透明。

（7）按照自主管理要求，凝聚人心，团结协作，努力完成安全生产任务。

（8）对班组存在的安全问题及发生的事故，立即如实上报，决不隐瞒或迟报。

五、强化班组执行力

认真执行班组安全管理制度是班组实现安全生产的重要保证，强化班组长安全管理执行力是当前煤矿班组安全建设的重要内容。班组安全管理制度主要有：① 班前会制度。② 交接班制度。③ 跟班作业制度。④ 安全生产标准化检查验收制度。⑤ 安全生产制度。⑥ 隐患排查制度。⑦ 事故分析处理制度。⑧ 安全生产奖惩制度。⑨ 事故报告制度。

上述制度是班组安全建设和管理的根本,没有强有力的执行力,再好的制度也形同虚设,真抓实干才能筑牢安全管理根基。

六、创新班组安全文化

安全文化是班组安全建设之本,是班组管理的灵魂。在煤矿企业,"科学发展"首先要"安全发展",不少煤矿班组在唱响"安全生产"的同时,注重抓班组安全文化建设,增强员工安全意识。

班组安全文化体现:班组安全生产的观念文化、班组安全生产的制度文化、班组安全生产的行为文化等等。

班组安全文化建设措施:党政工团齐抓共管,创新班组安全文化建设载体和平台;通过学习教育、培训和各种活动,开展安全月和安全周、班前班后会、技术竞赛、技能考评等,提高员工安全文化素质,增强员工安全意识,形成强大的"安全氛围"。

第五节 煤矿班组安全管理标准化

一、班组长安全培训是煤矿安全奠基工程

近几年来,国家出台了一系列加强企业班组建设的政策措施,推动班组管理水平不断提升。2006 年中央七部委发布了关于加强煤矿安全基础管理的文件;2009 年 3 月初,中华全国总工会、国家煤矿安全监察局颁发了《关于加强煤矿班组安全生产建设的指导意见》;4 月 23 日,国家安全生产监督管理总局、国家煤矿安全监察局发布了《关于进一步加强煤矿班组长安全培训工作的通知》;5 月 6 日,由国家安全监管总局、国家煤矿安监局、中华全国总工会共同组织了煤矿班组建设座谈会暨"万名班组长安全培训工程"启动会议。强调以"万名班组长安全培训工程"为抓手,着力提高煤矿班组长的综合素质。通过强化培训,使班组长安全生产

意识明显增强,安全技能和班组安全生产管理能力明显提高,培育了一大批埋头苦干、善于管理的优秀班组长,煤矿班组建设取得了明显成效。

二、煤矿班组安全建设上升到国家层面

2011 年 1 月 7 日,国家安全监管总局、国家煤矿安监局颁布《关于认真学习和贯彻落实张德江副总理在全国煤矿班组安全建设推进会上重要讲话的通知》,要求加大学习宣传力度,进一步增强抓好煤矿班组安全建设的紧迫感、责任感和使命感,强调指出,推进煤矿班组安全建设是促进煤炭工业健康发展、保障人民生命财产安全的重要举措,通过班组安全建设,达到"五个落实"(把企业安全生产责任落实到班组、把各项安全管理措施落实到班组、把安全防范技能落实到班组、把企业安全文化建设落实到班组、把党和政府对煤矿工人的关怀落实到班组)的目标任务。通过在全国煤矿开展"争创三优"(争创优秀安全班组、优秀班组长和优秀群监员)活动,选树典型,弘扬先进,掀起开展煤矿班组安全建设的新高潮,同时鼓励各煤矿企业在深入分析本企业安全管理现状基础上,以落实岗位安全责任制为核心,以提升班组管理水平和队伍素质为重点,以完善班组安全建设管理制度为保证,研究制定符合企业实际的班组安全建设规划和管理标准,通过优秀班组、优秀班组长的先进经验和典型宣传推广,造就一大批作风优良、技术过硬、爱岗敬业、生产安全、团队和谐的班组安全队伍,成为企业安全生产的坚固基石,在安全生产中发挥重要作用。

2012 年 7 月 18 日,国家安全监管总局、国家煤矿安监局、中华全国总工会联合制定并颁发了《煤矿班组安全建设规定(试行)》,自 2012 年 10 月 1 日起施行。将煤矿班组安全建设列为国家行政法规,其目的是进一步规范和加强煤矿班组安全建设,提高煤矿现场管理水平,促进全国煤矿安全生产形势持续稳定好转。

《煤矿班组安全建设规定》的施行，更加明确了党中央、国务院加强班组安全建设、促进煤矿安全生产的要求。8月26日，中国安全生产协会班组安全建设工作委员会成立，由此在全国范围内建立起班组长学习交流的基础平台，将更加有力地促进全国煤矿安全基础管理和安全生产。

2013年7月下旬，国家煤矿安监局办公室下发通知，决定利用网络开展煤矿班组长远程安全培训。煤矿班组长远程安全培训对象为：全国各类煤矿从事采煤、掘进、通风、机电、运输等井下作业的班组长以及从事选煤、地质勘探、机械制造（加工）等地面作业的班组长。至2018年底，力争在全国煤矿培训5万名以上班组长，使煤矿班组长现场安全管理水平和安全风险管控能力进一步提高，班组的创新力、战斗力和凝聚力进一步增强，全国煤矿班组建设水平全面提升。

培训内容以煤矿现场安全管理、劳动组织管理和班组长素质提升为主题，以《煤矿安全培训教学大纲》对有关班组长的要求为基础，包括管理素质提升、安全素质提升、专业知识更新和先进经验推介等四大模块。

三、小班组成就大安全

班组单位虽小但事关大局，班组长虽职务不高但责任重大，最小的组织成就企业最辉煌的事业。

2013年6月17日《中国煤炭报》头版头条以《连续365天，产煤愈2.4亿吨，零死亡》为题报道神华神东矿区再度改写国内煤矿安全生产历史，而其中班组长安全管理发挥了重大作用。

《中国煤炭报》2012年7月2日报道了神华旗下的宁煤集团安全发展时特别强调了班组安全建设工作。宁煤集团有班组2 868个，有班组长3 007名。企业50年来班组建设有好传统、好经验、好做法，走出了一条有思路、有亮点、有特色、有成效的班组建设之路,建立了富有特色的"四五六"班组管理新模式,即坚持以安全、工作、学习、活动四位一体战略定位为原则,以创建学习、安全、创新、专业、和谐"五型"班组为核心,以构建班组建设组织、制度保障、现场安全风险管控、教育培训、文化引领、考核评价六大体系为支撑。在此基础上,宁煤集团涌现出了一批安全生产5 000天以上的煤矿和安全生产近50年、40年、30年的安全长周期先进区队、优秀班组。其中,大峰煤矿红梁采区掘进队实现连续49年安全生产无事故。

四、煤矿班组安全管理标准化

煤矿安全管理已进入科学化、标准化时代。强化煤矿班组建设,需要班组以安全管理标准化来规范生产操作规程,让标准成为习惯,让习惯符合标准,通过过程控制、流程控制、行为控制、细节控制,扼住事故的咽喉。

强化班组安全管理标准化建设,不仅班组长是安全责任人,做好煤矿前沿阵地"总指挥"工作,筑牢煤矿安全管理防线,而且要让班组每一位员工都自觉肩负起安全管理者、安全责任人的责任,不断增强安全意识和观念,以安全管理标准来规范自己的行为习惯,以高度的安全自律、高超的安全素质,夯实班组安全生产基石。

【复习思考题】

1. 略述班组在煤矿安全基础管理工作中的地位。

2. 结合工作实际,谈谈班组长在煤矿安全管理中的作用。

3. 煤矿班组长的工作职责有哪些?

4. 为什么说班组安全建设事关煤矿安全生产?结合本班组实际进行阐述。

第二章　煤矿安全生产方针与法律法规

第一节　煤矿安全生产方针

一、安全生产方针的内涵

安全生产方针是党和政府为确保安全生产而确定的指导思想和行为准则,是煤矿安全生产管理的基本方针。煤矿班组长必须认真学习和坚决贯彻执行党和国家的安全生产方针。

党和国家安全生产方针是:"安全第一,预防为主,综合治理。""十二字方针"有着深刻的内涵。

"安全第一"是安全生产目标。就是强调安全、突出安全、优先安全,把安全放在一切工作的首位。要求各级政府和煤矿领导及职工必须把安全生产当作头等大事来抓,切实处理好安全与效益、安全与生产的关系,班组长必须树立安全第一的理念,坚持做到"生产必须保证安全、不安全不生产"。

"预防为主"是实现"安全第一"的前提条件。预防为主就是预先熟悉并掌握矿井自然灾害因素,预先分析发生各种事故的可能性和地点,预先采取防治的措施,预先制定处理事故的预案。坚持预防为主,就是不断地查找隐患,采取有效的事前控制措施,防微杜渐,防患于未然,把事故消灭在萌芽之中。虽然在生产经营活动中人们还不可能完全杜绝事故发生,但只要人人思想重视,按照客观规律办事,运用安全原理和方法,预防措施得当,事故特别是重大恶性事故就可以大大减少。

"综合治理"是预防和治理事故的有效方法,是安全生产的基石,是安全基础管理的工作重心所在。综合治理,要求各级政府和社会坚持把实现安全发展、保障人民群众生命财产安全作为关系全局的重大责任,与经济社会发展各项工作同步规划、同步部署、同步推进,促进安全生产与经济社会发展相协调。对煤矿班组长来说,必须懂得综合治理的内涵和方法,学会创新技术和安全管理,提高班组成员的素质,全面学习和掌握安全管理各种新理念、新方法和新技术,深入把握安全生产的规律和特点,善于发展和抓住安全生产中的突出矛盾和问题,有效实施科学管理,进一步推进煤矿企业安全发展。

二、安全发展保障经济社会事业科学发展持续发展

2011 年 11 月国务院以"国发〔2011〕40 号"颁布《国务院关于坚持科学发展安全发展促进安全生产形势持续稳定好转的意见》,第一次提出了"安全发展"的安全生产指导方针。党的十八大报告总结安全管理工作时也强调了安全发展问题。2013 年 4～6 月,全国多个地区接连发生多起重特大安全生产事故,造成重大人员伤亡和财产损失。6 月 6 日,中共中央总书记、国家主席、中央军委主席习近平就做好安全生产工作再次作出重要指示,指出:接连发生的重特大安全生产事故,造成重大人员伤亡和财产损失,必须引起高度重视。"人命关天,发展决不能以牺牲人的生命为代价。这必须作为一条不可逾越的红线。"

习近平要求,国务院有关部门将这些事故及发生原因的情况通报各地区各部门,使大家进一步警醒起来,吸取血的教训,痛定思痛,举一反三,开展一次彻底的安全生产大检查,坚持堵塞漏洞、排除隐患。

习近平强调,要始终把人民生命安全放在首位,以对党和人

民高度负责的精神,完善制度、强化责任、加强管理、严格监管,把安全生产责任制落到实处,切实防范重特大安全生产事故的发生。

习近平的重要指示是当前党和政府抓安全生产工作的指导方针。

三、班组贯彻执行安全生产方针的做法

班组贯彻执行安全生产方针作用重大,班组长是表率。

(1)把安全生产"十二字方针"作为班组建设的行为准则,按照安全生产方针要求,处理好安全与生产的关系、安全与时间的关系、安全与经济的关系、安全与家庭的关系,坚持生产服从安全,不安全不生产。

(2)认真学习安全生产管理法律法规,强化安全意识和观念。

(3)班组长是班组安全生产的第一责任人。每天工作开始首先检查安全,首先解决安全上存在的问题。

(4)在班组管理中实行人人参与安全管理的制度,落实保护自身安全、参与安全管理的责任,让每一位员工都担负起本职范围内的安全管理工作。

(5)建立严格的安全奖惩制度,对违章和造成事故的责任者必须严肃处理,决不姑息迁就。

(6)现场严格执行安全规程规定,提高工作质量、工程质量和设备运行质量,实行安全生产的全员、全过程、全方位管理。

(7)班组员工必须接受安全培训,遵守有关安全规章和安全操作规程,不违章作业,对岗位的安全生产负责。

(8)推广应用安全系统工程技术,提高班组科学管理水平。

(9)强化现场安全监督检查,认真做好事故隐患排查与治理工作,保障现场安全管理常态化。

（10）以贯彻执行《煤矿安全生产标准化基本要求及评分办法》为抓手，强化班组安全管理标准化，让标准成为职工行为习惯，让行为习惯符合安全规程标准。做到人人保安全、班组零事故。

第二节　煤矿安全生产管理法律法规

一、《中华人民共和国安全生产法》

（一）立法意义

2002 年 6 月 29 日，第九届全国人民代表大会常务委员会第二十八次会议通过《中华人民共和国安全生产法》（以下简称《安全生产法》），自 2002 年 11 月 1 日起实施。现行《安全生产法》为第四次修正，自 2021 年 9 月 1 日起施行。这是我国规范安全生产的综合性法律，共 7 章 119 条。制定《安全生产法》的目的是加强安全生产工作，防止和减少生产安全事故，保障人民群众生命和财产安全，促进经济社会持续健康发展。对于煤矿班组长和班组长来说，贯彻落实《安全生产法》，必须要认真学习和严格执行安全生产总体要求。

第一条　为了加强安全生产工作，防止和减少生产安全事故，保障人民群众生命和财产安全，促进经济社会持续健康发展，制定本法。

第二条　在中华人民共和国领域内从事生产经营活动的单位（以下统称生产经营单位）的安全生产，适用本法；有关法律、行政法规对消防安全和道路交通安全、铁路交通安全、水上交通安全、民用航空安全以及核与辐射安全、特种设备安全另有规定的，适用其规定。

第三条　安全生产工作坚持中国共产党的领导。

安全生产工作应当以人为本，坚持人民至上、生命至上，把保护人民生命安全摆在首位，树牢安全发展理念，坚持安全第一、预防为主、综合治理的方针，从源头上防范化解重大安全风险。

安全生产工作实行管行业必须管安全、管业务必须管安全、管生产经营必须管安全，强化和落实生产经营单位主体责任与政府监管责任，建立生产经营单位负责、职工参与、政府监管、行业自律和社会监督的机制。

第四条 生产经营单位必须遵守本法和其他有关安全生产的法律、法规，加强安全生产管理，建立健全全员安全生产责任制和安全生产规章制度，加大对安全生产资金、物资、技术、人员的投入保障力度，改善安全生产条件，加强安全生产标准化、信息化建设，构建安全风险分级管控和隐患排查治理双重预防机制，健全风险防范化解机制，提高安全生产水平，确保安全生产。

第五条 生产经营单位的主要负责人是本单位安全生产第一责任人，对本单位的安全生产工作全面负责。其他负责人对职责范围内的安全生产工作负责。

第六条 生产经营单位的从业人员有依法获得安全生产保障的权利，并应当依法履行安全生产方面的义务。

第七条 工会依法对安全生产工作进行监督。

（二）《安全生产法》修订情况

2002年6月29日，第九届全国人民代表大会常务委员会第二十八次会议通过《中华人民共和国安全生产法》，自2002年11月1日起实施。根据2009年8月27日第十一届全国人民代表大会常务委员会第十次会议关于《关于修改部分法律的决定》，《安全生产法》第一次修正，2009年8月27日实施。根据2014年8月31日第十二届全国人民代表大会常务委员会第十次会议《关于修改〈中华人民共和国安全生产法〉的决定》，《安全生产法》第二次修正,2014年12月1日实施。2020年11月25日,国务院总理李克强主持召开国务院常务会议,确定完善失信约束制度、健全社会信用体系的措施,为发展社会主义市场经济提供支撑;通过《中华人民共和国安全生产法(修正草案)》,《安全生产法》第三次修正。2021年6月10日,中华人民共和国第十三届全国人民代表大会常务委员会第二十九次会议通过《全国人民代表大会常务委员会关于修改〈中华人民共和国安全生产法〉的决定》,《安全生产法》第四次修正,自2021年9月1日起施行。

《安全生产法》修改背景:我国安全生产事故总体呈下降趋势,但开始进入一个瓶颈期,稍有不慎,重特大事故还会反弹,因此,对安全生产法进行修改正当其时、十分必要。

新法明确提出安全生产工作应当以人为本,坚守红线意识,充分体现了习近平总书记等领导重要指示精神,对于坚守发展决不能以牺牲人的生命为代价,牢固树立以人为本、生命至上理念,正确处理重大险情和事故救援中"保财产"还是"保人命"问题,具有重大意义。为强化安全生产工作重要地位,明确安全生产在国民经济和社会发展中的重要地位,推进安全形势持续稳定好转,新法将坚持安全发展写入总则。

二、《中华人民共和国煤炭法》修订情况

《中华人民共和国煤炭法》(以下简称《煤炭法》),于1996年8月29日第八届全国人大常务委员会第21次会议通过,1996年12月1日起施行,是我国第一部煤炭法。

2009年8月27日第11届全国人大常委会第10次会议、2011年7月1日第11届全国人大常委会第20次会议、2013年6月29第十二届全国人大常务委员会第3次会议、2016年11月7日第12届全国人大常委会第24次会议共4次修订。由原来的8章81条变为8章67条。删去了有关煤炭生产行政许可的内

容。写入了安全生产许可证的内容。

根据 2011 年 4 月 22 日第十一届全国人民代表大会常务委员会第二十次会议《关于修改〈中华人民共和国煤炭法〉的决定》,第二次修正:"将第四十四条修改为'煤矿企业应当依法为职工参加工伤保险缴纳工伤保险费。鼓励企业为井下作业职工办理意外伤害保险,支付保险费。'"自 2011 年 7 月 1 日起施行。

2013 年 6 月 29 日第十二届全国人民代表大会常务委员会第三次会议通过决定,对《中华人民共和国煤炭法》作出修改。修改情况如下:

(一)将第二十二条修改为:"煤矿投入生产前,煤矿企业应当依照有关安全生产的法律、行政法规的规定取得安全生产许可证。未取得安全生产许可证的,不得从事煤炭生产。"

(二)删去第二十三条、第二十四条、第二十五条、第二十六条、第二十七条、第四十六条、第四十七条、第四十八条、第六十七条、第六十八条。

(三)将第六十九条改为第五十九条,并将"吊销其煤炭生产许可证"修改为"责令停止生产"。

(四)将第七十条改为第六十条,并删去"吊销其煤炭生产许可证"。

(五)删去第七十一条。

(六)将第七十二条改为第六十一条,并删去"可以依法吊销煤炭生产许可证或者取消煤炭经营资格"。

(七)删去第七十七条。

煤炭法的有关条文序号根据本决定作相应调整。

三、新修订《刑法》中有关安全生产的内容

2020 年 12 月 26 日,《中华人民共和国刑法修正案(十一)》经第十三届全国人民代表大会常务委员会第二十四次会议通过,自 2021 年 3 月 1 日起施行。《刑法》中有关安全生产犯罪行为处理的内容节录如下:

第一百三十四条 【重大责任事故罪】在生产、作业中违反有关安全管理的规定，因而发生重大伤亡事故或者造成其他严重后果的，处三年以下有期徒刑或者拘役；情节特别恶劣的，处三年以上七年以下有期徒刑。

【强令违章冒险作业罪】强令他人违章冒险作业，或者明知存在重大事故隐患而不排除，仍冒险组织作业，因而发生重大伤亡事故或者造成其他严重后果的，处五年以下有期徒刑或者拘役；情节特别恶劣的，处五年以上有期徒刑。

第一百三十四条之一 在生产、作业中违反有关安全管理的规定，有下列情形之一，具有发生重大伤亡事故或者其他严重后果的现实危险的，处一年以下有期徒刑、拘役或者管制：

（一）关闭、破坏直接关系生产安全的监控、报警、防护、救生设备、设施，或者篡改、隐瞒、销毁其相关数据、信息的；

（二）因存在重大事故隐患被依法责令停产停业、停止施工、停止使用有关设备、设施、场所或者立即采取排除危险的整改措施，而拒不执行的；

（三）涉及安全生产的事项未经依法批准或者许可，擅自从事矿山开采、金属冶炼、建筑施工，以及危险物品生产、经营、储存等高度危险的生产作业活动。

第一百三十五条 【重大劳动安全事故罪】安全生产设施或者安全生产条件不符合国家规定，因而发生重大伤亡事故或者造成其他严重后果的，对直接负责的主管人员和其他直接责任人员，处三年以下有期徒刑或者拘役；情节特别恶劣的，处三年以上七年以下有期徒刑。

第一百三十五条之一 【大型群众性活动重大安全事故罪】举办大型群众性活动违反安全管理规定，因而发生重大伤亡事故或者造成其他严重后果的，对直接负责的主管人员和其他直接责任人员，处三年以下有期徒刑或者拘役；情节特别恶劣的，处三年以上七年以下有期徒刑。

第一百三十六条 【危险物品肇事罪】违反爆炸性、易燃性、放射性、毒害性、腐蚀性物品的管理规定，在生产、储存、运输、使用中发生重大事故，造成严重后果的，处三年以下有期徒刑或者拘役；后果特别严重的，处三年以上七年以下有期徒刑。

第一百三十七条 【工程重大安全事故罪】建设单位、设计单位、施工单位、工程监理单位违反国家规定，降低工程质量标准，造成重大安全事故的，对直接责任人员，处五年以下有期徒刑或者拘役，并处罚金；后果特别严重的，处五年以上十年以下有期徒刑，并处罚金。

四、《中华人民共和国职业病防治法》修订情况

《中华人民共和国职业病防治法》于 2001 年 10 月 27 日第九届全国人民代表大会常务委员会第二十四次会议通过。根据 2011 年 12 月 31 日第十一届全国人民代表大会常务委员会第二十四次会议《关于修改〈中华人民共和国职业病防治法〉的决定》第一次修正。根据 2016 年 7 月 2 日第十二届全国人民代表大会常务委员会第二十一次会议《关于修改〈中华人民共和国节约能源法〉等六部法律的决定》第二次修正。根据 2017 年 11 月 4 日第十二届全国人民代表大会常务委员会第三十次会议《关于修改〈中华人民共和国会计法〉等十一部法律的决定》第三次修正。

第三次修正案,修改涉及内容多,范围广,进一步明确和理顺了相关部门在职业病防治工作当中的监管职责。根据新的职业病防治法的规定,职业病防治基本按照防、治、保三个主要环节确定防治工作。"防"由安全监管部门负责为主,卫生、社保等部门相互配合;"治"涉及体检、诊断和治疗,主要由卫生行政部门及卫生医疗部门来承担;"保"则由人力资源和社会保障部门主要负责,安监和卫生部门积极配合做好相关工作。

新的职业病防治法加大了对职业病病人的保障力度,从诊断、鉴定、仲裁、救助等方面都做出了详细的规定。对于一些历史遗留的、无法纳入工伤保险统筹的职业病病人,新修改的职业病防治法除规定这部分职业病病人可向政府申请医疗救助外,还要求地方各级政府应根据本地区实际情况,采取其他措施,使之获得医疗救治。在职业病诊断与鉴定方面,职业病防治法修订思路体现在方便劳动者、简化程序、制度设置向保护劳动者权益倾斜等方面。如果用人单位拒不提供相关材料,诊断鉴定机构可以进行工作场所调查,同时根据相关监管部门提供的情况,根据临床表现、劳动者的自述等,由诊断鉴定机构做出诊断鉴定结论。

五、《国务院关于预防煤矿生产安全事故的特别规定》

《国务院关于预防煤矿生产安全事故的特别规定》(以下简称《特别规定》)经 2005 年 8 月 31 日中华人民共和国国务院第 104 次常务会议通过,自公布之日起施行,共 28 条。

制定《特别规定》的目的:为了及时发现并排除煤矿安全生产隐患,落实煤矿安全生产责任,预防煤矿生产安全事故发生,保障职工的生命安全和煤矿安全生产。

《特别规定》的核心内容:一是构建了预防煤矿安全生产的责任体系;二是明确了煤矿预防工作的程序和步骤;三是提出了预防煤矿事故的一系列制度保障。

《特别规定》明确规定的十五项重大隐患:① 超能力、超强度或者超定员组织生产的。② 瓦斯超限作业的。③ 煤与瓦斯突出矿井,未依照规定实施防突出措施的。④ 高瓦斯矿井未建立瓦斯抽放系统和监控系统,或者瓦斯监控系统不能正常运行的。⑤ 通风系统不完善、不可靠的。⑥ 有严重水患,未采取有效措施的。⑦ 超层、越界开采的。⑧ 有冲击地压危险,未采取有效措施的。⑨ 自然发火严重,未采取有效措施的。⑩ 使用明令禁止使用或淘汰的设备、工艺的。⑪ 年产 6 万吨以上的煤矿没有双回路供电系统的。⑫ 新建煤矿边建设边生产,煤矿改扩建期间,在改扩建区域生产,或者在其他区域生产超出安全设计规定的范围和规模的。⑬ 煤矿实行整体承包生产经营后,未重新取得安全生产许可证和煤炭生产许可证,从事生产的,或者承包方再次转包,以及煤矿将井下采掘工作面和井巷维修作业进行劳务承包的。⑭ 煤矿改制期间,未明确安全生产责任人和安全管理机构的,或者在完成改制后,未重新取得或者变更采矿许可证、安全生产许可证、煤炭生产许可证和营业执照的。⑮ 有其他重大安全生产隐患的。

煤矿有以上所列情形之一,仍然进行生产的,由县级以上地方人民政府负责煤矿安全生产监督管理的部门或者煤矿安全监察机构责令停产整顿,提出整顿的内容、时间等具体要求,处50万元以上200万元以下的罚款;对煤矿企业负责人处3万元以上15万元以下的罚款。

六、《生产安全事故报告和调查处理条例》

《生产安全事故报告和调查处理条例》经2007年3月28日国务院第172次常务会议通过,自2007年6月1日起施行。

立法目的:为了规范生产安全事故的报告和调查处理,落实生产安全事故责任追究制度,防止和减少生产安全事故。

主要内容:第一章总则,第二章事故报告,第三章事故调查,第四章事故处理,第五章法律责任,第六章附则。

《生产安全事故报告和调查处理条例》将事故划分为特别重大事故、重大事故、较大事故和一般事故4个等级。特别重大事故,是指造成30人以上死亡,或者100人以上重伤,或者1亿元以上直接经济损失的事故;重大事故,是指造成10人以上30人以下死亡,或者50人以上100人以下重伤,或者5 000万元以上1亿元以下直接经济损失的事故;较大事故,是指造成3人以上10人以下死亡,或者10人以上50人以下重伤,或者1 000万元以上5 000万元以下直接经济损失的事故;一般事故,是指造成3人以下死亡,或者10人以下重伤,或者1 000万元以下直接经济损失的事故。其中,事故造成的急性工业中毒的人数,也属于重伤的范围。

本条例是《安全生产法》的重要配套行政法规,和《刑法修正案(六)》及其相关司法解释、《安全生产领域违法违纪行为政纪处分暂行规定》,是安全生产领域近年来出台的"三大文件"。这"三大文件"加上此前的法律法规,织起了安全生产领域的严密法网。

七、国务院废止和修改部分行政法规涉及煤矿安全管理

2013 年 7 月 18 日,国务院总理李克强签发国务院第 638 号令,决定废止和修改部分行政法规,自公布之日起施行。

为了依法推进行政审批制度改革和政府职能转变,进一步激发市场、社会的创造活力,发挥好地方政府贴近基层的优势,促进和保障政府管理由事前审批更多地转为事中事后监管,国务院对有关的行政法规进行了清理。经过清理,现决定:

一、废止《煤炭生产许可证管理办法》(1994 年 12 月 20 日国务院公布)。

二、对 25 件行政法规的部分条款予以修改。

国务院决定修改的行政法规包括:

······

二十一、将《乡镇煤矿管理条例》第四条、第十四条中的"煤炭生产许可证"修改为"安全生产许可证"。

二十二、将《煤矿安全监察条例》第三十七条、第四十三条中的"煤炭生产许可证"修改为"安全生产许可证"。

删去第四十七条中的"煤炭生产许可证"。

二十三、将《安全生产许可证条例》第四条修改为:"省、自治区、直辖市人民政府建设主管部门负责建筑施工企业安全生产许可证的颁发和管理,并接受国务院建设主管部门的指导和监督。"

删去第七条第二款中的"在申请领取煤炭生产许可证前"。

八、最高法院、检察院发文:严惩危害生产安全犯罪

(1) 2013 年 6 月 2 日最高人民法院发出通知,要求各级法院依法从严惩处危害生产安全犯罪,对重大、敏感的危害生产安全刑事案件,可按刑事诉讼法的规定实行提级管辖。

通知要求各级法院依照最高人民法院《关于进一步加强危害生产安全刑事案件审判工作的意见》的规定,正确适用刑罚。对"打非治违"活动中发现的非法违法重特大事故案件,及事故背后

的失职渎职及权钱交易、徇私枉法、包庇纵容等腐败行为,要坚决依法从严惩处。造成重大伤亡事故或者其他严重后果,同时具有非法、违法生产,发现安全隐患不排除,无基本劳动安全保障,事故发生后不积极抢救人员等情形,可以认定为"情节特别恶劣",坚决依法按照"情节特别恶劣"法定幅度量刑。贪污贿赂行为与事故发生有关联性,职务犯罪与事故发生有直接因果关系,以行贿方式逃避安全生产监管,事故发生后负有报告责任的国家工作人员不报或者谎报,要坚决依法从重处罚。具有上述情形的案件和数罪并罚案件,原则上不适用缓刑。对服刑人员的减刑、假释,应当从严掌握。

(2)2013年7月16日最高人民检察院下发《关于充分发挥检察职能作用依法保障和促进安全生产的通知》,要求各级检察机关加大惩治和预防危害生产安全犯罪工作力度,依法从重从快处理瞒报、谎报责任人,严惩安全生产事故背后的职务犯罪。

通知要求,各级检察机关要主动加强与公安、交通、安监等主管部门的协作配合,进一步健全同步介入重大安全生产事故调查制度,坚决打击危害生产安全的各类犯罪活动,促进完善安全生产监管体系。一要坚决打击危害安全生产刑事犯罪。二要严惩和防范安全生产事故背后的职务犯罪。三要加强对办理危害生产安全犯罪案件的组织领导。

第三节　煤矿安全规程及相关标准

一、《煤矿安全规程》

(一)制定《煤矿安全规程》的目的

制定《煤矿安全规程》(简称《规程》)的目的,是保障煤矿安全生产和职工人身安全,防止发生煤矿事故。其意义是规范煤矿工作,加强管理和监察执法,遏制重大、特大事故,保护职工安全和健康,保证和促进我国煤炭工业健康发展和煤矿安全状况稳定好转。

(二)《煤矿安全规程》修订情况

我国先后对《煤矿安全规程》进行了多次修订,大多数为补充、完善修订,变化较小。其中,2001年进行了"四合一"整合,即把原来的国有大煤矿安全规程、地方小煤矿安全规程、露天煤矿安全规程和救护规程四个规程合并为一个规程。2016年是全面修订,变化较大,调整了《煤矿安全规程》的框架结构,由四编扩增为六编,结构更趋合理。将煤矿救护拓展为应急救援,单独作为一编,从法规层面进一步要求企业强化应急处置能力,加强救援队伍、装备的建设和配备;增加地质保障一编,注重强化煤矿灾害地质因素探测,从预防事故出发,为煤矿建设、生产活动的全过程提供基础保障。

2022年1月6日,中华人民共和国应急管理部第8号令公布了《应急管理部关于修改〈煤矿安全规程〉的决定》,新修改的《煤矿安全规程》自2022年4月1日起正式施行。本次修改增加了积极推广自动化、智能化开采,减少井下作业人数等要求,共包括18条,主要针对六个方面。

一是增加了重要设备材料入矿查验制度,以切实解决煤矿事故暴露的煤矿重要设备假冒伪劣、以次充好、不满足国家或者行业安全标准要求等问题,进一步保证煤矿井下的设备材料符合相关标准和煤矿安全生产的要求。

二是增加了积极推广自动化、智能化开采,减少井下作业人数的要求,积极推动煤矿企业"机械化换人、自动化减人",坚持用科技手段推动煤矿的高质量发展。

三是严控矿井同时生产工作面个数,提出"一个矿井同时回采的采煤工作面个数不得超过3个,煤(半煤岩)巷掘进工作面个数不得超过9个,严禁以掘代采""在采动影响范围内不得布置2个采煤工作面同时回采"等要求。

四是强化煤与瓦斯突出防治,增加了防突队伍的设置和管理、区域防突措施钻孔控制区域范围、距离等要求,以保持与《防治煤与瓦斯突出细则》有序衔接。

五是强化防灭火技术要求,增加了井口防灭火、采空区密闭专项安全措施、采空区自然发火风险评估及监测等要求。

六是强化冲击地压防治,为落实加强安全风险分级管控和隐患排查治理双重预防机制的要求,对煤矿冲击地压防治原则、冲击地压灾害评估、冲击倾向性鉴定及危险性评价、矿井巷道布置与采掘作业、冲击地压监测、解危措施时人员撤出、支护等提出了要求。

此外,2022年版的《煤矿安全规程》还在煤矿除降尘装置、水害防治、爆破作业等方面进行了健全完善。

(三)《煤矿安全规程》的性质

《规程》是煤矿安全法规群体中一部最重要的法规,既具有安全管理的内容,又具有安全技术的内容。《规程》是煤炭工业贯彻执行党和国家安全生产方针和国家有关矿山安全法规在煤矿的具体规定,是保障煤矿职工安全与健康、保证国家资源和财产不受损失,促进煤炭工业现代化建设必须遵循的准则。

(四)《煤矿安全规程》的特点

《规程》具有强制性、科学性、规范性和相对稳定性。

(五)《煤矿安全规程》的作用

(1)体现国家对煤矿安全工作要求进一步调整煤矿管理中人和人之间的关系。

(2)正确反映煤矿生产客观规律,明确煤矿安全技术标准,调整煤炭生产中人和自然的关系。

(3)同其他安全法规一样,有利于加强法制观念、限制违章、惩罚犯罪、确保安全。

(4)有利于加强职工监督安全生产权力,有利于发动群众、搞好安全生产。

二、《煤矿井下安全避险"六大系统"建设完善基本规范(试行)》

2011年3月30日,国家安全监管总局、国家煤矿安监局公布了经国家安监总局局长办公会议审议通过的《煤矿井下安全避险"六大系统"建设完善基本规范(试行)》。规范共包括11个部分71条,明确了"六大系统"建设、管理维护、验收和监督检查的基本要求。煤矿企业是建设完善"六大系统"的责任主体,煤矿企业主要负责人是建设完善"六大系统"的第一责任人。国家安监总局、国家煤监局要求各地区、各有关部门和煤矿企业要高度重视认真抓好落实,确保2011年年底前,所有煤矿都要完成监测监控系统、人员定位系统、压风自救系统、供水施救系统、通信联络系统的建设完善工作;2012年6月前,所有煤(岩)与瓦斯(二氧化碳)突出矿井、中央企业所属煤矿和国有重点煤矿中的高瓦斯矿井、开采容易自燃煤层的矿井,都要完成"六大系统"建设工作;2013年6月前,所有煤矿全部完成"六大系统"的建设完善工作。2013年2月中旬,国家安监总局、国家煤监局发出通知,重申煤矿井下紧急避险系统建设任务,要求所有煤矿必须确保按计划6月底前完成。煤矿井下紧急避险系统被业内称为煤矿井下"方舟"。

三、《煤矿安全生产标准化管理体系考核定级办法(试行)》和《煤矿安全生产标准化管理体系基本要求及评分方法(试行)》

煤矿安全生产标准化是煤矿企业生产经营活动中的一项基础建设,是加强安全生产"双基"工作、落实企业责任主体的基本途径。安全生产标准化工作是煤矿企业的基础工程、生命工程和效益工程。

2020年5月,国家煤矿安全监察局印发《煤矿安全生产标准化管理体系考核定级办法(试行)》和《煤矿安全生产标准化管理体系基本要求及评分方法(试行)》,自2020年7月1日起实施。

煤矿安全生产标准化管理体系考核定级办法(试行)

第一条 为进一步加强煤矿安全生产基础建设,深入落实"管理、装备、素质、系统"四个要素并重原则,持续推进煤矿安全治理体系和治理能力现代化,根据《中华人民共和国安全生产法》及有关规定,制定本办法。

第二条 本办法适用于全国所有合法的生产煤矿。新建、改扩建、技改煤矿可参照执行。

第三条 考核定级标准执行《煤矿安全生产标准化管理体系基本要求及评分方法(试行)》(以下简称《管理体系》)。

第四条 申报安全生产标准化管理体系等级的煤矿必须具备《管理体系》总则部分设定的基本条件,有任何一条不具备的,不得被确认为安全生产标准化管理体系达标煤矿。

第五条 煤矿安全生产标准化管理体系等级分为一级、二级、三级3个等级,所应达到的要求为:

一级:煤矿安全生产标准化管理体系考核加权得分及各部分得分均不低于90分,且不存在下列情形:

1. 井工煤矿井下单班作业人数超过有关限员规定的;

2. 发生生产安全死亡事故,自事故发生之日起,一般事故未满1年、较大及重大事故未满2年、特别重大事故未满3年的;

3. 安全生产标准化管理体系一级检查考核未通过,自考核定级部门检查之日起未满1年的;

4. 因管理滑坡或存在重大事故隐患且组织生产被降级或撤消等级未满1年的;

5. 露天煤矿采煤对外承包的,或将剥离工程承包给2家(不含)以上施工单位的;

6. 被列入安全生产"黑名单"或在安全生产联合惩戒期内的;

7. 井下违规使用劳务派遣工的。

二级:煤矿安全生产标准化管理体系考核加权得分及各部分得分均不低于80分,且不存在下列情形:

1. 井工煤矿井下单班作业人数超过有关限员规定的;

2. 发生生产安全死亡事故,自事故发生之日起,一般事故未满半年、较大及重大事故未满 1 年、特别重大事故未满 3 年的;

3. 因存在重大事故隐患且组织生产被撤消等级未满半年的;

4. 被列入安全生产"黑名单"或在安全生产联合惩戒期内的。

三级:煤矿安全生产标准化管理体系考核加权得分及各部分得分均不低于 70 分。

第六条　煤矿安全生产标准化管理体系等级实行分级考核定级。

申报一级的煤矿由省级煤矿安全生产标准化工作主管部门组织初审,国家煤矿安全监察局组织考核定级。申报二级、三级的煤矿的初审和考核定级部门由省级煤矿安全生产标准化工作主管部门确定。

第七条　煤矿安全生产标准化管理体系考核定级按照企业自评申报、初审、考核、公示、公告的程序进行。煤矿安全生产标准化管理体系考核定级部门原则上应在收到煤矿企业申请后的 60 个工作日内完成考核定级。煤矿企业和各级煤矿安全生产标准化工作主管部门,应通过国家煤矿安监局"煤矿安全生产标准化管理体系信息管理系统"(以下简称信息系统)完成申报、初审、考核、公示、公告等各环节工作。未按照规定的程序和信息化方式开展考核定级等工作的,不予公告确认。

(一)自评申报。煤矿对照《管理体系》全面自评,形成自评报告,填写煤矿安全生产标准化管理体系等级申报表,依拟申报的等级自行或由隶属的煤矿企业向负责初审的煤矿安全生产标准化工作主管部门提出申请。

(二)初审。负责初审的煤矿安全生产标准化工作主管部门收到企业申请后,应及时进行材料审查和现场检查,经初审检查合格、检查发现的隐患整改合格后上报负责考核定级的部门。

(三)考核。考核定级部门在收到经初审合格的煤矿安全生产标准化管理体系等级申请后,应及时组织对上报的材料进行审核,审核合格后,对申报煤矿组织进行现场检查或抽查。

对自评材料弄虚作假的煤矿,煤矿安全生产标准化工作主管部门应取消其申报安全生产标准化管理体系等级的资格,认定其不达标。煤矿整改完成后需重新自评申报,且 1 年内不得申报二级以上等级。

（四）公示。对考核合格的申报煤矿，由初审部门组织监督检查该矿隐患整改落实情况，并将整改报告报送考核定级部门，考核定级部门应在本部门或本级政府的官方网站向社会公示，接受社会监督。公示时间不少于5个工作日。

（五）公告。对公示无异议的煤矿，煤矿安全生产标准化管理体系考核定级部门应确认其等级，并予以公告。省级煤矿安全生产标准化工作部门应同时将公告名单经信息系统报送国家煤矿安监局。

对考核未达到一、二级等级要求的申报煤矿，初审部门组织按下一个标准化管理体系等级进行考核定级。

第八条 煤矿取得安全生产标准化管理体系相应等级后，考核定级部门每3年进行一次复查复核。由煤矿在3年期满前3个月重新自评申报，各级标准化工作主管部门按第七条规定对其考核定级。

《煤矿安全生产标准化管理体系基本要求及评分方法（试行）》（节选）

第1部分 总 则

煤矿是安全生产的责任主体，必须建立健全煤矿安全生产标准化管理体系，通过树立安全生产理念和目标，实施安全承诺，建立健全组织机构，配备安全管理人员，建立并落实安全生产责任制和安全管理制度，提升从业人员素质，开展安全风险分级管控、事故隐患排查治理，抓好质量控制，不断规范、持续改进安全生产管理，适应煤矿安全治理体系和治理能力现代化要求，实现安全发展。

一、基本条件

安全生产标准化管理体系达标煤矿应具备以下条件，任一项不符合的，不得参与安全生产标准化管理体系考核定级：

1. 采矿许可证、安全生产许可证、营业执照齐全有效；

2. 树立体现安全生产"红线意识"和"安全第一、预防为主、综合治理"方针，与本矿安全生产实际、灾害治理相适应的安全生产理念；

3. 制定符合法律法规、国家政策要求和本单位实际的安全生产工作目标；

4.矿长作出持续保持、提高煤矿安全生产条件的安全承诺,并作出表率;

5.安全生产组织机构完备(井工煤矿有负责安全、采煤、掘进、通风、机电、运输、地测、防治水、安全培训、调度、应急管理、职业病危害防治等工作的管理部门;露天煤矿有负责安全、钻孔、爆破、采装、运输、排土、边坡、机电、地测、防治水、防灭火、安全培训、调度、应急管理、职业病危害防治等工作的管理部门),配备管理人员;

煤(岩)与瓦斯(二氧化碳)突出矿井、水文地质类型复杂和极复杂矿井、冲击地压矿井按规定设有相应的机构和队伍;

6.矿长、副矿长、总工程师、副总工程师按规定参加安全生产知识和管理能力考核,取得考核合格证明;

7.建立健全安全生产责任制;

8.不存在重大事故隐患。

二、基本原则

1.突出理念引领

贯彻落实"安全第一,预防为主,综合治理"的安全生产方针,牢固树立安全生产红线意识,用先进的安全生产理念、明确的安全生产目标,指导煤矿开展安全生产工作。

2.发挥领导作用

领导作用是煤矿安全生产管理的关键。煤矿矿长应发挥领导表率作用,具有风险意识,实施并兑现安全承诺,落实安全生产主体责任,提供必要的机构、人员、制度、技术、资金等保障,有效推动安全生产标准化管理体系运行,实现安全管理全员参与。

3.强化风险意识

建立风险分级管控、隐患排查治理双重预防机制,增强煤矿矿长、总工程师等管理人员、专业技术人员风险意识,实现安全生产源头管控,不断推动关口前移。

4.注重过程控制

过程控制是煤矿安全生产管理的核心。建立并落实管理制度,强化现场管理,定期开展安全生产检查和管理行为、操作行为纠偏,实施安全生产各环节的过程控制。

5. 依靠科技进步

健全技术管理体系，开展技术创新，推广先进实用技术、装备、工艺，优化生产系统，推动煤矿减水平、减头面、减人员；努力提升煤矿机械化、自动化、信息化、智能化水平，升级完善安全监控系统，持续提高安全保障能力。

6. 加强现场管理

加强岗位安全生产责任制落实，强化现场作业人员安全知识与技能的培养和应用，上标准岗、干标准活，实现岗位作业流程标准化。

7. 推动持续改进

根据安全生产实际效果，强化目标导向、问题导向和结果导向，不断调整完善安全生产标准化管理体系和运行机制，推动安全管理水平持续提升。

三、煤矿安全生产标准化管理体系

煤矿安全生产标准化管理体系包括理念目标和矿长安全承诺、组织机构、安全生产责任制及安全管理制度、从业人员素质、安全风险分级管控、事故隐患排查治理、质量控制、持续改进等8个要素。

1. 理念目标和矿长安全承诺

是指企业树立的安全生产基本思想，设定的安全生产目标和煤矿矿长向全体职工作出的安全事项承诺。理念和目标体现了煤矿安全生产的原则和方向，用于引领和指导煤矿安全生产工作。

矿长安全承诺主要涵盖安全生产、安全投入、保障职工权益等方面，是尊重客观规律，依法组织生产，落实主体责任的体现。由矿长作出表率，职工实施监督。

2. 组织机构

是指根据煤矿安全生产实际需要，建立健全煤矿安全生产的管理部门，为安全生产工作提供组织保障。

3. 安全生产责任制及安全管理制度

是指建立完善安全生产责任制和管理制度，明确全体从业人员的岗位职责，是开展各项工作的基本遵循。

4. 从业人员素质

是指通过严格准入、规范用工，开展安全培训，提高从业人员素质和技能，控制人的不安全行为，为煤矿安全生产提供人才保障。

5. 安全风险分级管控

是指对生产过程中发生不同等级事故、伤害的可能性进行辨识评估,预先采取规避、消除或控制安全风险的措施,避免风险失控形成隐患,导致事故。

6. 事故隐患排查治理

是指对煤矿生产过程中安全风险管理措施和人的不安全行为、物的不安全状态、环境的不安全条件和管理的缺陷进行检查、登记、治理、验收、销号,避免隐患导致事故。

7. 质量控制

是指通过设定通风、地质灾害防治与测量、采煤、掘进、机电、运输等环节(露天煤矿为钻孔、爆破、采装、运输、排土、机电、边坡、疏干排水等环节)的质量和工作指标,以及调度和应急管理、职业病危害防治和地面设施等方面的管理标准,规范煤矿生产技术、设备设施、工程质量、岗位作业行为等方面的管理工作。

8. 持续改进

是指对管理体系运行情况的内部自查自评和对外部检查结果进行总结分析,评价管理体系运行情况,查找问题和隐患产生的原因,提出改进意见,提高体系运行质量。

四、煤矿安全生产标准化管理体系考核内容

1. 理念目标和矿长安全承诺。考核内容执行本方法第 2 部分"理念目标和矿长安全承诺"的规定。

2. 组织机构。考核内容执行本方法第 3 部分"组织机构"的规定。

3. 安全生产责任制及安全管理制度。考核内容执行本方法第 4 部分"安全生产责任制及安全管理制度"的规定。

4. 从业人员素质。考核内容执行本方法第 5 部分"从业人员素质"的规定。

5. 安全风险分级管控。考核内容执行本方法第 6 部分"安全风险分级管控"的规定。

6. 事故隐患排查治理。考核内容执行本方法第 7 部分"事故隐患排查治理"的规定。

7. 质量控制。

井工煤矿：考核内容包括通风、地质灾害防治与测量、采煤、掘进、机电、运输、调度和应急管理、职业病危害防治和地面设施等专业，考核执行本方法第8部分"质量控制"的有关规定。

露天煤矿：考核内容包括钻孔、爆破、采装、运输、排土、机电、边坡、疏干排水、调度和应急管理、职业病危害防治和地面设施等专业，考核执行本方法第8部分"质量控制"的有关规定。

8. 持续改进。考核内容执行本方法第9部分"持续改进"的规定。

四、《煤矿安全培训规定》

煤矿安全培训规定

第一章 总 则

第一条 为了加强和规范煤矿安全培训工作，提高从业人员安全素质，防止和减少伤亡事故，根据《中华人民共和国安全生产法》《中华人民共和国职业病防治法》等有关法律法规，制定本规定。

第二条 煤矿企业从业人员安全培训、考核、发证及监督管理工作适用本规定。

本规定所称煤矿企业，是指在依法批准的矿区范围内从事煤炭资源开采活动的企业，包括集团公司、上市公司、总公司、矿务局、煤矿。

本规定所称煤矿企业从业人员，是指煤矿企业主要负责人、安全生产管理人员、特种作业人员和其他从业人员。

第三条 国家煤矿安全监察局负责指导和监督管理全国煤矿企业从业人员安全培训工作。

省、自治区、直辖市人民政府负责煤矿安全培训的主管部门（以下简称省级煤矿安全培训主管部门）负责指导和监督管理本行政区域内煤矿企业从业人员安全培训工作。

省级及以下煤矿安全监察机构对辖区内煤矿企业从业人员安全培训工作依法实施监察。

第四条　煤矿企业是安全培训的责任主体,应当依法对从业人员进行安全生产教育和培训,提高从业人员的安全生产意识和能力。

煤矿企业主要负责人对本企业从业人员安全培训工作全面负责。

第五条　国家鼓励煤矿企业变招工为招生。煤矿企业新招井下从业人员,应当优先录用大中专学校、职业高中、技工学校煤矿相关专业的毕业生。

第二章　安全培训的组织与管理

第六条　煤矿企业应当建立完善安全培训管理制度,制定年度安全培训计划,明确负责安全培训工作的机构,配备专职或者兼职安全培训管理人员,按照国家规定的比例提取教育培训经费。其中,用于安全培训的资金不得低于教育培训经费总额的百分之四十。

第七条　对从业人员的安全技术培训,具备《安全培训机构基本条件》(AQ/T8011)规定的安全培训条件的煤矿企业应当以自主培训为主,也可以委托具备安全培训条件的机构进行安全培训。

不具备安全培训条件的煤矿企业应当委托具备安全培训条件的机构进行安全培训。

从事煤矿安全培训的机构,应当将教师、教学和实习与实训设施等情况书面报告所在地省级煤矿安全培训主管部门。

第八条　煤矿企业应当建立健全从业人员安全培训档案,实行一人一档。煤矿企业从业人员安全培训档案的内容包括:

(一) 学员登记表,包括学员的文化程度、职务、职称、工作经历、技能等级晋升等情况;

(二) 身份证复印件、学历证书复印件;

(三) 历次接受安全培训、考核的情况;

(四) 安全生产违规违章行为记录,以及被追究责任,受到处分、处理的情况;

(五) 其他有关情况。

煤矿企业从业人员安全培训档案应当按照《企业文件材料归档范围和档案保管期限规定》(国家档案局令第10号)保存。

第九条　煤矿企业除建立从业人员安全培训档案外,还应当建立企业安全培训档案,实行一期一档。煤矿企业安全培训档案的内容包括:

（一）培训计划；

（二）培训时间、地点；

（三）培训课时及授课教师；

（四）课程讲义；

（五）学员名册、考勤、考核情况

（六）综合考评报告等；

（七）其他有关情况。

对煤矿企业主要负责人和安全生产管理人员的煤矿企业安全培训档案应当保存三年以上，对特种作业人员的煤矿企业安全培训档案应当保存六年以上，其他从业人员的煤矿企业安全培训档案应当保存三年以上。

第三章　主要负责人和安全生产管理人员的安全培训及考核

第十条　本规定所称煤矿企业主要负责人，是指煤矿企业的董事长、总经理，矿务局局长，煤矿矿长等人员。

本规定所称煤矿企业安全生产管理人员，是指煤矿企业分管安全、采煤、掘进、通风、机电、运输、地测、防治水、调度等工作的副董事长、副总经理、副局长、副矿长，总工程师、副总工程师和技术负责人，安全生产管理机构负责人及其管理人员，采煤、掘进、通风、机电、运输、地测、防治水、调度等职能部门（含煤矿井、区、科、队）负责人。

第十一条　煤矿矿长、副矿长、总工程师、副总工程师应当具备煤矿相关专业大专及以上学历，具有三年以上煤矿相关工作经历。

煤矿安全生产管理机构负责人应当具备煤矿相关专业中专及以上学历，具有二年以上煤矿安全生产相关工作经历。

第十二条　煤矿企业应当每年组织主要负责人和安全生产管理人员进行新法律法规、新标准、新规程、新技术、新工艺、新设备和新材料等方面的安全培训。

第十三条　国家煤矿安全监察局组织制定煤矿企业主要负责人和安全生产管理人员安全生产知识和管理能力考核的标准，建立国家级考试题库。

省级煤矿安全培训主管部门应当根据前款规定的考核标准，建立省级考试题库，并报国家煤矿安全监察局备案。

第十四条　煤矿企业主要负责人考试应当包括下列内容：

（一）国家安全生产方针、政策和有关安全生产的法律、法规、规章及标准；

（二）安全生产管理、安全生产技术和职业健康基本知识；

（三）重大危险源管理、重大事故防范、应急管理和事故调查处理的有关规定；

（四）国内外先进的安全生产管理经验；

（五）典型事故和应急救援案例分析；

（六）其他需要考试的内容。

第十五条　煤矿企业安全生产管理人员考试应当包括下列内容：

（一）国家安全生产方针、政策和有关安全生产的法律、法规、规章及标准；

（二）安全生产管理、安全生产技术、职业健康等知识；

（三）伤亡事故报告、统计及职业危害的调查处理方法；

（四）应急管理的内容及其要求；

（五）国内外先进的安全生产管理经验；

（六）典型事故和应急救援案例分析；

（七）其他需要考试的内容。

第十六条　国家煤矿安全监察局负责中央管理的煤矿企业总部（含所属在京一级子公司）主要负责人和安全生产管理人员考核工作。

省级煤矿安全培训主管部门负责本行政区域内前款以外的煤矿企业主要负责人和安全生产管理人员考核工作。

国家煤矿安全监察局和省级煤矿安全培训主管部门（以下统称考核部门）应当定期组织考核，并提前公布考核时间。

第十七条　煤矿企业主要负责人和安全生产管理人员应当自任职之日起六个月内通过考核部门组织的安全生产知识和管理能力考核，并持续保持相应水平和能力。

煤矿企业主要负责人和安全生产管理人员应当自任职之日起三十日内，按照本规定第十六条的规定向考核部门提出考核申请，并提交其任职文件、学历、工作经历等相关材料。

考核部门接到煤矿企业主要负责人和安全生产管理人员申请及其材料后,经审核符合条件的,应当及时组织相应的考试;发现申请人不符合本规定第十一条规定的,不得对申请人进行安全生产知识和管理能力考试,并书面告知申请人及其所在煤矿企业或其任免机关调整其工作岗位。

第十八条 煤矿企业主要负责人和安全生产管理人员的考试应当在规定的考点采用计算机方式进行。考试试题从国家级考试题库和省级考试题库随机抽取,其中抽取国家级考试题库试题比例占百分之八十以上。考试满分为一百分,八十分以上为合格。

考核部门应当自考试结束之日起五个工作日内公布考试成绩。

第十九条 煤矿企业主要负责人和安全生产管理人员考试合格后,考核部门应当在公布考试成绩之日起十个工作日内颁发安全生产知识和管理能力考核合格证明(以下简称考核合格证明)。考核合格证明在全国范围内有效。

煤矿企业主要负责人和安全生产管理人员考试不合格的,可以补考一次;经补考仍不合格的,一年内不得再次申请考核。考核部门应当告知其所在煤矿企业或其任免机关调整其工作岗位。

第二十条 考核部门对煤矿企业主要负责人和安全生产管理人员的安全生产知识和管理能力每三年考核一次。

第四章 特种作业人员的安全培训和考核发证

第二十一条 煤矿特种作业人员及其工种由国家安全生产监督管理总局会同国家煤矿安全监察局确定,并适时调整;其他任何单位或者个人不得擅自变更其范围。

第二十二条 煤矿特种作业人员应当具备初中及以上文化程度(自2018年6月1日起新上岗的煤矿特种作业人员应当具备高中及以上文化程度),具有煤矿相关工作经历,或者职业高中、技工学校及中专以上相关专业学历。

第二十三条 国家煤矿安全监察局组织制定煤矿特种作业人员培训大纲和考核标准,建立统一的考试题库。

省级煤矿安全培训主管部门负责本行政区域内煤矿特种作业人员的考核、发证工作,也可以委托设区的市级人民政府煤矿安全培训主管部门实施煤矿特种作业人员的考核、发证工作。

省级煤矿安全培训主管部门及其委托的设区的市级人民政府煤矿安全培训主管部门以下统称考核发证部门。

第二十四条　煤矿特种作业人员必须经专门的安全技术培训和考核合格,由省级煤矿安全培训主管部门颁发《中华人民共和国特种作业操作证》(以下简称特种作业操作证)后,方可上岗作业。

第二十五条　煤矿特种作业人员在参加资格考试前应当按照规定的培训大纲进行安全生产知识和实际操作能力的专门培训。其中,初次培训的时间不得少于九十学时。

已经取得职业高中、技工学校及中专以上学历的毕业生从事与其所学专业相应的特种作业,持学历证明经考核发证部门审核属实的,免予初次培训,直接参加资格考试。

第二十六条　参加煤矿特种作业操作资格考试的人员,应当填写考试申请表,由本人或其所在煤矿企业持身份证复印件、学历证书复印件或者培训机构出具的培训合格证明向其工作地或者户籍所在地考核发证部门提出申请。

考核发证部门收到申请及其有关材料后,应当在六十日内组织考试。对不符合考试条件的,应当书面告知申请人或其所在煤矿企业。

第二十七条　煤矿特种作业操作资格考试包括安全生产知识考试和实际操作能力考试。安全生产知识考试合格后,进行实际操作能力考试。

煤矿特种作业操作资格考试应当在规定的考点进行,安全生产知识考试应当使用统一的考试题库,使用计算机考试,实际操作能力考试采用国家统一考试标准进行考试。考试满分均为一百分,八十分以上为合格。

考核发证部门应当在考试结束后十个工作日内公布考试成绩。

申请人考试合格的,考核发证部门应当自考试合格之日起二十个工作日内完成发证工作。

申请人考试不合格的,可以补考一次;经补考仍不合格的,重新参加相应的安全技术培训。

第二十八条　特种作业操作证有效期六年,全国范围内有效。

特种作业操作证由国家安全生产监督管理总局统一式样、标准和编号。

第二十九条 特种作业操作证有效期届满需要延期换证的,持证人应当在有效期届满六十日前参加不少于二十四学时的专门培训,持培训合格证明由本人或其所在企业向当地考核发证部门或者原考核发证部门提出考试申请。经安全生产知识和实际操作能力考试合格的,考核发证部门应当在二十个工作日内予以换发新的特种作业操作证。

第三十条 离开特种作业岗位六个月以上、但特种作业操作证仍在有效期内的特种作业人员,需要重新从事原特种作业的,应当重新进行实际操作能力考试,经考试合格后方可上岗作业。

第三十一条 特种作业操作证遗失或者损毁的,应当及时向原考核发证部门提出书面申请,由原考核发证部门补发。

特种作业操作证所记载的信息发生变化的,应当向原考核发证部门提出书面申请,经原考核发证部门审查确认后,予以更新。

第五章 其他从业人员的安全培训和考核

第三十二条 煤矿其他从业人员应当具备初中及以上文化程度。

本规定所称煤矿其他从业人员,是指除煤矿主要负责人、安全生产管理人员和特种作业人员以外,从事生产经营活动的其他从业人员,包括煤矿其他负责人、其他管理人员、技术人员和各岗位的工人、使用的被派遣劳动者和临时聘用人员。

第三十三条 煤矿企业应当对其他从业人员进行安全培训,保证其具备必要的安全生产知识、技能和事故应急处理能力,知悉自身在安全生产方面的权利和义务。

第三十四条 省级煤矿安全培训主管部门负责制定煤矿企业其他从业人员安全培训大纲和考核标准。

第三十五条 煤矿企业或者具备安全培训条件的机构应当按照培训大纲对其他从业人员进行安全培训。其中,对从事采煤、掘进、机电、运输、通风、防治水等工作的班组长的安全培训,应当由其所在煤矿的上一级煤矿企业组织实施;没有上一级煤矿企业的,由本单位组织实施。

煤矿企业其他从业人员的初次安全培训时间不得少于七十二学时,每年再培训的时间不得少于二十学时。

煤矿企业或者具备安全培训条件的机构对其他从业人员安全培训合格后,应当颁发安全培训合格证明;未经培训并取得培训合格证明的,不得上岗作业。

第三十六条　煤矿企业新上岗的井下作业人员安全培训合格后,应当在有经验的工人师傅带领下,实习满四个月,并取得工人师傅签名的实习合格证明后,方可独立工作。

工人师傅一般应当具备中级工以上技能等级、三年以上相应工作经历和没有发生过违章指挥、违章作业、违反劳动纪律等条件。

第三十七条　企业井下作业人员调整工作岗位或者离开本岗位一年以上重新上岗前,以及煤矿企业采用新工艺、新技术、新材料或者使用新设备的,应当对其进行相应的安全培训,经培训合格后,方可上岗作业。

第六章　监督管理

第三十八条　省级煤矿安全培训主管部门应当将煤矿企业主要负责人、安全生产管理人员考核合格证明、特种作业人员特种作业操作证的发放、注销等情况在本部门网站上公布,接受社会监督。

第三十九条　煤矿安全培训主管部门和煤矿安全监察机构应当对煤矿企业安全培训的下列情况进行监督检查,发现违法行为的,依法给予行政处罚:

（一）建立安全培训管理制度,制定年度培训计划,明确负责安全培训管理工作的机构,配备专职或者兼职安全培训管理人员的情况;

（二）按照本规定投入和使用安全培训资金的情况;

（三）实行自主培训的煤矿企业的安全培训条件;

（四）煤矿企业及其从业人员安全培训档案的情况;

（五）主要负责人、安全生产管理人员考核的情况;

（六）特种作业人员持证上岗的情况;

（七）应用新工艺、新技术、新材料、新设备以及离岗、转岗时对从业人员安全培训的情况;

（八）其他从业人员安全培训的情况。

第四十条　考核部门应当建立煤矿企业安全培训随机抽查制度,制定现场抽考办法,加强对煤矿安全培训的监督检查。

考核部门对煤矿企业主要负责人和安全生产管理人员现场抽考不合格的,应当责令其重新参加安全生产知识和管理能力考核;经考核仍不合格的,考核部门应当书面告知其所在煤矿企业或其任免机关调整其工作岗位。

第四十一条 省级及以下煤矿安全监察机构应当按照年度监察执法计划,采用现场抽考等多种方式对煤矿企业安全培训情况实施严格监察;对监察中发现的突出问题和共性问题,应当向本级人民政府煤矿安全培训主管部门或者下级人民政府提出有关安全培训工作的监察建议函。

第四十二条 省级煤矿安全培训主管部门发现下列情形之一的,应当撤销特种作业操作证:

(一)特种作业人员对发生生产安全事故负有直接责任的;

(二)特种作业操作证记载信息虚假的。

特种作业人员违反上述规定被撤销特种作业操作证的,三年内不得再次申请特种作业操作证。

第四十三条 煤矿企业从业人员在劳动合同期满变更工作单位或者依法解除劳动合同的,原工作单位不得以任何理由扣押其考核合格证明或者特种作业操作证。

第四十四条 省级煤矿安全培训主管部门应当将煤矿企业主要负责人、安全生产管理人员和特种作业人员的考核情况,及时抄送省级煤矿安全监察局。

煤矿安全监察机构应当将煤矿企业主要负责人、安全生产管理人员和特种作业人员的行政处罚决定及时抄送同级煤矿安全培训主管部门。

第四十五条 煤矿安全培训主管部门应当建立煤矿安全培训举报制度,公布举报电话、电子信箱,依法受理并调查处理有关举报,并将查处结果书面反馈给实名举报人。

第七章 法律责任

第四十六条 煤矿安全培训主管部门的工作人员在煤矿安全考核工作中滥用职权、玩忽职守、徇私舞弊的,依照有关规定给予处分;构成犯罪的,依法追究刑事责任。

第四十七条 煤矿企业有下列行为之一的,由煤矿安全培训主管部门或者煤矿安全监察机构责令其限期改正,可以处五万元以下的罚款;逾期未改正的,责令停产停业整顿,并处五万元以上十万元以下的罚款,对其直接负责的主管人员和其他直接责任人员处一万元以上二万元以下的罚款:

(一)主要负责人和安全生产管理人员未按照规定经考核合格的;

(二)未按照规定对从业人员进行安全生产培训的;

（三）未如实记录安全生产培训情况的；

（四）特种作业人员未经专门的安全培训并取得相应资格，上岗作业的。

第四十八条 煤矿安全培训主管部门或者煤矿安全监察机构发现煤矿企业有下列行为之一的，责令其限期改正，可以处一万元以上三万元以下的罚款：

（一）未建立安全培训管理制度或者未制定年度安全培训计划的；

（二）未明确负责安全培训工作的机构，或者未配备专兼职安全培训管理人员的；

（三）用于安全培训的资金不符合本规定的；

（四）未按照统一的培训大纲组织培训的；

（五）不具备安全培训条件进行自主培训，或者委托不具备安全培训条件机构进行培训的。

具备安全培训条件的机构未按照规定的培训大纲进行安全培训，或者未经安全培训并考试合格颁发有关培训合格证明的，依照前款规定给予行政处罚。

第八章 附 则

第四十九条 煤矿企业主要负责人和安全生产管理人员考核不得收费，所需经费由煤矿安全培训主管部门列入同级财政年度预算。

煤矿特种作业人员培训、考试经费可以列入同级财政年度预算，也可由省级煤矿安全培训主管部门制定收费标准，报同级人民政府物价部门、财政部门批准后执行。证书工本费由考核发证机关列入同级财政年度预算。

第五十条 本规定自 2018 年 3 月 1 日起施行。国家安全生产监督管理总局 2012 年 5 月 28 日公布、2013 年 8 月 29 日修正的《煤矿安全培训规定》（国家安全生产监督管理总局令第 52 号）同时废止。

第四节 煤矿安全管理行政规章

一、《关于加强国有重点煤矿安全基础管理的指导意见》

2006 年 6 月 7 日，国家安全生产监督管理总局、国家煤矿安全监察局、国家发展和改革委员会、监察部、劳动和社会保障部、国务院国有资产监督管理委员会、中华全国总工会联合发出《关于加强国有重点煤矿安全基础管理的指导意见》。目的是根据《安全生产法》《煤炭法》和《国务院关于进一步加强安全生产工作的决定》《国务院关于预防煤矿生产安全事故的特别规定》等有关法律法规的规定,为加强国有重点煤矿安全基础管理,落实企业安全生产主体责任,有效遏制重特大事故,实现安全形势稳定好转,促进煤炭工业健康发展。主要内容如下。

(1)建立和完善安全管理机构和制度。① 加大对安全生产法律的贯彻执行力度。② 依法建立健全安全管理机构。③ 建立和完善各项安全管理制度。如安全生产责任制度;安全会议制度;安全目标管理制度;安全投入保障制度;安全生产标准化管理制度;安全教育与培训制度;事故隐患排查与整改制度;安全监督检查制度;安全技术审批制度;矿用设备器材使用管理制度;矿井主要灾害预防制度;事故应急救援制度;安全与经济利益挂钩制度;入井人员管理制度;安全举报制度;管理人员下井及带班制度;安全操作管理制度;企业认为需要制定的其他制度。④ 依法依纪查处失职渎职和违法违纪行为。建立并实施举报奖励制度。

(2)建立健全责任考核体系。① 强化企业安全生产第一责任人的责任。② 建立并严格落实各个岗位的安全责任制。③ 落实新建、改建、扩建矿井的安全管理责任。④ 明确改制、破产、重组矿井的安全管理责任。⑤ 加强对安全生产责任落实情况的跟踪考核。

(3)加强和改进安全技术管理。① 健全以总工程师为核心的技术管理体系。② 建立和完善安全科技开发机制。③ 研究解决安全生产技术难题。④ 加强现场技术管理。⑤ 严格执行"一通三防"技术管理的有关规定。⑥ 加强矿井水患防治工作。

(4)提高现场安全管理水平。① 加强煤矿管理人员的现场指挥。② 加强基层班组建设。重点加强区队、班组建设,把安全生产法律法规、方针政策和各项措施细化落实到班组。要提高班组长的素质,根据企业实际制定班组长任职标准。③ 严格按照规定的定编、定员、定额组织生产。④ 加强设备管理。⑤ 有效制止煤矿"三违"行为。建立和完善井下人员岗位责任考核制度,所有作业人员必须严格执行作业规程、操作规程,严肃查处"三违"行为。

(5) 治理整改隐患。① 多渠道筹措安全生产费用。② 加强对安全费用的管理。③ 认真排查治理整改安全隐患。对矿井隐患实行分级管理,定期排查、治理和报告。制定职工报告隐患的奖励办法。

(6) 加强教育和培训。① 加大煤矿人才培养力度。② 加强安全培训。③ 开展安全警示教育。④ 严格安全管理人员准入。⑤ 尽快变招工为招生。⑥ 加强劳动用工管理。

(7) 建设本质安全型矿井。① 积极推进安全生产标准化建设。② 建设"本质安全型"矿井。③ 建立煤矿安全应急救援体系。

(8) 积极推进党政工团齐抓共管。

二、《关于进一步加强煤矿瓦斯治理工作的指导意见》

2008 年 8 月,国务院安委会办公室颁布了《关于进一步加强煤矿瓦斯治理工作的指导意见》,其指导思想:坚持"以人为本"和"安全发展",以有效防范和遏制重特大瓦斯事故、大幅度降低瓦斯事故总量为目标,着力构建"通风可靠、抽采达标、监控有效、管理到位"的煤矿瓦斯综合治理工作体系,推动煤矿瓦斯治理工作再上新水平。主要内容如下。

(1) 优化生产布局,合理组织生产,为瓦斯治理工作提供基础保障。新采区投产前,必须完成有关瓦斯治理工程,具备瓦斯治理的各项功能和条件,否则不准投产。

(2) 建立系统合理、设施完好、风量充足、风流稳定的通风系统,确保通风可靠。矿井有效风量率应达到87%以上。

（3）强化多措并举、应抽尽抽、可保尽保、抽采平衡的技术措施确保抽采达标。泵的装机能力应为需要抽采能力的2～3倍;具备条件的矿井,应分别建立高、低浓度两套抽采系统,满足煤层预抽、卸压抽采和采空区抽采的需要。

（4）建立装备齐全、数据准确、断电可靠、处置迅速的监控系统,确保监控有效。大型煤矿要建立救援队伍,配足救援装备;不具备建立救援队伍条件的小型煤矿要与周边专业救援队伍签订协议,保证事故的及时抢险和救助。新建矿井和具备条件的生产矿井要建设井下应急避难所,具备为遇险人员提供供氧(风)、通讯、食品、饮水等功能。

（5）构建责任明确、制度完善、监督严格的管理机制,确保管理到位。矿井必须设专职通风副总工程师,提倡设通风副矿长,实现技术与行政管理责任分离。

（6）全面落实煤矿瓦斯治理和利用的政策措施。用足用好销售煤层气(煤矿瓦斯)增值税先征后退、免征所得税、加速抽采设备折旧、煤层气(煤矿瓦斯)利用财政补贴、鼓励煤层气(煤矿瓦斯)发电上网和优惠电价等优惠政策;要围绕项目核准、建设用地、瓦斯发电并网、管网输送、财税和价格支持等方面,制定出台新的政策措施。严格煤矿安全准入,要将瓦斯治理工程作为煤矿新建项目核准、"三同时"审查的重要内容;禁止新建开采突出煤层规模在30万吨/年以下的煤矿,正在建设的要采取修改设计、工程配套等措施,达不到标准的依法退出。

（7）强化对瓦斯治理工作的监督管理和监察。对存在重大瓦斯隐患而没有整改的煤矿,要依法暂扣安全生产许可证。凡存在系统不完善、管理不到位、抽采不达标等问题仍组织生产的,必须责令停产整顿。对存在重大瓦斯隐患且煤与瓦斯突出严重矿区生产能力在30万吨/年以下的煤矿,提请地方政府组织专家论证,决定是否予以关闭,对瓦斯隐患严重,排查治理不力酿成事故的,依法从严追究责任。

（8）加强组织领导,深化瓦斯隐患排查治理,加强协调,推进煤矿瓦斯治理工作取得实效。加大瓦斯治理投入,扎实推进瓦斯治理工作。各地要用好煤矿安全技术改造国债资金,各煤矿企业按需要提取安全生产费用,重点用于瓦斯治理。依靠科技进步推进瓦斯治理工作,着力推进瓦斯治理示范矿井和示范县建设。

瓦斯防治事关煤矿安全生产大局。党中央、国务院高度重视煤矿瓦斯防治工作,制定了一系列方针政策加强煤矿瓦斯治理。中央领导同志对煤矿瓦斯治理工作多次作出重要指示,要求进一步树立科学、安全和可持续的发展理念,不断完善煤矿瓦斯治理工作体系,强化煤矿瓦斯治理,以瓦斯利用促进抽采工作,有效遏制煤矿瓦斯事故,实现煤炭产业的安全、清洁发展。2011年5月23日,国务院办公厅转发了国家发展改革委和国家安全监管总局《关于进一步加强煤矿瓦斯防治工作的若干意见》,就煤矿瓦斯防治工作作出安排部署。国家安全监管总局和国家煤矿安监局也出台了系列政策措施,强力推进瓦斯防治工作。2011年11月上旬发布了《煤矿瓦斯等级鉴定暂行办法》、《煤矿瓦斯抽采达标暂行规定》,不久又制定了《煤矿瓦斯防治工作"十条禁令"》,于2011年11月25日印发。

煤矿瓦斯防治工作"十条禁令"

一、禁止煤矿无证无照、证照不全、证照暂扣等非法生产建设行为

煤矿安全监管监察机构发现违法生产建设矿井,要一律责令停产整顿,并依法严厉处罚;对非法生产建设和经整顿达不到要求的矿井,要提请地方人民政府依法关闭取缔。

二、禁止核准建设 30 万吨/年以下的高瓦斯矿井和 45 万吨/年以下的煤与瓦斯突出矿井新建项目

"十二五"期间,煤炭行业管理部门要一律停止核准 30 万吨/年以下的高瓦斯矿井和 45 万吨/年以下的煤与瓦斯突出矿井新建项目;已批在建的同类矿井项目,应当由有关部门按照国家瓦斯防治相关政策标准重新组织审查其初步设计,并完善瓦斯防治措施,否则一律依法停止建设。

三、禁止应进行瓦斯抽采的矿井在瓦斯抽采未达标区域进行采掘活动

煤矿企业要严格执行《煤矿瓦斯抽采达标暂行规定》(安监总煤装〔2011〕163 号),应进行瓦斯抽采的矿井必须建立瓦斯抽采系统,并进行抽采效果评判,实现瓦斯抽采效果达标,否则一律依法停产整顿。

四、禁止在综合防突措施效果不达标的突出煤层进行采掘活动

突出矿井要严格执行《防治煤与瓦斯突出规定》(国家安全监管总局令第 19 号),建立防突机构和队伍,落实区域和局部"两个四位一体"综合防突措施,实现防突效果达标,否则一律依法停产整顿,并依法严厉处罚;经停产整顿仍达不到要求的,一律依法关闭。

五、禁止 9 万吨/年及以下的煤与瓦斯突出矿井未经防突能力评估擅自组织生产

煤矿企业要严格执行 9 万吨/年及以下突出矿井停产整顿的要求,未经评估的不得进行采掘活动;凡是经评估后不具备瓦斯防治能力的矿井,一律依法停产整顿,或由具备瓦斯防治能力的企业兼并或重组,否则一律依法关闭。

六、禁止矿井瓦斯超限作业

煤矿企业要严格落实《国务院办公厅转发发展改革委、安全监管总局关于进一步加强煤矿瓦斯防治工作若干意见的通知》(国办发〔2011〕26 号)关于"瓦斯超限,立即停产撤人,并比照事故处理查明瓦斯超限原因,落实防范措施"的要求。凡是瓦斯防治措施不到位,1 个月内发生 2 次瓦斯超限的,一律依法停产整顿;凡是 1 个月内发生 3 次瓦斯超限未追查处理,或被责令停产整顿期间仍组织生产的,一律依法关闭。

七、禁止擅自降低矿井瓦斯等级

煤矿企业要严格执行《煤矿瓦斯等级鉴定暂行办法》(安监总煤装〔2011〕162 号),发生瓦斯动力现象、符合瓦斯等级升级条件的矿井应及时进行瓦斯等级鉴定,落实瓦斯防治措施,否则一律依法停产整顿。

八、禁止矿井在安全监测监控系统进行不正常的情况下进行采掘活动

煤矿企业要严格执行《煤矿安全规程》的规定,安装矿井安全监测监控系统,并确保监测监控系统装备齐全、数据准确、断电可靠、处置迅速,否则一律依法停产整顿。

九、禁止采掘工作面无风、微风作业

煤矿企业要严格矿井通风管理,做到矿井通风系统合理、设施完好、风量充足、风流稳定,否则一律依法停产整顿。

十、禁止使用国家明令禁止使用或者淘汰的设备

煤矿企业应当严格执行煤矿矿用产品安全标志管理制度,及时淘汰不合格的电气设备,严防电气失爆,否则一律依法停产整顿。

三、《关于加强煤矿班组安全生产建设的指导意见》

2009 年 3 月初,中华全国总工会、国家煤矿安全监察局颁布了《关于加强煤矿班组安全生产建设的指导意见》,目的是为深入贯彻落实国家七部委局《关于加强国有重点煤矿安全基础管理的指导意见》和《关于加强小煤矿安全基础管理的指导意见》精神,坚持关口前移、重心下移,抓基层、打基础,提高班组安全管理水平,促进煤矿安全生产形势稳定好转。

目标:加强班组建设,提高防范事故、保证安全的五种能力:抓好班组长选拔使用,提高班组安全生产的组织管理能力;加强安全生产教育,提高班组职工自觉抵制"三违"行为的能力;强化班组安全生产应知应会的技能培训,提高业务保安能力;严格班组现场安全管理,提高隐患排查治理的能力;搞好班组应急救援预案演练,提高防灾、避灾和自救等能力。不断提高班组安全生产能力,使班组员工真正做到不伤害自己、不伤害别人、不被别人伤害,实现班组安全生产,为煤矿安全生产奠定基础。

主要内容如下。

(1)建立完善班组安全生产管理体系。① 煤矿要建立区队、班组建制。② 严格班组安全生产定员管理。③ 建立完善班组安全生产管理规章制度。如:班前会制度;班组长随班工作制度;安全生产标准化管理制度;隐患排查治理制度;班组和各岗位安全评估制度;事故报告和处理程序;事故分析处理制度;安全检查与奖惩制度;班组学习培训制度;岗位练兵、技能竞赛制度;交接班制度;现场安全文明生产制度;安全举报制度;员工安全权益维护制度;安全绩效考核制度。④ 健全落实安全生产责任制。明确班组是作业现场安全生产责任主体,实行班组长作业现场安全生产负责制。⑤ 推行班组安全生产风险预控管理。⑥ 完善班组安全生产目标控制考核激励约束机制。把企业的安全生产控制目标层层分解落实到班组,严格考核奖惩,将安全生产作为班组、班组长、班组员工推优评先(进)、效益工资分配的"一票否决"指标。⑦ 加强班组安全信息管理。做好班前班后会安全信息记录和生产、施工等作业记录;认真填写出勤、安全质量、隐患排查治理、班组井下员工到岗、培训等信息,提高班组安全信息基础管理水平。

(2)规范班组长管理。① 完善班组长任用机制。② 规范班组长管理方式。③ 健全班组长人才激励机制。

(3)加强班组现场安全管理。① 严格落实班前会制度。把开好班前会作为现场管理的第一道程序,布置好当班安全生产及各岗位应协调处理的事项。明确工作中注意的问题,做到安全注意事项不讲明不下井、责任不明确不下井。② 严格执行交接班制度。要填写好交接班日记。③ 充分发挥特聘煤矿安全生产群众监督员的作用。做到班组长不违章指挥、班组成员不违章作业、所有人员不违反劳动纪律。④ 搞好安全生产标准化动态达标。⑤ 加强隐患排查治理。实行班组隐患分级管理,落实治理责任。隐患没有排除班组长不得组织生产;遇到重大险情要及时报告,并有序组织人员及时撤离现场,避免事态扩大。⑥ 落实班组安全生产权益。班组长有安全生产决策权和组织指挥权；有检查职工安全作业情况、抵制上级违章指挥权；有对作业现场工程质量、岗位工作质量进行安全评估验收权；在安全隐患没有排除或不具备安全生产条件时，有拒绝开工或停止生产权。

（4）加强班组安全文化建设和教育培训工作。① 加强班组安全文化建设，培养班组团队精神。② 强化安全教育培训。班组长和班组员工经培训考核合格方可上岗，特殊工种做到持证上岗。加强班组应急救援知识培训，建立班组应急预案，加强对采用的新工艺、新设备、新技术的培训，开展岗位练兵，促进班组员工熟练掌握安全生产操作技术。③ 积极开展班组安全技术革新。营造学技术、钻业务、争先进、保安全的浓厚氛围。

四、《煤矿安全培训规定》

2018 年 1 月 11 日国家安全监督管理总局公布了《煤矿安全培训规定》，自 2018 年 3 月 1 日起施行。该规定共 8 章 50 条，明确了从业人员准入条件、安全培训、考核和发证、监督管理、法律责任等。有关规定如下：

第二十二条　煤矿特种作业人员应当具备初中及以上文化程度（自 2018 年 6 月 1 日起新上岗的煤矿特种作业人员应当具备高中及以上文化程度），具有煤矿相关工作经历，或者职业高中、技工学校及中专以上相关专业学历。

第三十五条　煤矿企业或者具备安全培训条件的机构应当按照培训大纲对其他从业人员进行安全培训。其中，对从事采煤、掘进、机电、运输、通风、防治水等工作的班组长的安全培训，应当由其所在煤矿的上一级煤矿企业组织实施；没有上一级煤矿企业的，由本单位组织实施。

煤矿企业其他从业人员的初次安全培训时间不得少于七十二学时，每年再培训的时间不得少于二十学时。

煤矿企业或者具备安全培训条件的机构对其他从业人员安全培训合格后,应当颁发安全培训合格证明;未经培训并取得培训合格证明的,不得上岗作业。

五、《煤矿班组安全建设规定(试行)》

为进一步规范和加强煤矿班组安全建设,充分发挥煤矿班组安全生产第一道防线的作用,提高煤矿现场管理水平,促进全国煤矿安全生产形势持续稳定好转,国家安全监管总局、国家煤矿安监局和中华全国总工会联合制定了《煤矿班组安全建设规定(试行)》,自 2012 年 10 月 1 日起施行。

《煤矿班组安全建设规定(试行)》分总则、组织建设、班组长管理、现场安全管理、班组安全培训、表彰奖励、附则共 8 章、44 条。

煤矿班组安全建设规定(试行)

第一章 总 则

第一条 为进一步规范和加强煤矿班组安全建设,提高煤矿现场管理水平,促进煤矿安全生产,依据《安全生产法》《煤炭法》《工会法》等法律法规,制定本规定。

第二条 全国煤矿开展班组安全建设适用本规定。

第三条 地方各级人民政府煤炭行业管理部门是煤矿班组安全建设的主管部门,负责督促煤矿企业建立班组安全建设制度、落实班组安全建设规定。

各地工会要组织协调、督促煤矿企业开展煤矿班组安全建设工作,指导煤矿企业建立工会基层组织,维护职工合法权益。

第四条 煤矿企业应当建立健全从企业、矿井、区队到班组的班组安全建设体系,把班组安全建设作为加强煤矿安全生产基层和基础管理的重要环节,明确分管负责人和主管部门,制定班组建设总体规划、目标和保障措施。

煤矿企业工会要加强宣传和指导,积极参与煤矿班组安全建设。要建立健全区队工会和班组工会小组,强化班组民主管理,维护职工合法权益。

第五条 煤矿(井)是班组安全建设的责任主体,要围绕班组安全建设建立各项制度,落实建设资金和各项保障措施,保证职工福利补贴,完善职工收入与企业效益同步增长机制。

区队(车间)是班组安全建设的直接管理层,负责班组日常管理、业务培训等工作。

第六条　煤矿班组安全建设以"作风优良,技能过硬,管理严格,生产安全,团结和谐"为总要求,着力加强现场安全管理、班组安全教育培训、班组安全文化建设,筑牢煤矿安全生产第一道防线。

第二章　组织建设

第七条　煤矿企业必须建立区队、班组建制,制定班组定员标准,确保班组基本配置。班组长应当发挥带头表率作用,加强班组作业现场管理,确保安全生产。

第八条　煤矿企业班组工会小组要设群众安全监督员,且不得由班组长兼任。中华全国总工会和国家煤矿安全监察局按规定程序在煤矿井下生产一线班组中聘任煤矿特聘群众安全监督员。

第九条　煤矿企业应当建立完善以下班组安全管理规章制度:

(一)班前、班后会和交接班制度;

(二)安全生产标准化和文明生产管理制度;

(三)隐患排查治理报告制度;

(四)事故报告和处置制度;

(五)学习培训制度;

(六)安全承诺制度;

(七)民主管理制度;

(八)安全绩效考核制度;

(九)煤矿企业认为需要制定的其他制度。

煤矿企业在制定、修改班组安全管理规章制度时,应当经职工代表大会或者全体职工讨论,与工会或者职代表平等协商确定。

第十条　煤矿企业应当加强班组信息管理,班组要有质量验收、交接、隐患排查治理等记录,并做到字迹清晰、内容完整、妥善保存。

第十一条　煤矿企业应当指导班组建立健全从班组长到每个岗位人员的安全生产责任制。

第十二条　煤矿企业必须全面推行安全生产目标管理,将安全生产目标层层分解落实到班组,完善安全、生产、效益结构工资制,区队每月进行考核兑现。

第十三条　煤矿企业必须依据国家标准要求,改善作业环境,完善安全防护设施,按标准为职工配备合格的劳动防护用品,按规定对职工进行职业健康检查,建立职工个人健康档案,对接触有职业危害作业的职工,按有关规定落实相应待遇。

第十四条 煤矿企业应当制定班组作业现场应急处置方案,明确班组长应急处置指挥权和职工紧急避险逃生权。

第十五条 煤矿企业应当建立班组民主管理机构,组织开展班组民主活动,认真执行班务公开制度,赋予职工在班组安全生产管理、规章制度制定、安全奖罚、班组长民主评议等方面的知情权、参与权、表达权、监督权。

第三章 班组长管理

第十六条 煤矿企业必须建立班组长选聘、使用、培养制度和机制,积极从优秀班组长中选拔人才,把班组长纳入科(区)管理人才培养计划,区队安全生产管理人员原则上要有班组长经历。

第十七条 班组长应当具备以下任职条件:

(一)热爱煤炭事业,关心企业发展,思想政治素质好、责任意识强,具有良好的道德品质;

(二)认真贯彻执行党的安全生产方针,模范遵守安全生产法律法规、企业规章制度和规程措施;

(三)熟悉本班组生产工艺流程,掌握矿井相关专业灾害预防知识,具备现场急救技能;

(四)服从组织领导,坚持原则,公道正派,有较强的组织管理能力、创新能力和团队协作精神,在职工中具有较高威信;

(五)一般应当具有高中(技校)及以上文化程度、3年及以上现场工作经验,具有较好的身体素质。

第十八条 班组长应当履行以下职责:

(一)班组长是本班组安全生产的第一责任人,对管辖范围内的现场安全管理全面负责,严格落实各项安全生产责任制,执行安全生产法律、法规、规程和技术措施,实行对本班组全员、全过程、全方位的动态安全生产管理;

(二)负责分解落实生产任务,严格按照《煤矿安全规程》、作业规程和煤矿安全技术操作规程组织生产,科学合理安排劳动组织、配置生产要素,强化以岗位为核心的现场管理,提高生产效率;

(三)负责加强班组安全生产标准化建设,推行作业现场精细化管理;

(四)负责班组团队、安全文化建设和规范化管理等其他职责。

第十九条 班组长享有以下权利:

(一)有权按规定组织落实安全规程措施,检查现场安全生产环境和职工安全作业情况,制止和处理职工违章作业,抵制违章指挥,在不具备安全生产条件且自身无力解决时有权拒绝开工、停止作业,遇到险情时有在第一时间下达停产撤人命令的直接决策权和指挥权,并组织班组人员安全有序撤离;煤矿企业不得因此降低从业人员工资、福利等待遇或者解除与其订立的劳动合同;

（二）有权根据区队生产作业计划和本班组的实际情况，合理安排劳动组织，调配人员、设备、材料等；（三）有权核算班组安全、质量、生产等指标完成情况，根据有关规定，对班组成员的工作绩效进行考核；

（四）企业赋予的其他权利。

第二十条　班组长任用应当遵循以下原则：

（一）采取组织推荐、公开竞聘或民主选举等方式选拔班组长；

（二）经选拔的班组长，要按规定履行正式聘任手续，不得随意更换班组长；

（三）撤免班组长应当由区队提出撤免理由和建议，严格按相应程序办理。

第二十一条　煤矿企业必须建立班组长考核激励约束机制，明确班组长岗位津贴，制定班组长绩效考核制度，定期进行严格考核，并将考核结果作为班组长提拔、奖励、推优评先以及解聘、处罚的重要依据。

第四章　现场安全管理

第二十二条　煤矿企业应当依据《煤矿安全规程》、作业规程和煤矿安全技术操作规程等规定，制定班组安全工作标准、操作标准，规范工作流程。

第二十三条　班组必须严格落实班前会制度，结合上一班作业现场情况，合理布置当班安全生产任务，分析可能遇到的事故隐患并采取相应的安全防范措施，严格班前安全确认。

第二十四条　班组必须严格执行交接班制度，重点交接清楚现场安全状况、存在隐患及整改情况、生产条件和应当注意的安全事项等。

第二十五条　班组要坚持正规循环作业和正规操作，实现合理均衡生产，严禁两班交叉作业。

第二十六条　班组必须严格执行隐患排查治理制度，对作业环境、安全设施及生产系统进行巡回检查，及时排查治理现场动态隐患，隐患未消除前不得组织生产。

第二十七条　班组必须认真开展安全生产标准化工作，加强作业现场精细化管理，确保设备设施完好，各类材料、备品配件、工器具等排放整齐有序，清洁文明生产，做到岗位达标、工程质量达标，实现动态达标。

第二十八条　班组应当加强作业现场安全监测监控系统、安全监测仪器仪表、工器具和其他安全生产设施的保护和管理，确保正确正常使用、安全有效。

第五章　班组安全培训

第二十九条　煤矿企业应当重视和发挥班组在职工安全教育培训中的主阵地作用，开展安全警示教育，强化班组成员安全风险意识、责任意识，增强职工遵章作业的自觉性；加强班组职工安全知识、操作技能、规程措施和新工艺、新设备、新技术安全培训，提高职工遵章作业的能力。

第三十条　煤矿企业应当强化危险源辨识和风险评估培训，提高职工对生产作业过程中各类隐患的辨识和防范能力。

煤矿企业应当加强班组应急救援知识培训和模拟演练,班组成员应当牢固掌握防灾、避灾路线,增强自救互救和现场处置能力。

煤矿企业应当加强班组现场急救知识和处置技能培训,班组成员应当具有正确使用安全防护设备、及时果断进行现场急救的能力。

第三十一条 煤矿企业应当确保班组教育培训投入,建立实训基地,建立学习活动室,配备教学所需的设施、多媒体器材、书籍和资料等。

第三十二条 煤矿企业每年必须对班组长及班组成员进行专题安全培训,培训时间不得少于20学时。

第六章 班组安全文化建设

第三十三条 煤矿企业应当把班组安全文化建设作为矿井整体安全文化建设的重要组成部分,切实加强组织领导,加大安全文化建设投入,为班组安全文化建设提供必要的条件和支持,培育独具特色的班组安全文化。

第三十四条 煤矿班组应当落实"安全第一,预防为主,综合治理"的安全生产方针,牢固树立"以人为本"、"事故可防可控"和"班组安全生产,企业安全发展"等安全生产理念。

第三十五条 煤矿企业应当以提高职工责任意识、法制意识、安全意识和防范技能为重点,加强正面舆论引导和法制宣传,发挥群众安全监督组织、家属协管的作用,培养正确的安全生产价值观,增强班组安全生产的内在动力。

第三十六条 煤矿企业应当建立安全诚信考核机制,建立职工安全诚信档案,并将安全诚信与安全生产抵押金、工资分配挂钩。

第三十七条 班组长应当加强人文关怀、情感交流和心理疏导,提高班组凝聚力,强化班组团队建设。

第三十八条 煤矿企业应当建立班组合理化建议与创新激励机制,鼓励班组开展岗位创新、质量管理(QC)小组等活动,培育团队创新精神。

第七章 表彰奖励

第三十九条 煤矿企业应当积极开展班组建设创先争优活动,每年组织优秀班组和优秀班组长评选,对班组安全建设工作开展情况进行总结考核,对在安全生产工作中作出突出贡献的班组及班组长给予表彰奖励。

煤矿企业在组织职工休(疗)养、外出学习考察活动时,优先选派优秀班组长参加。

第四十条 各省(区、市)人民政府煤炭行业管理部门会同本级总工会,定期对在安全生产工作中作出突出贡献的班组、班组长进行表彰奖励。

第四十一条 国家安全生产监督管理总局、国家煤矿安全监察局和中华全国总工会结合煤矿开展争创优秀安全班组、优秀班组长、优秀群监员活动,对在安全生产工作中作出突出贡献的班组、班组长进行表彰与奖励。

第八章 附 则

第四十二条 各级人民政府煤炭行业管理部门、煤矿安全监督管理部门以及各级煤矿安全监察机构、工会组织依照本规定对煤矿班组安全建设实施监督检查和指导。

第四十三条 地方各级人民政府有关部门和煤矿企业可依据本规定,制定具体的实施办法或实施细则。

第四十四条 本规定自 2012 年 10 月 1 日起施行,由国家安全生产监督管理总局、国家煤矿安全监察局、中华全国总工会负责解释。

六、《煤矿矿长保护矿工生命安全七条规定》

2013 年 1 月 24 日,国家安全生产监督管理总局以 58 号令颁布《煤矿矿长保护矿工生命安全七条规定》(以下简称《七条规定》),自公布之日起施行。

《七条规定》内容是:"一、必须证照齐全,严禁无证照或者证照失效非法生产。二、必须在批准区域正规开采,严禁超层越界或者巷道式采煤、空顶作业。三、必须确保通风系统可靠,严禁无风、微风、循环风冒险作业。四、必须做到瓦斯抽采达标,防突措施到位,监控系统有效,瓦斯超限立即撤人,严禁违规作业。五、必须落实井下探放水规定,严禁开采防隔水煤柱。六、必须保证井下机电和所有提升设备完好,严禁非阻燃、非防爆设备违规入井。七、必须坚持矿领导下井带班,确保员工培训合格、持证上岗,严禁违章指挥。"

2013 年 2 月 21 日,国务院安委会办公室下发通知,决定 2013 年全国煤矿开展以落实《七条规定》为主要内容的"保护矿工生命,矿长守规尽责"主题实践活动。以"铁规定、刚执行、全覆盖、真落实、见实效"为总要求,向所有煤矿深入宣传《七条规定》,督促煤矿对照《七条规定》扎实开展重大隐患排查和整治,严格遵守《七条规定》,切实落实矿长责任,防范和遏制重特大事故,保护矿工生命安全,确保煤矿事故总量、重特大事故和百万吨死亡率继续下降,推进煤炭工业科学发展、安全发展。

与此同时,国家安监总局、国家煤监局致信全国煤矿矿长,要求严格执行《七条规定》,真正把矿工当亲人当兄弟。

国家安监总局、国家煤监局致信全国煤矿矿长
真正把矿工当亲人当兄弟

全国煤矿各位矿长同志们:

首先对你们长期以来为煤矿安全生产所付出的艰辛和努力表示诚挚问候和衷心感谢!

煤炭是我国的主要能源,煤矿也是高危行业。近年来,在党中央、国务院的高度重视和坚强领导下,在各方面的共同努力下,煤矿安全生产状况持续稳定好转,这其中你们也功不可没。但由于现阶段煤矿安全基础仍较薄弱,重特大事故时有发生,教训极其惨痛。血的教训必须深刻吸取,分分秒秒都不能忘记。

安全第一、生命至上。矿工常年在井下作业,牺牲了应该享受的阳光,而把光和热奉献给人民,他们理应受到全社会的尊重和关爱。我们一定要满怀深厚的感情,真正把矿工当亲人、当兄弟,从心底深处和各项工作中关心他们的生命健康,为他们撑起一片安全蓝天。

最近,安监总局制定了《煤矿矿长保护矿工生命安全七条规定》。这既是加强安全生产的铁律,更是对550万矿工的承诺。希望你们严格执行,履职尽责,强化管理,夯实基础,有效防范遏制各类事故尤其是重特大事故,确保每一个矿工都"高高兴兴上班来,安安全全回家去"。

国家安全生产监督管理总局
国家煤矿安全监察局
2013年2月

【复习思考题】

1. 结合班组工作,谈谈班组如何贯彻落实安全生产方针。

2. 煤矿安全生产标准化建设的重要意义是什么?

3. 结合煤矿安全基础管理的指导意见和《煤矿班组安全建设规定(试行)》,谈谈如何加强班组建设。

第三章　煤矿安全生产新知识新技术

第一节　煤矿地质知识

一、煤层的形态结构

（一）煤层的形态

煤在地下通常是呈层状埋藏,但由于沉积环境不同以及后期地质作用力的影响,煤层的形态发生了变化,一般有层状煤层、似层状煤层和非层状煤层。如图 3-1 所示。

（1）层状煤层。煤层在一定范围内具有显著的连续性,层位稳定,煤层厚度变化有一定的规律。

（2）似层状煤层。煤层有一定的连续性,层位比较稳定,煤层厚度变化较大,形状像藕节或串珠等。

（3）非层状煤层。煤层连续性不明显,层位极不稳定,常有分叉现象,形状像鸡窝或扁豆等。

我国西北、华北、东北、华东等地区主要矿区的煤层多为层状煤层,在南方的矿区及地方小煤矿大都为似层状煤层及非层状煤层。

（二）煤层的结构

（1）简单结构煤层。简单结构煤层是指煤层中不含有夹矸或含有夹矸很少的煤层。通常厚度较小的煤层是简单结构煤层。简单结构煤层极易被开采,且煤质好、灰分较低。

（2）复杂结构煤层。复杂结构煤层是指煤层中含有夹矸较多的煤层,且夹矸层的层数、层位、厚度和岩性变化大,影响采掘工作面机械破煤,同时也会影响煤质,使煤的灰分增高。通常厚度较大的煤层是复杂结构煤层。如图 3-2 所示。

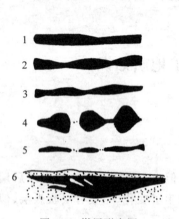

图 3-1　煤层形态图

1——层状;2——藕节状;

3——串珠状;4——鸡窝状;

5——扁豆状;6——马尾巴分叉状

图 3-2　复杂结构煤层

1,3,5,7,9——煤层;

2,4,6,8——夹矸层

（三）煤层的厚度

煤层的厚度是指煤层顶、底板之间的垂直距离。由于成煤条件的不同,煤层的厚度差异也很大,薄的仅数厘米,厚的可达上百米。煤层太薄时就失去了开采价值。通常把煤层分为三类:

薄煤层　　　　　<1.3 m

中厚煤层　　　　1.3～3.5 m

厚煤层　　　　　>3.5 m

在实际工作中,习惯将厚度大于 6 m 的煤层称作特厚煤层。

（四）煤层的产状要素

煤层的产状要素是指煤层的走向、倾向及倾角（简称煤层产状三要素），如图 3-3 所示。

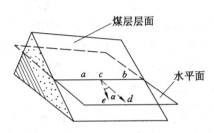

图 3-3 煤层产状示意图

ab——走向线；cd——倾斜线；ce——倾向线；α——煤层倾角

（1）走向。煤层走向线是指煤层层面与水平面相交的线。走向线两端所指的方向称为走向。走向代表煤层在水平面中的延伸方向。走向线上各点的水平标高均相同。在布置水平巷道时，为了保证巷道水平，一般要使巷道沿煤层的走向线掘进，这样有利于巷道运输。

（2）倾向。煤层层面上与走向线垂直的线叫倾斜线。倾斜线由高向低在水平面投影所指的方向称为倾向。

（3）倾角。煤层层面与水平面所夹的最大锐角称为倾角。倾角大小反映煤层在空间的倾斜程度。倾角的变化范围在 $0°\sim90°$ 之间。根据目前的开采技术，煤层按倾角大致可分为以下四类：

近水平煤层　　　　倾角在 $8°$ 以下的煤层

缓倾斜煤层　　　　倾角在 $8°\sim25°$ 的煤层

倾斜煤层　　　　　倾角在 $25°\sim45°$ 的煤层

急倾斜煤层　　　　倾角在 $45°$ 以上的煤层

煤层倾角的大小对采煤方法及机械化程度影响极大。煤层倾角小，有利于采用综合机械化采煤；相反，则很难采用机械化。

二、煤层的顶板与底板

位于煤层上面的岩层称顶板,位于煤层下面的岩层称底板。煤层顶底板一般是由砂岩、粉砂岩、泥岩、页岩、黏土岩或石灰岩等组成。由于岩性和厚度等不同,在回采过程中破裂、冒落的情况也不一样。为此,按顶板与煤层相对位置及垮落难易程度,可将煤层顶板分为伪顶、直接顶和基本顶(又称"老顶"),把底板分为直接底和基本底(又称"老底")。如图 3-4 所示。

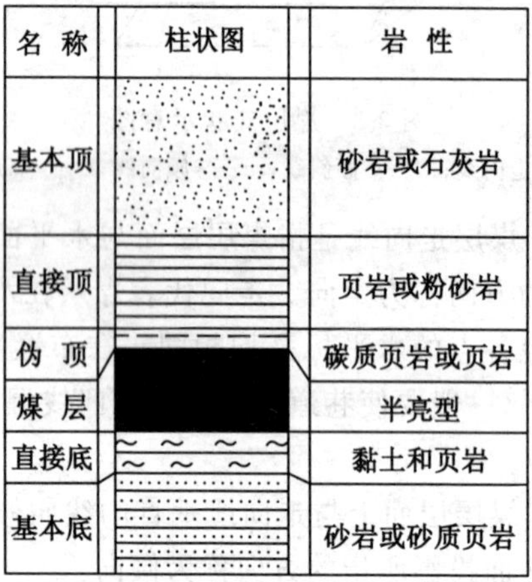

名　称	柱状图	岩　性
基本顶		砂岩或石灰岩
直接顶		页岩或粉砂岩
伪　顶		碳质页岩或页岩
煤　层		半亮型
直接底		黏土和页岩
基本底		砂岩或砂质页岩

图 3-4　煤层顶、底板岩层示意图

(1)伪顶。伪顶是紧贴在煤层之上,极易垮落的薄岩层,厚度一般小于 0.5 m,常由碳质页岩、泥质页岩等硬度较低的岩层组成。在回采时随落煤垮落。

(2)直接顶。直接顶位于伪顶或煤层(无伪顶时)之上,一般由一层或几层厚度不定的泥岩、页岩、粉砂岩等比较容易垮落的岩层所组成,一般能随回柱放顶在采空区及时垮落。

(3)基本顶。一般指位于直接顶之上(有时也直接位于煤层之上)厚而坚硬的岩层,常由砂岩、石灰岩、砂砾岩等岩层所组成。基本顶能在采空区维持很大的悬露面积而不随直接顶垮落。

多数煤层同时具有伪顶、直接顶和基本顶,但有的煤层只有直接顶而没有伪顶和基本顶,也有的煤层没有伪顶和直接顶,煤层上面就是基本顶。

(4)直接底。直接底是指位于煤层之下厚度较薄(约 0.2～0.4 m)的岩层,常由泥岩、页岩、黏土岩等组成。如果直接底的岩性是遇水后膨胀的黏土岩,可造成巷道底鼓与支架插底,轻者影响巷道运输与工作支护,重者可使巷道遭受严重破坏。

(5)基本底。基本底位于直接底或煤层之下,一般由砂岩或石灰岩等坚固岩层所组成。有的煤层下面没有直接底,紧贴着老底。

三、矿井地质构造

地质构造可分为单斜构造、褶皱构造和断裂构造三大类型。

(一)单斜构造

岩(煤)层受地质作用力的影响,产生向一个方向倾斜的形态,这样的构造形态称为单斜构造。

(二)褶皱构造

岩(煤)层在地质作用力的作用下发生变形,呈现波状弯曲,但仍保持了岩层的连续性和完整性,这种构造形态称为褶皱。

1. 褶皱的基本形态

(1)背斜。在形态上是岩(煤)层向上弯拱的褶曲,其特点是两翼岩层倾向相背,核心部位是老岩层,两翼是新岩层。

(2)向斜。在形态上是岩(煤)层向下弯曲,特点是两翼岩层倾向相向,核心部位是新岩层,两翼是老岩层,如图 3-5 所示。

2. 褶曲构造的基本类型

(1)大型褶曲。这是指影响井田划分和整个矿井开拓系统的

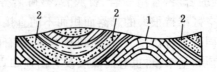

图 3-5　褶皱(曲)构造

1——背斜；2——向斜

褶曲构造，它是矿井设计考虑的主要问题。有些大型褶曲，两翼煤层距离较远，很难形成统一的生产系统，往往以褶曲(褶曲凹凸部分的顶部)为界，形成两个井田或几个井田。

（2）中型褶曲。这是指影响采区布置的褶曲，它是大型褶曲构造的次一级伴生构造。

（3）小型褶曲。这是指采面准备过程中在巷道中见到的小褶曲。它会使煤层有时突然增厚，有时突然变薄，甚至不能继续开采；它能使煤层产状发生变化，给生产带来一定影响；它能使工作面长度经常变化，对正规循环作业、顶板管理等带来一定的困难。

3. 褶曲构造对煤矿生产及安全的影响

（1）褶曲构造影响巷道布置。如果掘进巷道在煤层中布置，前方出现褶曲后不能保持巷道的水平状态。

（2）大型背斜的轴部煤层中瓦斯含量大。

（3）大型向斜的轴部顶板压力大，易发生顶板冒落事故。

（4）对于矿井水大的矿井，向斜的轴部会积存大量水，不利于安全生产。

（5）有煤与瓦斯突出的矿井，向斜的轴部又是煤与瓦斯突出的危险区。

（三）断裂构造

地质作用力会使岩(煤)层遭到破坏，在一定部位沿一定的方向产生断裂，这种失去连续性和完整性的构造形态称为断裂构造。

根据岩(煤)层断裂后断裂面两侧岩块的显著位移情况,断裂构造可分为裂隙和断层两种基本类型。

1. 裂隙

裂隙是指岩(煤)层断裂后,断裂面两侧岩块未发生显著位移的断裂构造。它对煤矿安全生产的影响:① 影响钻眼与爆破效果。② 影响回采效率。③ 影响顶板管理方法。④ 影响工作面的布置。⑤ 由于裂隙破碎带是地下水和瓦斯的良好通道,常会增加矿井的涌水量,因而会引起水患;在瓦斯煤层中,瓦斯含量会突然增加。

2. 断层

断层是指岩(煤)层断裂后,断裂面两侧岩块发生显著位移的断裂构造。

(1)断层要素。包括断层面、断层线、断盘及断距等,如图 3-6 所示。

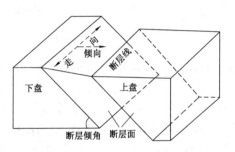

图 3-6 断层要素示意图

断距可分为垂直断距(落差)和水平断距,如图 3-7 所示。

(2)断层分类。根据断层两盘相对位移的方向分为三种基本类型,如图3-8 所示。

正断层:上盘相对下降,下盘相对上升的断层;

逆断层:上盘相对上升,下盘相对下降的断层;

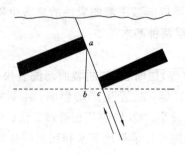

图 3-7 断层示意图

ab——垂直断距;bc——水平断距

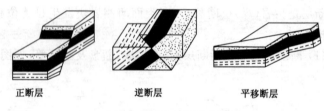

正断层 　　　　逆断层 　　　　平移断层

图 3-8 断层立体示意图

平移断层:断层两盘岩块沿断层面作水平方向相对移动的断层。

正断层、逆断层在煤矿的地质构造中最为常见,在地质构造较为复杂的地带,断层常以组合的形式出现,成为阶梯状断层。

根据断层走向与岩层走向关系分为:走向断层(断层走向与岩层走向平行或基本平行的断层);倾向断层(断层走向与岩层走向垂直或基本垂直的断层);斜交断层(断层走向与岩层走向斜交的断层)。

(3)出现断层的特征:① 煤层厚度发生显著变化,煤层松软,光泽变暗,滑动面与摩擦痕增加;② 煤层的走向与倾斜发生较大的变化;③ 煤层顶、底板出现严重凸凹不平,顶、底板岩石发生较多裂隙,而且越接近断层裂隙越多;④ 破碎带有滴水或涌水出现,瓦斯涌出量增大。

(4) 断层对煤矿生产的影响:① 断层带岩石常常十分破碎,地表水和含水层的水都能沿断层破碎带流入井下,使井下涌水量增加,增加矿井排水困难,水文地质条件复杂的矿井,甚至因发生突水造成矿井淹没事故;② 断层破坏严重的地段,影响采区划分,影响工作面和巷道的布置;③ 断层破坏造成工作面布置不规则,巷道掘进率明显增高,还会造成无效进尺;④ 采煤工作面内出现断层,给支护工作和顶板管理带来困难,管理不善会造成冒顶事故;⑤ 在含有瓦斯特别是瓦斯含量很大的矿井中,断层会引起岩石破碎,降低岩石的强度,很容易引起瓦斯突出。

第二节 矿井开拓方式与生产系统

一、矿井开拓方式

矿井开拓方式是指为开采煤炭在井田内布置巷道的方式。由于井田范围、储量、煤层数目、倾角、厚度以及地质、地形等条件的不同,所以进入煤体的方式也不同。一般根据井筒形式划分开拓方式,可分为斜井开拓、立井开拓、平硐开拓和综合开拓四类。

(一)斜井开拓

斜井开拓是我国煤矿广泛采用的一种开拓方式。它是利用倾斜巷道由地面进入地下,开掘一系列巷道到达煤层的开拓方式。此种开拓方式有多种不同的形式,根据井筒位置及开拓巷道布置方式的不同,斜井开拓又分为片盘斜井开拓和斜井分区开拓。

1. 片盘斜井开拓

片盘斜井开拓是斜井开拓的一种最简单的形式,多用于煤田的浅部,井田的范围比较小。它是将整个井田沿倾斜方向划分成若干个阶段,每个阶段倾斜宽度可以布置一个采煤工作面。在井田沿走向的中央地面向下开凿斜井井筒,并以井筒为中心由上而下逐阶段开采。

图 3-9 是一片盘斜井开拓的示例。井田沿倾斜方向分为四个阶段,阶段内工作面按整个阶段布置,即每一阶段斜宽布置一个工作面。开拓程序:在井田中央沿煤层倾斜,平行间隔 30~40 m 开掘主斜井及副斜井,每掘进一定距离用联络巷将井筒贯通。当井筒掘到第一片盘边界时,开掘片盘车场,同时自井筒两侧向两翼开掘第一片盘运输巷及回风巷,一直到井田边界上,上、下平巷用开切眼贯通并安装设备,即可从井田边界向井筒方向进行回采。

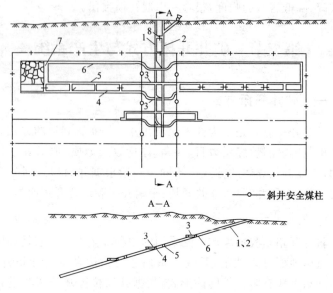

图 3-9　片盘斜井开拓示意图

1——主斜井;2——副斜井;3——车场;4——阶段运输平巷;
5——辅巷;6——阶段回风平巷;7——开切眼(采煤工作面);8——联络巷

为保证工作面生产的正常接替,在第一片盘采完之前,应按计划延深井筒,开掘第二片盘巷道,依次进行回采。

煤炭的运输线路:采煤工作面→运输平巷→片盘车场→主斜井→地面。

通风线路:主斜井→片盘车场→运输平巷→采煤工作面→回风平巷→副斜井(为了避免新风与乏风相遇,在主井和回风巷交叉处设置风桥,副井中也要设立风门)→地面。

这种开拓系统的特点是系统简单,建井工程量小;投产快,投资少;但每一片盘服务年限短,需要经常进行井筒延深工作;而且在遇到地质条件发生变化时,难以保证正常生产。

2. 斜井分区式开拓

当井田划分为阶段或盘区时,利用斜井来集中分区式开拓。当井田划分为一个水平时,就叫斜井单水平分区式开拓;当井田划分为多水平时,就叫斜井多水平分区式开拓。

图 3-10 是一典型的斜井单水平分区式开拓方式。井田划分为两个阶段,每个阶段沿走向划分为六个采区。开采水平在上、下两阶段分界面。上山阶段每个采区沿倾斜划分为五个区段,下山阶段分为四个区段。

开拓程序如下:在井田中部由地面平行开掘主斜井 1 和副斜井 2(相距 30~50 m)。主斜井安装输送机提升煤炭,副斜井安装绞车用作辅助提升。斜井井筒掘至开采水平,掘出井底车场 3、阶段运输平巷 4 和辅巷 5。到达采区中部位置后,在采区下部车场开掘采区运输上山 6 和轨道上山 7,当采用中央分列式通风时,在主副斜井施工同时,在井田浅部中央开掘回风井口至上山阶段上部车场、区段运输平巷和回风平巷,并掘进开切眼布置工作面回采。

第二阶段为下山开采,由水平运输大巷在采区中部布置采区上部车场并沿煤层向下做采区运输下山 13 和轨道下山 14,然后

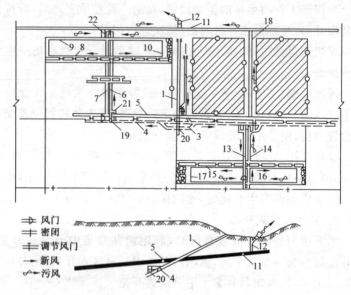

图 3-10 斜井单水平分区式开拓示意图

1——主斜井；2——副斜井；3——井底车场；4——阶段运输平巷；

5——辅巷；6——采区运输上山；7——采区轨道上山；8、15——区段运输平巷；

9、16——区段回风平巷；10、17——采煤工作面；

11——阶段回风平巷；12——回风井；13——采区运输下山；

14——采区轨道下山；18——专用回风上山；

19——采区煤仓；20——行人进风上山

在采区内掘区段平巷，构成采煤工作面。

煤炭的运输线路：采煤工作面→区段运输平巷 8→采区运输上山 6→采区下部煤仓→阶段运输平巷 4→井底煤仓→斜井→地面。下山采区工作面出煤运输线路：下山采区工作面→区段运输平巷→采区运输下山 13→采区煤仓→井底车场→地面。

通风线路：新鲜风由主、副斜井→井底车场→水平运输平巷→采区下部车场→运输上山→采煤工作面→区段回风平巷→水平回风大巷→地面。下山采区通风线路:新鲜风由采区上部车场→采区轨道下山→区段运输平巷→工作面→回风平巷→采区运输下山→水平辅巷→水平回风大巷→地面。

斜井的井筒掘进技术和施工设备相对简单,掘进速度快,一般不需大型提升设备,因而初期投资较少,建井期较短;在多水平开采时,掘进石门的工程量和沿石门的运输量较少;延深斜井井筒的施工比较方便,对生产的干扰少。

(二)立井开拓

立井开拓是采用垂直巷道由地面进入地下,并通过一系列巷道到达煤层的一种开拓方式。立井开拓方式适用于井田的冲积层较厚、有时含有流沙层、地质和水文地质条件比较复杂或煤层埋藏较深的情况。立井开拓除井筒形式与斜井开拓不同外,其他基本与斜井开拓相同。由于开采水平设置的不同,立井又可分为立井单水平上下山开拓和立井多水平分区式开拓。

1. 立井单水平上下山开拓

井田采用立井开拓,沿倾斜划分两个阶段,在两个阶段之间设置一个开采水平,为整个井田的两个阶段服务,水平以上的阶段称为上山阶段,水平以下的阶段称为下山阶段。开拓程序如下:在井田中央,平行间隔30~40 m向下开掘立井及副立井,到达设计深度的水平时,开掘井底车场、运输大巷,运输大巷掘过中央采区上山口50~100 m后,从运输大巷向上开掘采区运输上山的轨道上山,直到井田的上部边界与风井贯通,构成通风系统,即可开掘其他巷道准备采煤工作面。这种开拓方式多用于在煤层倾角较小或近水平煤层中。

在井底车场的水平面上,运输大巷以外还有为生产服务的各种硐室和联络各个煤层的石门。其担负着整个矿井的运输、提升、通风、排水动力和材料供应、指挥调度等任务,是井下的生产中心。

2. 立井多水平分区式开拓

立井多水平开拓是用两个或两个以上的水平开拓整个井田，按开采水平服务的阶段布置方式不同，可分为立井多水平上山开拓、立井多水平上下山开拓及立井多水平混合式开拓等。

(1) 立井多水平上山开拓。即将井田分为多个水平，每个阶段的煤炭均向下运到相应的水平，通过主井提到地面。这种方式的井巷工程量较大，只适用于较大倾角的煤层。特别是急倾斜煤层。

(2) 立井多水平上下山开拓。每一个水平均为上下山服务。与上山开拓方式相比，相应减少了水平数目和井巷工程量。但这种方式增加了下山开采，下山采区的排水、通风及采区辅助提升较为困难。这种方式适用于斜长较大且倾角较小的井田。

(3) 立井多水平混合开拓。即在整个井田中，上面的某几个水平只开采上山阶段，而最下一个水平采用上下山的布置的方式。这种方式既发挥了单一阶段布置方式的特点，又适当减少了开拓工程量和运输工程量。

立井开拓可以适应各种水平的划分方式和阶段内的布置形式。其优点是：井筒短，提升速度快，提升能力大，管线敷设短，通风阻力小，维护较容易。此外，立井开拓对地质条件适应性强，不受煤层倾角、厚度、瓦斯等条件的限制。立井开拓的缺点是：井筒掘进施工技术要求高，开凿井筒所需设备和井筒装备复杂，井筒掘进速度慢，基建投资大，等等。

(三) 平硐开拓

平硐开拓是利用水平巷道由地面进入地下，并通过一系列巷道通达矿体的一种开拓方式。平硐开拓井田最简单、最经济，是山岭、丘陵地区广泛采用的矿井开拓方式。图 3-11 为平硐开拓示意图。

平硐就是水平的岩石巷道，通达地面又为全矿井服务。利用

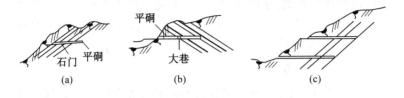

图 3-11 平硐开拓示意图

(a) 位于煤层底板岩层中的走向平硐;(b) 垂直平硐;(c) 阶梯平硐

平硐开拓时,在阶段内的巷道布置同立井、斜井开拓是一样的。

平硐的硐口主要根据地形和交通条件选择,平硐的布置方式与地表地形和煤层产状有关。平硐的数目应根据具体条件而定,可以只开掘一个主平硐,而在浅部地另开掘小平硐或小风井,也可以开掘主、副两个平硐。

平硐一般位于煤层的底板或顶板,并且交叉于煤层的走向开掘,有时也可沿煤层走向开掘,这主要决定于煤层的赋存条件和地形条件。

平硐的掘进方向与煤层的走向平行,叫走向平硐。它一般在底板岩石中开掘,条件适合时,也可以沿煤层掘进。走向平硐工程量小、投资少、出煤快,但是只能单翼开采,限制了矿井的生产能力。

平硐的掘进方向与煤层的走向交叉或垂直,叫交叉平硐或垂直平硐。它是平硐开拓中应用较多的一种。沿煤层或底板岩石向井田两侧掘运输大巷,并准备采区。根据地形和煤层相互关系的不同,平硐可以从煤层顶板进入断层,也可以从煤层底板进入煤层。交叉和垂直平硐初期工程量大、投资多、出煤慢,但可以两翼开采,因而矿井生产能力大。

平硐开拓是最简单、经济的开拓方式,可以省去立井或斜井的开拓工程量,电机车可以从地面进入矿井,运输简单而经济,井下水可以沿井下巷道、平硐流到井外,节约大量排水费用。一般来说,平硐开拓投资少,占用设备少,施工容易,出煤快,成本低,只要条件适合,应尽量采用。

（四）综合开拓

在某些条件下,如为了充分利用地形或考虑煤层埋藏深浅等特点,避免大量提前投资,以及单独用一种开拓方式在技术上和经济上不够合理时,主、副井可采用不同的开拓方式,称之为综合开拓。

综合开拓的形式可以组合成"立井—斜井、斜井—立井、平硐—立井、平硐—斜井、立井—平硐、斜井—平硐"6种开拓方式。实际工作中具体运用哪种开拓方式,应综合考虑多方面的因素,因地制宜,最大限度地考虑地质、设备、人员、开采技术等多方面的因素,合理开发利用煤炭资源,提高经济效益。

二、矿井生产系统

（一）矿井运输提升系统

井下采煤工作面采出的煤炭要运输提升到地面;井下开掘巷道掘出的矸石要运到井上排矸场;井下各种支护材料、采掘设备也同样要通过运输到使用地点;还有人员进出矿井等,这些都需要依靠矿井的运输提升系统来完成。

1. 运煤系统

矿井的运煤系统如图 3-12 所示。从采煤工作面采落的煤炭（通过刮板输送机）→工作面运输巷（通过转载机和带式输送机）→区段溜煤眼→区段岩石集中巷（通过带式输送机）→采区煤仓→石门（用架线电机车）→水平运输大巷（用架线电机车）→井底车场→井底煤仓→主井（主井提升绞车）→地面。

2. 排矸系统

掘进工作面矸石装入矿车（用蓄电池电机车）→采区轨道上山

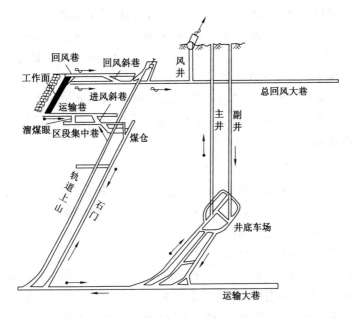

图 3-12　矿井运煤通风系统

(用采区提升绞车)或盘区石门(用架线电机车)→水平运输大巷
(用架线电机车)→井底车场→副井底(用提升绞车)→地面(用架
线电机车)→矸石山(用绞车)。

3．材料运输系统

地面材料设备库(用架线电机车)→副井口→(通过副井绞车)
→井底车场(用架线电机车)→水平运输大巷(用架线电机车)→采
区或盘区车场(用架线电机车)→轨道上山(用采区绞车)或盘区石
门(用架线电机车)→区段集中巷(用蓄电池机车)→材料斜巷(用调
度绞车)→采煤工作面材料巷(用调度绞车)→工作面材料存放点。

(二)矿井通风系统及通风路线

矿井通风系统包括矿井通风方式、主要通风机的工作方式及井下通风网络三大部分。如图 3-12 所示,矿井通风路线是:地面新鲜空气→副井(进风井)→井底车场→主石门→水平运输大巷(进风大巷)→采区石门→进风集中巷→进风斜巷→工作面进风巷→采煤工作面→工作面回风巷→回风集中巷→阶段总回风巷→出风井→地面。除了矿井的通风系统外,还有局部通风地点。比如采区机电硐室必须保证单独通风,掘进工作面和煤仓及溜煤眼上口的通风等。

（三）矿井供电系统

矿井供电系统是给矿井提供动力的系统,由于煤矿生产的特殊性,对煤矿企业的供电系统要求绝对可靠,不能出现随意断电事故,否则会造成矿井重大事故的发生。为了保证矿井的可靠供电,要求每一矿井必须有双回路电源。对于年产量小于 6 万 t 的小煤矿确实难以保证双回路供电时,必须有备用电源;备用电源的容量必须满足通风、排水、提升等的要求。如果在生产中某一电源发生故障时,另一路电源应立即供电,这样才能避免因停电造成的重大事故。

矿井的供电系统是:双回路电网→矿井地面变电所→井下中央变电所→采区变电所→工作面各用电点。对于大型综合机械化矿井,在工作面材料巷内布置有移动变电站,保证采煤工作面供电。除一般供电系统外,矿井还必须对一些特殊用电点实行专线供电,如矿井主要通风机、中央水泵房、掘进工作面局部通风机及井下需专门供电的机电硐室等。

（四）矿井供排水系统

1. 矿井供水系统

矿井地面蓄水池通过管道→井筒→井底车场→水平运输(回风)大巷→采区上下山→区段集中巷→区段斜巷→工作面两巷→工作面采掘设备。在供水管道系统中,有大巷的洒水喷雾、防尘水幕;煤炭的各个转载点有洒水喷头;采掘工作面洒水灭尘喷雾装置、采掘工作面机械设备供水系统等。

2. 矿井排水系统

矿井水主要来自于地下含水层水、顶底板水、断层水、采空区积水、老窑水、溶洞水及地表大气降水的补给。这些水会影响煤矿的正常生产,甚至造成淹井事故。所以,必须将矿井水排到地面。为了排出矿井水,除平硐开拓方式外,一般矿井都在井底车场下部设有专门的水仓,在水仓上部设有水泵房,井底主水仓一般有两个,一个蓄水,一个清理。水泵房内至少安装有 3 台多级水泵,保证 20 h 内排除矿井 24 h 的涌水量。

矿井主水仓中的水是由设在水平运输大巷内的排水沟自然流入的。排水沟中的水来自于各个采区。上山采区的水会自动流入排水沟内,而下山采区的水则需要水泵排入。在下山采区的下部都设计有采区水仓,各采掘工作面水流入下山采区水仓后通过水泵将水排到大巷水沟内。

(五)其他系统

煤矿井下除运输、通风、供电、排水系统外,还有一些辅助系统,如瓦斯监控系统、灌浆防灭火系统、通信系统等。

第三节　掘进与采煤技术

一、煤矿井下巷道

(一)按巷道作用和服务范围分类

按矿井巷道的作用和服务范围,可分为开拓巷道、准备巷道和回采巷道三大类。

1. 开拓巷道

为全矿井、一个或两个水平以上采区服务的巷道,称为开拓巷道。如井筒（或平硐）、井底车场、运输大巷、总回风巷和主石门等。

（1）平硐。服务于地下开采，在岩体或矿层中开凿的直通地面的水平通道。用于完成井下主要运煤任务的平硐称为主平硐；用于行人、通风、运料的平硐称为副平硐。

（2）井筒。井筒泛指立井和斜井，也包括暗井。地表到地下的主要垂直通道叫立井；用于完成全矿主要提煤任务的井筒叫主井；担负升降人员、下料、提矸等提升任务的井筒称为副井。地表到地下的主要倾斜通道叫斜井，担负煤炭提升任务的称为主斜井，用于行人、通风、运料的称为副斜井。

（3）井底车场。井底车场是在井筒附近的各种巷道与硐室的总称。井底车场位于井底，是连接大巷运输和井筒提升等环节的枢纽站，是井上、下的转动站。

（4）运输大巷（包括阶段大巷、水平大巷或主要平巷）。运输大巷是为整个开采水平或阶段运输服务的水平巷道。开凿在岩石中的称为岩石运输巷道；为几个煤层服务的称为集中运输大巷。

（5）总回风巷。总回风巷是为全矿井或矿井一翼服务的回风巷道。

（6）总进风巷。总进风巷是为全矿井或矿井一翼服务的进风巷道。

（7）石门。石门是指与煤层走向正交或斜交的岩石水平巷道，而连接井底车场和大巷的石门称为主石门。

2. 准备巷道

为准备采区而掘进的主要巷道，称为准备巷道。如采区上、下山及采区车场等。

（1）采区上山。采区上山是为一个采区服务的上山。自运输大巷向上沿煤层或岩层开掘的倾斜巷道叫上山。上山中安装有输送机运煤的称为输送机上山，用绞车作辅助提升的上山称为轨道上山。

（2）采区下山。采区下山是为一个采区服务的下山。自运输大巷向下沿煤层或岩层开掘的倾斜巷道叫下山。用其从下往上运煤和矸石,从上往下运送材料和设备。

（3）采区车场。采区车场是采区上(下)山与区段平巷或阶段运输大巷连接的一组巷道和硐室的总称。根据所处位置的不同,采区车场可分为上部车场、中部车场和下部车场。采区车场用作采区的运输、通风和行人。

（4）采区进风巷。采区进风巷是为一个采区进风用的巷道。

（5）采区回风巷。采区回风巷是为一个采区回风用的巷道。

3. 回采巷道

形成采煤工作面及为其服务的巷道,称为回采巷道。如开切眼、工作面运输巷、工作回风巷等。

（1）开切眼。开切眼是沿采煤工作面始采线掘进,以供安装采煤设备的巷道。

（2）工作面运输巷。工作面运输巷是主要用于运煤的区段平巷或分带斜巷。

（3）工作面回风巷。工作面回风巷是主要用于回风的区段平巷或分带斜巷。

（二）按巷道的不同倾角分类

按矿井巷道的倾角的不同,可分为垂直巷道、水平巷道、倾斜巷道三大类。

（1）垂直巷道。垂直巷道主要有立井、小立风井或小井、暗井及溜井等。

（2）水平巷道。水平巷道主要有平硐、石门、煤门、平巷等。

（3）倾斜巷道。倾斜巷道主要有斜井、上山、下山等。

（三）按巷道轮廓线特征分类

按矿井巷道轮廓线的特征分为折边形和曲边形。

（1）折边形巷道。折边形巷道主要有矩形、梯形和不规则形等，主要用于服务年限较短的准备巷道和回采巷道。支护材料为金属或木料等。

（2）曲边形巷道。曲边形巷道主要有半圆拱形、三心拱形、圆弧拱形、封闭拱形、椭圆形和圆形等几种，主要服务年限较长的开拓巷道，特别是井底车场、运输大巷等，都以拱形为主。对于特别松软、具有膨胀的围岩还可以采用封闭形、椭圆形或圆形支护。

（四）按巷道围岩性质分类

按巷道围岩性质可分为岩巷、煤巷和半煤岩巷。一般开拓巷道都为岩巷，而准备巷道和回采巷道多为煤巷。

在选择巷道形状时，应充分考虑巷道围岩的性质，巷道所受地压的大小、方向和性质，巷道的服务年限及用途，巷道的支护材料与支护方式四大基本因素。在实际工作中，一般是根据前两个因素来确定支护材料和支护方式，再根据充分发挥其力学性能的原则最后确定巷道的断面形状。

二、巷道矿压

（一）巷道矿压及其形成

地下岩体在采动前，由于自重的作用在其内部引起的应力，通常称为原岩应力。开采前的岩体处于相对静止状态，所以原岩体处于应力平衡状态。井下采掘活动破坏了原岩应力的平衡状态，使岩体内部的应力重新分布，在应力重新分布过程中促使围岩产生运动，从而导致围岩发生变形、断裂、位移，直至垮落。这种由于进行采掘活动而在采掘空间周围岩体中及支护物上产生的压力叫作矿山压力，简称矿压。

在矿山压力作用下，围岩及支护物会产生一系列现象，如顶板下沉、冒顶、片帮、底鼓、煤与瓦斯突出、冲击地压、支架压缩、变形、折断,地表发生移动、塌陷等。这种在矿山压力作用下围岩和支护物上产生的一系列力学现象叫矿山压力显现,简称矿压显现。

1. 顶压的形成

掘进巷道后,暴露出来的顶板形成一个岩梁。由于岩梁上部岩层和岩梁自重的作用,必然使其产生弯曲,这种弯曲往往在巷道中间较大,在巷道两帮较小;顶板以及距顶板较近的上部岩层弯曲大,距顶板较远的上部岩层弯曲小。由于弯曲,岩层下部就会产生拉力,岩石抵抗拉力的能力又很小,所以在弯曲大的部分就会出现裂隙。又由于距顶板较近的上部岩层弯曲大,距顶板较远的上部岩层弯曲小,上下岩层之间也会出现裂缝,叫作离层。此时,如巷道无支架支撑,裂隙和离层继续发展,最后顶板就会冒落,一般来说,巷道顶板是受水平拉力的作用,由于岩石抗拉强度很低,很容易超过其强度,顶板岩石就会冒落,范围也不断向上发展,最后形成自然平衡拱。如果巷道开掘后立即支护,支架就以其本身的承载力阻止或减小岩石变形和移动。这部分岩石压在支架上的力就叫顶压。

当巷道两帮岩石松软,受压后产生片帮或破碎,不能支撑顶板压力时,即相当于巷道宽度加大了。由于巷道宽度加大,拱的高度也会加大,拱内破碎的岩石就会增多,所以作用在支架的顶压就会增大。

顶压的大小决定于冒落拱的形状和大小,而拱的大小同顶板岩石性质和巷道宽度有关。在松软岩层中平衡拱一般为抛物线形;在坚硬有层理的岩石中,平衡拱一般为近似三角形;在中硬岩石中,平衡拱介于上述二者之间。

2. 侧压的形成

侧压是指巷道两帮对支架的压力,它是由于两帮岩石或煤向巷道内挤压而形成的。

巷道开掘后,在巷道的两帮形成支承压力,两帮岩石承受的支承压力超过本身强度时,就会向巷道中间挤出。这种变形使巷道两帮逐渐移近,如果巷道两帮不支护或支护壁后的充填不密实,使变形得不到控制,继续发展下去就会造成片帮。片帮后,新暴露出来的两帮会继续向巷道中间挤出,即继续片帮,此时巷道压力会急速增加。如果巷道使用不能压缩的刚性支架,如用料石砌碹、钢筋混凝土棚子等来控制巷道两帮移近,在变形不严重时,这类支架可以取得较好的效果;而当侧压超过棚腿或砌墙所能承受的压力时,棚腿就会变形、折断或砌墙被破坏。

巷道侧压的大小与两帮岩石性质及所承受的支承压力的大小有关。巷道所处深度越大,在巷道两帮所产生的支承压力就越大,两帮岩石破坏就越严重,作用在支架上的压力也就越大。而当两帮岩石较软或稳定性较差时,遭受破坏就较严重,作用在支架上的压力也就越大。在采区巷道中,当两帮煤壁松软时,如果不进行支护或支护强度不够大,则两帮煤壁的移近量会很大。在这种情况下,即使对顶板进行了支护,顶板的下沉量也会很大。因此,在采区巷道支护中,特别是锚杆支护的巷道,尤其要重视对两帮的支护。

为了抵抗侧压,要求棚式支护的棚腿要有岔脚。岔脚就是梁腿亲口向下的垂直线到腿窝边的水平距离,如图 3-13 所示。岔脚(l)一般取棚腿长度(L)的 1/5~1/4。

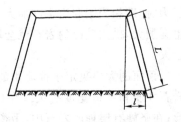

图 3-13 棚腿岔脚

3. 底压的形成

在巷道侧压的作用下,底板内部将会产生侧压力,并产生向上的底压,使底板鼓起、离层、弯曲或破坏。有的岩石如凝灰岩、黏土质岩石,当巷道有积水或巷道空气潮湿时,会使岩石吸水膨胀而底鼓产生底压。

对于底板来说,除了底板岩层本身的重力是阻止底板向上鼓起的力量外,往往不设支架底梁去阻止底鼓。所以有时底板向上鼓起要比顶板下沉、两帮移近容易得多,也严重得多。

巷道底鼓的破坏作用很大,主要表现在减少巷道的实际断面,造成通风、行人和运输困难,以致影响安全。底鼓破坏了底板的完整性,挤碎了底板,使支架两帮的柱腿容易插入底板,减少了支架支撑能力,使顶板下沉、破坏,从而给巷道维护带来困难。底鼓会破坏轨道、运输机、水沟等巷道设施,从而影响生产。

4. 斜巷矿压的形成及特点

在平巷里,顶压的方向是重力线方向,是垂直于巷道顶板的。在倾斜巷道内却不同,顶压虽然是重力线方向,但顶压(P)可分解为两个方向的压力,一个是垂直于顶板的垂直压力(N),另一个是平行于顶板的倾斜压力,即下推力(H),如图 3-14 所示。

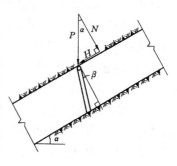

图 3-14　斜巷矿压示意图

斜巷的支架既要承受垂直压力,又要承受下推力。因此,斜巷的支架就不能按垂直于巷道顶、底板方向去架设,而必须向上迎一个角度,人们把棚腿中心线与顶底板垂线之间的夹角,叫作迎山角。支架迎山角是为了克服下推力,防止支架向下倾倒的措施之一。

支架的迎山角(β)是按照巷道倾角(α)来计算的,一般迎山角等于倾角的 $1/8 \sim 1/6$,即 $\beta = (1/8 \sim 1/6)\alpha$,例如巷道倾角为 $30°$,则迎山角为 $4° \sim 5°$。迎山角过大、过小都会降低支架的支撑能力。迎山角过大的叫过山,迎山角过小的叫退山,这两种情况都是不允许的。

当巷道倾角(α)大于 $45°$,并超过底板岩石的自然安息角时,底板岩石有可能下滑,因此巷道底板也要进行支护,如图3-15所示。

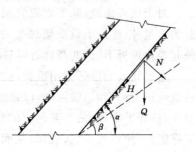

（二）影响巷道矿压的因素

巷道矿压的大小,主要受巷道所处深度、巷道断面大小、地质构造、围岩性质等因素的影响。

（1）深度的影响。巷道所处深度大时,上覆岩层质量大,直接影响到巷道围岩中原岩应

图 3-15　斜巷底板岩石下滑的条件

Q——重力；H——下滑力；

N——对底板压力

力的大小。浅部巷道的压力主要表现在顶板,深部巷道的压力来自四周,而且容易出现底鼓现象,有的巷道还有岩石冲击现象。

（2）巷道断面与支护形式的影响。不同的巷道断面形状与大小,以及采取不同的支护方式,将直接影响巷道围岩应力状态及稳定状态。采用锚杆支护的巷道围岩应力状况优于架棚、砌碹等支护的巷道。而大断面的巷道受力在同等条件下比小断面巷道要大。

（3）地质构造的影响。在向斜轴、背斜轴、断层附近等构造处应力集中、地压较大,平行于这些构造走向的巷道更难维护。

（4）围岩性质的影响。围岩强度的大小及稳定程度是影响巷道矿压的主要因素。岩石坚硬、稳定,则产生的矿压小；岩石松软破碎、不稳定,则产生的矿压大。

（5）巷道相对开采煤层与采煤工作面的位置的影响。巷道与采煤工作面所处位置的关系直接影响着巷道受采动影响的程度。

此外,在掘进过程中,如果受到水的影响,则岩石强度会降低,围岩维护难度加大,应特别加强工作面顶板管理工作。

（三）冲击地压

冲击地压是井巷或采煤工作面的煤岩体,由于变形能量的释

放而产生的一种以突然、急剧、猛烈的破坏为特征的动力现象,是矿山压力的一种特殊显现形式。简单地讲,冲击地压就是井下煤岩体突然的、爆炸式的破坏。冲击地压发生时经常伴随着巨大的声响和强烈的震动,因此又被称为"煤炮"、"岩爆"、"板炮"等。

1. 冲击地压显现的特征

① 突然爆发,一般没有明显的宏观征兆,事先难以准确确定发生的时间、地点和强度。

② 发生时,声响巨大,发生过程短暂而急剧,并有强烈的震动。这种震动在地面直径 5～10 km 范围内一般都能感觉到。

③ 破坏性大,冲击地压有时导致顶板显著下沉或底板鼓裂,煤体移动,大量煤块从煤壁抛出,堵塞巷道。产生的强力冲击波强,能冲倒几十米至几百米内的风门、风墙等设施。

2. 冲击地压影响因素

(1) 自然地质因素。

自然地质因素主要包括采深、地质构造及煤岩结构和力学特性。一般在达到一定开采深度后才开始发生冲击地压,此深度称为冲击地压临界深度。临界深度值随条件不同而变化,一般为200～400 m。总的趋势是随采深增加,冲击危险性增加。这主要是由于随采深增加,原岩应力增大的缘故。

地质构造如褶曲、断裂、煤层倾角及厚度变化也影响冲击地压的发生。在构造应力集中的构造地带,构造应力能促使发生冲击地压;而在构造应力释放的构造地带,因构造应力的释放,降低了冲击的危险性。就断裂构造而言,小断裂发育的部位由于破坏了顶板的完整性和坚固性,冲击地压很少发生。但当采掘接近大断裂构造时,常常会发生强度较大的冲击地压,其原因是顶板岩梁被断裂后,失去或减少了传递力的联系,易于产生应力集中和大范围内的顶板活动,此时发生的冲击地压强度也较大。

坚硬、厚度大、整体性强的顶板(基本顶),容易形成冲击地压;

直接顶厚度适中,与基本顶组合性好,不易冒落时,冲击危险性较大;煤的强度高、含水量低、变质程度高,一般冲击倾向较大。

(2)开采技术因素。

由于开拓布置不合理或采煤方法不当,容易造成冲击地压的发生。如巷道相向掘进或在采煤工作面前方的支承压力区内开掘巷道;采用短壁式采煤方法,巷道交叉多,容易形成多处支承压力叠加而导致冲击地压的发生。

煤柱和开采边界是最主要的应力集中因素,应尽量避免和减少这些因素的影响。

3. 冲击地压的防治措施

(1)降低应力的集中程度。减弱煤层区域内的矿山压力值的方法有:① 超前开采保护层。② 无煤柱开采,在采区内不留煤柱和煤体突出部分,禁止在邻近层煤柱的影响范围内开采。③ 合理安排开采顺序,避免形成三面采空状态的回采区段或条带和在采煤工作面前方掘进巷道,必要时应在岩石或安全层内掘进巷道,禁止工作面间对采和追采。

(2)改变煤层的物理力学性能。方法主要有:① 高压注水。通过注水,人为地在煤、岩内部造成一系列的弱面,并使其软化,以降低煤的强度和增加塑性变性量。② 放松动炮。它的作用是可以诱发冲击地压和在煤壁前方经常保持一个破碎保护带,使最大支撑应力转入煤体深处,随后即使发生冲击地压,对采场或掘进工作面的威胁也会大大降低。③ 钻孔槽卸压。用大直径钻孔或切割沟槽使煤体松动,达到卸压效果。卸压钻孔的深度一般应穿过应力增高带。在掘进石门揭开有冲击危险的煤层时,应距煤层5~8 m处停止掘进,使钻孔穿透煤层,进行卸压。此外,在有冲击地压危险的煤层中掘进爆破时,为避免爆破诱发冲击地压,应适当加长躲避时间。大量事例表明,爆破诱发的冲击地压,大多发生在爆破后几分钟至半小时内。

（3）生产过程中防治冲击地压事故的方法。① 学习冲击地压的基本知识，熟悉撤人路线，注意观察和总结冲击地压发生规律。② 加强支护，搞好工程质量管理。有冲击地压危险的地点不能采用混凝土棚子、金属梯形棚子等刚性支架。③ 冲击地压在多数情况下是紧接着爆破而发生的，所以要严格执行对躲炮距离（半径 100 m 以上）和躲炮时间（30 min 以上）的规定。④ 认真搞好综合预测和防治，即在有冲击地压危险的地区采取预测方法判别冲击危险程度，发现危险后，立即采取防治措施，经检查确认安全后再进行正常生产。

三、巷道掘进技术

（一）钻爆法掘进工艺

钻爆法掘进是利用钻眼爆破的方法将岩石破碎下来的掘进方法。其掘进工艺如下。

1. 打眼爆破

（1）打眼。首先根据煤（岩）的硬度选定打眼机具。一般在煤层中用煤电钻打眼，在岩层中采用岩石电钻或凿岩机、凿岩台车、液压钻车和钻装机。

利用煤电钻和风钻打眼时，要严格执行钻眼安全操作规程，防止钻眼中发生事故。

（2）装药爆破。要严格按照《煤矿安全规程》及爆破说明书要求作业，防止爆破事故的发生。

2. 通风排烟

掘进工作面爆破后，必须利用局部通风机通风排除烟尘后，才能开始装岩工作，否则会造成炮烟熏人中毒事故。

3. 装岩

掘进工作面炮烟排除后，才能进入工作面。首先对放炮后的顶板及支架进行安全检查、敲帮问顶处理活石后才能开始装岩工作。

钻爆法掘进工作面的装岩有人工装岩和机械装岩。人工装岩是用人力将岩石装入矿车或刮板输送机中。现在一般都采用机械装岩。装岩机有耙斗装岩机、铲斗装岩机和装煤机等。

4. 岩石(煤)的运输

在煤巷掘进中可利用刮板输送机，也可以用矿车运输；在岩巷掘进中，一般用矿车运输。矿车的运行方式有人力推车、调度绞车牵引、蓄电池机车牵引等。

钻爆法掘进中的调车和运输是一项费时的工作。调车、运输速度直接影响到掘进的速度。

(1) 双轨大巷掘进调车。

在双轨大巷掘进，为了加快掘进速度，一般采用浮放道岔调车法。浮放道岔有两种，一种是钢板对称浮放道岔，另一种是扣道式浮放道岔。

钢板对称浮放道岔如图 3-16 所示，其调车方法如图 3-17 所示。道岔一端搭在原轨上，另一端搭在装岩机轨道上，装满岩石的重车经道岔进入重车线，空车经过道岔进入装岩机后的轨道进行装岩。道岔随着轨道接长，由装岩机拖拉牵引孔向前移动。

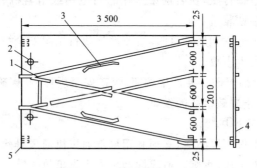

图 3-16　钢板对称浮放道岔

1——活动道岔；2——牵引孔；3——方钢轨条；
4——钢板；5——卡在轨道上的定位槽

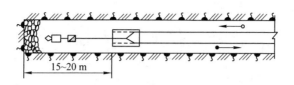

图 3-17 钢板对称浮放道岔调车法

扣道式浮放道岔如图 3-18 所示,其调车方法如图 3-19 所示。上列的重车经浮放道岔进入重车线,下列的重车不经浮放道岔直接进入重车线。空车经翻框式调车进入工作面装岩。

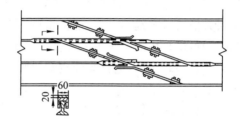

图 3-18 扣道式浮放道岔

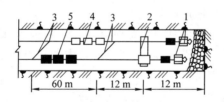

图 3-19 双轨巷道扣道式浮放道岔调车法

(2)单轨运输巷调车。

单轨运输巷调车方法如图 3-20 所示。在装岩机后不远的地方铺设一个尽头错车道,可存放一个矿车。尽头错车道用固定道岔时,可以采用小型蓄电池机车调车;若用特制的浮放道岔时,需

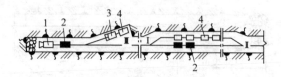

图 3-20　尽头错车场调车法
1——装岩机;2——重矿车;3——电机车;4——空矿车

用人力推车调车。用小型电机车调车时,由机车拉一空车过尽头错车道的道岔后,把空车顶入错车道。机车甩掉空车后,驶入工作面拉重车到错车场前方摘钩,电机车进入错车场空车线拉空车。甩下的重车用人力推入重车线。之后,电机车拉一个空车顶入尽头错车场,在此之前,错车场的空车用人力推到工作面装岩,如此反复调车。当矿车全部装完后,电机车经空车线驶入重车前拉重车驶出掘进工作面。

(3) 采用人力推车时的安全事项。

采用人力推车时一次只能推一辆车。严禁在矿车两侧推车。同向推车的间距在轨道坡度小于或等于 5‰时,不得小于 10 m;坡度大于 5‰时不得小于 30 m。

人力推车时必须时刻注意前方。在开始推车、停车、掉道、发现前方有人或有障碍物,以及从坡度较大的地方向下推车或接近道岔、弯道、巷道口、风门、硐室出口时,推车人必须及时发出信号。

巷道坡度大于 7‰时严禁人力推车。

5. **巷道支护**

井下巷道掘出后,必须根据巷道围岩的性质对巷道进行支护。否则,随时间的推移巷道会发生变形、冒顶,影响安全使用。巷道支护的形式有以下几种:

(1) 砌碹支护。砌碹支护是支护形式中最坚固的形式。支护的材料有料石、砖及混凝土。砌碹支护一般用于服务年限长的开拓巷道及主要硐室,如水平运输大巷、回风大巷、井筒及井底车场和主石门等。砌碹支护如图 3-21 所示。

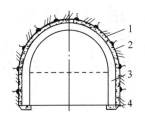

图 3-21　石料拱形支架
1——拱;2——充填带;3——墙;4——基础

（2）棚式支护。棚式支护是煤矿井下准备巷道和回采巷道常见的支护形式。架棚材料有木材、钢筋混凝土预制件、工字钢及 U 型钢等。架棚的形式有梯形棚和拱形棚等,其中 U 型钢可缩性拱形棚使用最广泛。架棚支护形式如图 3-22 所示。

（3）锚杆支护。锚杆支护在我国煤矿已广泛应用。由于其支护成本低廉、效果良好,加之与锚杆配套的支护方式的采用,更加表现出锚杆支护的极大优越性。锚杆支护是井下巷道支护的发展方向。

目前,我国煤矿井下使用的有木锚杆、竹锚杆、钢丝绳锚杆、金属管缝式锚杆、钢筋锚杆和玻璃钢锚杆等。各种锚杆的锚固方式不同,但支护原理一致。目前使用最多的为树脂凝固剂及钢筋锚杆。

锚杆支护的配套形式有锚喷支护、锚网支护、锚网喷支护、锚梁支护、锚杆钢支护等。这些配套形式的应用更加拓宽了锚杆支护的使用范围。锚杆支护如图 3-23 所示。

（二）综合机械化掘进工艺

综合机械化掘进是在掘进工作中采用了综掘机,实现了工作面破岩、装岩及运输的机械化。而支护仍和钻爆法掘进相同。综

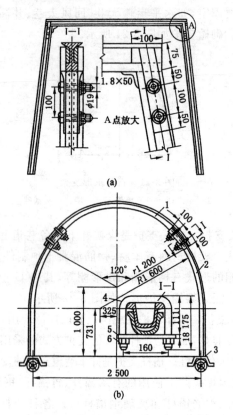

图 3-22　棚式支架

（a）梯形金属支架；（b）U 型钢可缩性支架

1——拱梁；2——柱腿；3——柱脚；4——卡缆；5——夹板；6——螺栓

掘机有煤巷掘进机和岩巷掘进机两大类。ELM 型煤巷掘进机如图 3-24 所示。

1. 综掘工艺

（1）破煤。综掘机在工作面破煤是依靠装有截齿的截割头转动完成的，截割头和截割臂连为一体，由液压缸控制，可以在工作

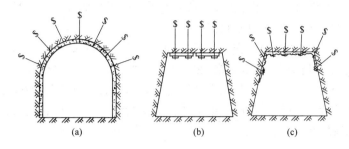

图 3-23　锚杆支护

（a）锚喷支护；（b）锚杆支护；（c）锚网支护

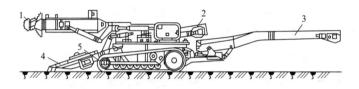

图 3-24　ELM 型液压传动截杆式煤巷掘进机

1——截割头；2——链板输送机；3——带式输送机；4——耙爪；5——履带

面上下、左右摆动，截割出各种形状的巷道断面。

（2）装煤及运输。掘进工作的煤被截割下来以后，落在巷道底部。与此同时，在综掘机下部的耙爪不停地把煤耙入掘进机的刮板输送机内，再转动到后面的带式输送机上运出工作面。

（3）综掘机的运行机构。掘进机为履带行走机构，由司机操作可自行行走。

综合机械化掘进工作的巷道支护和钻爆法掘进支护相同。当掘进机向前掘进一定距离后，必须停止掘进，对所掘出的巷道进行支护，否则，会因空顶距离太大而发生冒顶伤人事故。

2. 掘进作业安全事项

综合机械化掘进效率高，但是，由于在使用过程中的各种失误,曾发生过绞人、倒柱、冒顶及摩擦火花引爆瓦斯等事故,所以掘进中的安全问题应引起我们的重视。

为了保证综掘机安全运行,防止事故发生,要求综掘司机必须经过专门培训,并考试合格,在工作中严格执行《煤矿安全规程》中的有关规定。工作面其他人员不能开动掘进机。当综掘机发出启动信号后,要远离掘进机,绝不能在综掘机前方停留,防止撞人、绞人事故发生。

四、采煤技术

采煤工作面回采工艺包括工作面的破煤、装煤、运煤、支护及采空区处理五大项内容。由于工作面的机械化程度不同,回采工艺也有所区别。下面就各种工作面回采工艺一一介绍。

（一）爆破采煤技术

爆破采煤简称"炮采",其特点是爆破落煤,爆破及人工装煤,机械化运煤,用单体支护工作空间顶板。采煤工艺过程有:破煤、装煤、运煤、移置输送机、工作面支护和顶板管理六大工序。

1. 爆破落煤

爆破落煤由打眼、装药、填炮泥、联炮线及放炮等工序组成。在爆破采煤时,要严格按规定进行打眼、装药、填炮泥、联炮线及放炮,必须严格执行"一炮三检"和"三人连锁放炮制"等;要保证规定进度,工作面垂直,不留顶煤和底煤,不破坏顶板,不崩倒支柱和不崩翻工作输送机,尽量降低炸药和雷管消耗。

2. 装煤

爆破崩落的煤一部分崩入刮板输送机内,还有一部分需人工装入输送机。人工装载劳动强度大、效率低,浅进度可减少煤壁处人工装煤量,提高爆破技术水平,也可以减少人工装煤量。人工装煤前必须首先检查放炮后的顶板及支架,进行敲帮问顶、处理活石,然后控制顶板,才能开始装煤。在装煤中要随时注意煤帮、顶板,防止片帮、掉矸伤人。不能把大块煤矸装入刮板输送机内,应人工破碎后才能装入运输机中。

3. 运煤

采煤工作面运煤方式主要取决于煤层的倾角及落煤方式。在缓倾斜煤层中,炮采工作面通常可采用 SWG 系列弯曲刮板输送机运煤;在倾斜煤层中,则多用铁溜槽或搪瓷溜槽运煤。

4. 移置运输机

工作面每推进一次都要推移输送机,推移输送机是在工作面装煤后进行的。由于目前采用 SGW 系列可弯曲刮板输送机,均采用整体移置。即采用可弯曲刮板输送机和移溜槽实现自移输送机,避免了拆移输送机的工序。

5. 工作面支护

炮采工作面常用金属铰接顶梁支柱和单体液压支柱支护,此外还有棚子支护、摩擦式金属支护、带帽点柱支护。

6. 顶板管理

采空区处理是采煤工作面生产中的一项重要工序。为保证采煤工作面的安全及足够的工作空间,应减少放顶步距。回单排柱比回双排柱虽然增加了回柱次数及准备工作量,但支柱承压时间短,放顶后顶板活动量小,操作安全。采空区管理主要采用全部垮落法,少数采用充填法或煤柱支撑法。

（二）普通机械化采煤技术

普通机械化采煤工艺简称"普采",在采煤工作面装备了单滚筒采煤机、可弯曲刮板输送机及单体液压支柱配合金属铰接顶梁支护的工作面。工作面落煤、装煤、运煤三道工序基本实现了机械化,而支护和采空区处理还是人工进行的。普通机械化采煤的工艺过程为:破煤、装煤、运煤、支护和采空区处理等。

1. 破煤

普采工作面使用的滚筒采煤机有摇臂式单滚筒采煤机和摇臂

式双滚筒采煤机。

单滚筒采煤机的工作方式有以下几种：

① 双向割煤,往返一刀;

② "∞"字形割煤,往返一刀;

③ 单向割煤,往返一刀;

④ 双向割煤,往返一刀。

采用双滚筒采煤机落煤时,不论是上行还是下行,在一般情况下,总是前滚筒割顶煤,后滚筒割底煤,以提高机械装煤率。

2. 装煤与运煤

主要靠采煤机滚筒螺旋叶片及其配合的弧形或门式挡板完成落煤过程中的装煤;所余浮煤或底煤则要人工清理。为了提高机械装煤率和使装煤工作更安全,在一定条件下还可以使用装煤犁进行二次装煤。运煤主要使用可弯曲刮板输送机,刮板输送机的选择必须与采煤机的工作方式及其生产能力相适应。

3. 支护

普通机械化采煤工作面一般均采用单体液压支柱或摩擦式金属支柱与铰接顶梁组成的悬臂支架支护。在顶板完好的情况下可采用带帽点柱支护。

普通机械化采煤工作面支架布置方式主要有齐梁直线柱和错梁直线柱两种。为了行人和工人作业方便,工作面支柱一般排成直线状。

4. 采空区处理

普通机械化采煤工作面的采空区处理主要采用全部垮落法。

(三)综合机械化采煤技术

综合机械化采煤技术简称"综采",其特点是在采煤工作面配备了大功率的双滚筒采煤机,大功率的可弯曲刮板输送机,液压自移支架转载机,可伸缩带式输送机,实现了工作面的破煤、装煤、运煤、支护、顶板管理等基本工序都机械化作业。综采工作面的设备布置如图 3-25 所示。

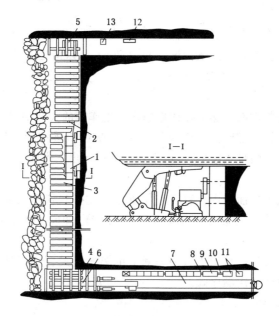

图 3-25　综采工作面设备布置

1——采煤机;2——刮板输送机;3——液压支架;4——下端头液压支架;

5——上端头液压支架;6——转载机;7——带式输送机;8——配电箱;

9——乳化液泵站;10——设备列车;11——移动变电站;

12——喷雾泵站;13——液压安全绞车

1. 割煤与装煤

综采工作面破煤、装煤是依靠大功率的电牵引双滚筒采煤机完成的。采煤机在运行中滚筒不停旋转,由截齿将煤割下,再由滚筒上的螺旋叶片将其推入工作面溜槽中。机道一侧少量遗煤在推溜中通过铲煤板铲入溜槽中。

为了保证采煤机顺利割煤及装煤,在采煤机滚筒配置上要正确,否则将很难装入溜槽。滚筒配置的原则是:司机站于操作台处面向采煤机,司机右侧的滚筒用右螺旋滚筒,司机左侧的滚筒用左螺旋滚筒。

割煤方式有两种:单向割煤(往返一次割一刀)和双向割煤(往返一次割两刀)。滚筒装在机身两端,可以借助滚筒直接截割工作面端部煤壁,实现自行进刀。

2. 运煤

综采工作面运煤主要依靠铺设在工作面的大功率双中心链刮板输送机将煤运到工作面转载机处,经破碎机破碎后由转载机转入顺槽可伸缩带式输送机,由带式输送机运出工作面。

3. 支护

综采工作面是用自移式液压支架来支护和管理顶板,维护工作空间。液压支架支护方式有三种:超前支护、及时支护和滞后支护。

综采工面的移架方式有三种:单架连续式、分组间隔交错式和成组整体依次顺序式。

4. 采空区处理

综采工作面大多采用全部垮落法处理采空区,即随支架移置后自行垮落,充填采空区。

(四)放顶煤开采技术

放顶煤采煤法是沿煤层的底板或煤层某一厚度范围内的底板布置一个采煤工作面,利用矿山压力将工作面顶部煤层在工作面推进后破碎冒落,并将冒落煤予以回收的一种采煤方法。

综放工作面是在综采工作面的基础上发展而来的,同综采工作面相比,综放工作面由于采高的增大,支架直接支护的岩石顶板变为煤顶,增加了放顶煤工艺,工作面输送机由一部变为两部,顶板压力减弱,来压缓和,因而使工作面顶板管理的重点发生了转变。

根据我国近年来在缓倾斜厚煤层中使用放顶煤采煤法的经

验,放顶煤采煤的工艺过程如下。

（1）采煤机采煤与单一中厚煤层一样,采煤机可以从工作面端部或中部斜切进刀。采用双向割煤往返一次进一刀,下行割煤、上行装煤,距滚筒 12～15 m 处推移输送机,完成一个综采循环。根据顶煤放落的难易程度,放顶煤工作在完成一个、两个或三个综采循环以后,在检修班或放顶班进行。

（2）放顶煤工作多从下部向上部,也可以从上部向下部,逐架或隔一架或数架依次进行。一般放顶煤沿工作面全长一次进行完毕即一轮放完,如顶煤较厚,也可分两轮放完。在放煤过程中,如有片帮预兆,应停止放煤。当放煤口出现矸石时,应关闭放煤口。

综采放顶煤工艺特点:

① 适用于厚度 5 m 以上、煤质较软、顶板易垮落的煤层;

② 简化巷道布置,减少巷道掘进工作量;

③ 提高采煤工效、降低吨煤生产费用等。

（五）急倾斜煤层开采技术

1. 急倾斜煤层开采的特点

急倾斜煤层由于煤层倾角大,在矿井开拓、采区巷道布置及采场回采工艺上都有自己的特点。在开采上主要表现为:采煤工作面采下的煤块、岩块能自动下滑;工作面装运工作较简单,但支架稳定性差;在采区中可开掘采区溜煤眼;采区及工作面生产能力、机械化程度和效率较低;煤层自燃比较严重;要合理安排上、下煤的开采顺序。

2. 急倾斜煤层开采的方法

我国煤矿对急倾斜煤层的开采,使用过多种方法,主要有以下几种。

（1）倒台阶采煤法。

工作面沿倾斜方向呈倒台阶布置,充分利用工作面长度,使工人在各个台阶阶檐的保护下,多点同时作业。

工作面长度一般为 40～50 m,由 2～3 个台阶组成,台阶长度一般为 10～20 m。工作面落煤一般用炮采或镐采,沿工作面自溜,经溜煤眼到区段运输巷,用输送机运到溜煤眼,下放到采区石门装车外运。

新鲜风流经行人眼、运料眼、区段运输巷进入采煤工作面,然后经回风巷、采区回风石门排至区段回风平巷。

工作面所需的材料、设备一般由回风石门运入,沿回风巷送至工作面。下区段工作面用料,可用运料眼中安装的小绞车提升至区段回风巷道,再送到各采煤工作面。

倒台阶采煤法适用于厚度 2 m 以下的煤层开采,它的优点是巷道系统简单、掘进少、采出率高、通风方便等。但是,这种采煤方法具有生产工艺复杂、工作面支护和顶板管理工作量大、操作不便,以及坑木消耗大、安全条件差、工作面难以实现机械化等缺点。因此,近年来它的使用已逐渐减少。

(2) 水平分层和斜切分层采煤法。

水平分层采煤法就是把煤层沿水平划分成若干分层,并在每个分层中布置准备巷道及采煤工作面,然后顺次进行采煤,采煤工作面一般沿走向推进。

采落的煤人工擂入附近的小眼,溜到区段运输平巷的输送机上,然后运到采区溜煤眼,下放到采区运输石门内装车运往井底车场,然后运到采区溜煤眼,下放到采区运输石门内装车运往井底车场。

各分层工作面的通风是串联的。在各分层工作面,距分层平巷较远的地点依靠扩散通风。

所需支架材料、设备经采区运料眼提到区段回风平巷,再经小眼分送到分层工作面。

水平分层采煤法的主要优点是:对煤层地质条件适应性强,能适应煤层倾角和厚度的变化,采出率较高。这种采煤法的主要缺点是：巷道布置和通风系统复杂，巷道掘进量大，采煤工序多，通风、运料困难，工作面劳动强度大，特别是水平分层工作面人工攉煤繁重，产量、效率较低，材料消耗较多。其适用条件是：厚度大于 2 m 的急倾斜煤层，由于倾角、煤厚变化而不适于采用其他采煤法时，可以采用水平分层采煤法。

（3）伪斜柔性掩护支架采煤法。

采煤工作面呈直线形，按伪倾斜方向布置，沿走向推进；用柔性掩护支架（钢梁和钢丝绳联结）隔离采空区与采煤空间，工作人员在掩护支架的保护下进行采煤工作。

工作面落下的煤，自溜至区段运输平巷，再运到采区溜煤眼在石门装车外运。新鲜风流从采区石门进入，经行人眼、区段运输平巷到采煤工作面。污浊空气从工作面经区段回风巷到采区石门排出。

伪斜柔性掩护支架采煤法与水平分层及倒台阶采煤法比较，具有产量高、效率高、工序简单、操作方便、生产安全、掘进工程量小等优点。这种采煤方法的主要缺点是：掩护支架的宽度不能自动调节，难以适应煤层高度的变化。尽管如此，它仍是目前开采急倾斜煤层的有效方法，当煤层厚度为 1.5～0.6 m，倾角大于 55°，煤层比较稳定的条件下，应优先选用伪斜掩护支架采煤法。

第四节　机电运输安全技术

一、井下电网保护技术

矿井实行三大保护的含义：采用保护接地、过电流保护、漏电保护，主要目的是减少人身触电的危险性，防止设备因过电流运行造成危害，实现电气安全的基本保护，保障矿井的安全生产。三大保护具体内容如下：

（一）保护接地

保护接地就是指电气设备的金属外壳用一导线与埋在地下的金属接地极相连的形式。

1. 保护接地的作用

可以大量减少设备、人身触电电流，防止设备带电对地泄漏产生电火花而引起的矿井瓦斯的燃烧或爆炸。

2. 保护接地的基本形式

保护接地的基本形式有：局部接地保护；系统接地保护；重复接地保护。

3. 保护接地的基本原理

煤矿井下供电系统，为提高供电的安全性，采取变压器二次侧无中性线输电，即中性点绝缘。但考虑到供电中的不同因素危害，必须实行保护接地，才能有效地保证人身安全。为分析保护接地的作用意义，现分析两种情况。

（1）如果没有保护接地时，若人身触及因某一相绝缘损坏而带电的设备外壳时，电流将全部通过人身入地，因系统电网对地分布电容电流的存在，使得人身触电电流随时间的增长，而造成电流成平方倍的增长，直接影响了人身的安全；若系统无漏电保护则将造成人身触电的伤亡事故，如图3-26所示。

（2）有保护接地时，如果人身触及带电设备外壳，电流将通过接地极和人体两条并联路径而入地，再经过电网其他两相对地绝缘电阻和分布电容流回电源，如图3-27所示。由于接地装置的分流作用，且接地极电阻很小（不得超过2 Ω），绝大部分电流通过接地装置流入大地，使得通过人身的电流大大减小，从而保证人身的安全。

4. 煤矿井下应装设局部接地极的地点

根据用电设备及各种器件、材料可能带电造成的危害，井下应着重在下列地点装设局部接地极：

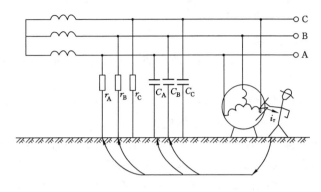

图 3-26 无保护接地时人体触电示意图

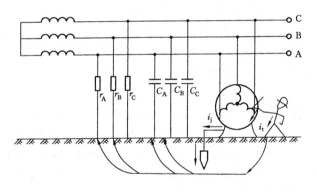

图 3-27 有保护接地时人体触电示意图

(1)采区变电所(包括移动变电站和移动变压器)。

(2)装有电气设备的硐室和单独装设的高压电气设备。

(3)低压配电点或装有 3 台以上电气设备的地点。

(4)无低压配电点的采煤机工作面的运输巷、回风巷、集中运输巷(胶带运输巷)以及由变电所单独供电的掘进工作面,至少应分别设置 1 个局部接地极。

(5)连接高压动力电缆的金属连接装置。

（二）过电流保护

1. 过电流及过电流的危害

过电流：指电气设备或线路中的电流超过了所规定的值限（额定值）。

过电流的危害：过电流的危害是根据用电设备和供电线路的过电流大小而形成不同程度的危害。

当系统发生较小过电流时，将引起设备、线路的绝缘性下降，从而导致系统类似漏电，形成漏电保护装置的误动作，不能进行正常生产。若系统出现强烈过电流时，将会导致输电线路的烧毁，供电设备（施）的破坏，直接影响矿井的安全生产。

2. 过电流的类型及造成过电流的原因

（1）短路式过电流。在变压器中性点绝缘系统中，短路只有两相和三相短路，而单相接地则可发展成相间短路。造成短路故障的原因有：① 线路运行中因绝缘击穿而造成短路；② 机械损伤；③ 误操作。

对于地面的架空导线或母线，很可能因导线垂度过大，而在大风吹动碰线以及故障倒杆时造成短路。也可能因鸟、兽的跨接造成短路。短路电流的数值很大，因此，能够在极短的时间内烧毁电气设备，在煤矿的井下甚至可能引起火灾或造成瓦斯、煤尘爆炸事故。

（2）过负荷式过电流。当流过电气设备的实际电流超过其额定电流，并且超过电气设备的允许过负荷时间时，就有可能造成井下中、小型电动机烧毁或供电线路的绝缘性下降。下列三个方面原因易造成过电流：① 电源电压过低；② 重载情况下启动电动机；③ 机械性堵转。

上述三种情况均是烧坏电动机的主要原因。

（3）断相式过电流。断相故障的原因有：① 一相熔断器熔断；② 电缆与电动机或开关的接线端子连接不牢而松动脱落；③ 电缆芯线一相断线；④ 电动机的定子绕组与接线端子连接不牢而脱落等均可造成断相故障。

3. 针对过电流应采取的保护

（1）短路：主要采用熔断器、过电流继电器或过流—过热继电器的电磁元件完成保护。而井下对电磁式过电流继电器动作电流的整定有两个基本原则：一是被保护设备通过正常最大工作电流时，保护装置不应动作；二是被保护设备发生最小两相短路时，保护装置应可靠动作。

（2）过负荷：主要由热继电器或过流—过热继电器的热元件完成保护。

（3）断相：主要由晶体管断相过载保护装置的断相保护电路完成保护。

（三）漏电保护

漏电保护：指煤矿井下变压器中性点绝缘系统中，当人员接触带电导体或设备带电的外壳时，以及带电导体直接接触大地，能够配合自动馈电开关动作跳闸切断电源的保护器件。

1. 井下漏电故障的类型及低压电网漏电故障的危害

（1）漏电故障的类型。

① 集中性漏电：指漏电发生在电网的某一处或某一点，其余部分的对地绝缘水平正常。

② 分散性漏电：指某条线路或整个网络对地绝缘水平均匀下降或低于允许绝缘水平。

（2）低压电网漏电故障的危害。

根据煤矿井下低压电网的漏电原因分析，主要危害有：① 漏电电流产生的电火花，能量达到最小点燃值（0.28 mJ）时，若漏电点的瓦斯浓度在爆炸浓度范围内，就能引起瓦斯、煤尘爆炸；② 当人员触及一相漏电导体或漏电的设备外壳时，如果流过人身的漏电电流大于极限安全电流 30 mA·s 时，即可造成人员伤亡；③ 当漏电电流超过 50 mA 时，便可引爆电雷管，造成人员伤亡。

生产中,如果漏电故障不能及时发现和排除,而是漏电故障长期存在,即可扩大成相间短路,造成更严重的不良后果。

2. 漏电保护装置的功能

针对矿井的安全生产需要,漏电保护装置应具有下列功能:① 能够连续监视电网的绝缘水平,以便及时发现问题并进行预防性检修;② 当电网绝缘水平下降到危险值或人身触及一相带电导体或电网一相接地时,能够配合自动馈电开关,自动切断供电电源,防止触电事故的发生;③ 供电系统中,当人身触及电网的某一相电源时,可以补偿通过人身的触电电容电流,从而减少了触电的危险性,并且当电网一相接地时,能够减少接地电容电流,有效地防止瓦斯、煤尘爆炸事故的发生。

(四)煤电钻综合保护

煤电钻综合保护装置是由变压器、变压器两侧的高低压开关和保护装置组合在一起的综合体,具有短路、短路自锁、过负荷、漏电、漏电闭锁及后备短路保护等功能,并可实现远距离控制,其先导启动电路还可实现不打钻时,通过先导控制回路,利用煤电钻原有的四芯电缆,实现煤电钻的远方操作接通 127 V 电源,从而做到电钻不工作时电缆不带电,提高了煤电钻的安全性能。

由于煤电钻是一种手持式电动工具,工作中移动频繁,且工作面条件差,因而经常发生砸坏煤电钻电缆而造成短路或漏电的事故,可能发生人身触电或电缆着火而引爆瓦斯和煤尘。因此《煤矿安全规程》规定:煤电钻必须设有检漏、短路、过负荷、远距离启动和停止煤电钻的综合保护装置。煤电钻综合保护装置在每班使用前必须进行一次跳闸试验。检漏装置应灵敏可靠,严禁甩掉不用。

保护装置的作用如下。

(1)煤电钻综合保护装置的检漏保护部分能够在电网对地绝缘电阻降到危险值时(即动作电阻整定值)和发生人身触电但还

没有感觉到前,自动切断电源,可防止因漏电产生火花引爆瓦斯和人身触电事故。

（2）综合保护装置的短路保护部分能够在发生短路时迅速切断电源;其短路自锁部分,可在线路不带电发生短路时,将开关闭锁,不能送电,从而避免了因短路电流引起的危害。

（3）过负荷保护部分能在煤电钻发生过负荷、并超过允许过负荷时间时,切断电源,可避免煤电钻电动机被烧毁。

（4）综合保护装置可由煤电转手把实现对远方电源的停、送电的控制,达到远距离控制煤电钻启动和停止的目的。

二、预防触电事故的方法

（一）触电对人体的危害

触电事故是由于人身触及带电体或接近高压带电体时,有电流通过人身而造成的。触电事故可分为两大类,即电击和电伤。电击主要造成人体内伤。其现象是由于电流通过人身而造成抽筋、肢体僵硬、停止呼吸或心跳以及失去知觉。如不及时抢救,就会由假死变成真死。严重的电击可能立即致人死亡。电伤主要是造成人体外伤。现象是由于大电流通过局部肢体以及电弧灼伤而造成的皮肤肿胀、茧干和溃烂。

（1）触电对人体的危害是由许多因素决定的,但流经人身的电流大小起决定性作用。通过人身的电流值及其对人体组织的危害程度见表 3-1。

可见,通过人身的电流交流电在 $15\sim20$ mA 以下、直流在 50 mA 以下时,一般对人体伤害较轻。超过上述电流数值则对人的生命是绝对危险的。

（2）流经人体电流的大小与人身电阻有密切的关系。人身电阻越大,通过人身电流就越小;反之,则通过人身的电流越大。每个人的人身电阻都不一样,高的可达 $10\sim20$ kΩ,低的有几百欧。

表 3-1　　通过人身的电流值及其对人身组织的危害程度

电 流/mA	危 害 程 度	
	交 流/50~60Hz	直 流
0.6~1.5	开始有感觉	没有感觉
2~3	手指振动厉害	没有感觉
5~7	手抽筋	痒、感觉发热
8~10	手指、手关节痛得厉害,虽能脱离导体但较困难	发热加重
20~25	手迅速麻痹,不能脱离导体,痛得厉害,呼吸困难	发热加重,手筋肉稍有收缩
50~80	呼吸麻痹,开始心跳加快	手筋肉收缩,呼吸困难
90~100	呼吸麻痹,持续3 s以上心脏麻痹,以至停止跳动	呼吸麻痹

在煤矿井下通常取人身电阻为 1 000 Ω。

(3)流经人体的电流与作用于人身的电压也有关系。作用于人身的电压越高则通过人身的电流越大,也就越危险。我国规定的安全电压为36V。

(4)触电对人的危害程度与电流作用于人身的时间也有密切的关系。即使是安全电流,若流经人体的时间过久,也会造成伤亡事故。我国规定在一定电压下,人体允许接触带电体的时间分别是:127 V时为1 s;380 V时为0.4 s;660 V时为0.25 s。

(5)触电电流与流经人体的途径也有很大关系。电流通过人体的部位不同,所产生的危险程度也不一样。最危险的途径是电流通过人的心脏。

(6)触电对人体的危害还与电流的频率及人的精神状态等有关。

（二）发生触电事故的原因

发生触电事故的原因很多,常见的原因如下。

（1）作业人员违反《煤矿安全规程》规定,如带电作业,带电维修、搬迁电气设备、电缆等。

（2）电气设备或电缆受潮进水,绝缘损坏或设备外壳漏电,没有及时修复。

（3）没有严格执行停送电制度,如开关停电后没设专人看管或未挂警示标志牌等造成误送电或停错电以及没验电。

（4）因电气设备不完好、保护功能失效或没有保护装置以及有保护装置甩掉不用而发生触电事故。

（5）人员在设有架线的巷道内行走,因携带较长金属工具或金属材料等导电物体,触及电机车架线而发生触电事故。

（6）接近或触及刚停电但未放电的高压设备或高压电缆。

（三）预防触电事故的方法与措施

1. 防止人体接触或接近带电导体

（1）将电气设备的裸露带电部分安装在一定高度或加上围栏。如井下电机车架线,按《煤矿安全规程》规定必须悬挂在一定高度以上。

（2）对于人体经常触及的电气设备采用低电压,如照明、手持式电气设备以及电话、信号装置的供电额定电压,不超过127V。远距离控制线路的额定电压,不超过36V。

2. 严格遵守各项安全用电制度

（1）在井下不得带电检修、搬迁电气设备等。

（2）非专职人员或非值班电气人员,不得擅自操作电气设备;操作高压电气设备主回路时,操作人员必须戴绝缘手套,并穿电工绝缘靴或站在绝缘台上;127V手持式电气设备的操作手柄和工作中必须接触部分必须有良好绝缘性。

（3）在切断电源后，应将开关操作手柄闭锁，并悬挂"有人工作，不准送电"的警示牌，只有执行这项停电操作的人员，才有权取下此牌并送电。

3．切实采取安全保护措施

（1）严禁井下配电变压器中性点直接接地。严禁由地面中性点直接接地的变压器或发电机直接向井下供电。

（2）井下电网进行保护接地。

（3）井下电网必须装设漏电保护装置。

（4）井下开关、控制设备应装设过流保护装置。

4．严格遵守井下安全用电规定

为了加强井下电气管理，改善电气安全状况，减少电气事故，井下用电必须做到"十不准"，其内容如下。

（1）不准带电检修和搬迁电气设备；

（2）不准甩掉无压释放装置、过流保护装置和接地保护装置；

（3）不准甩掉检漏继电器、煤电钻综合保护装置和局部通风机风电、甲烷电闭锁装置；

（4）不准明火操作、明火打点、明火放炮；

（5）不准用铜、铝、铁丝等代替熔断器中的熔件；

（6）停风、停电的采掘工作面未经检查瓦斯不准送电；

（7）失爆设备和失爆电器不准使用；

（8）有故障的供电线路，不准强行送电；

（9）电气设备的保护装置失灵后，不准送电；

（10）不准在井下拆卸和敲打矿灯。

井下供电还应做到"三无"、"四有"、"两齐"、"三全"、"三坚持"：

"三无"，即无"鸡爪子"，无"羊尾巴"，无明接头；

"四有"，即有过流和漏电保护装置，有螺钉和弹簧垫，有密封圈和挡板，有接地装置；

"两齐",即电缆悬挂整齐,设备硐室清洁整齐;

"三全",即防护装置全,绝缘用具全,图纸资料全。

"三坚持",即坚持使用检漏继电器,坚持使用煤电钻照明和信号综合保护装置,坚持使用甲烷风电闭锁。

三、采煤机械安全运行技术

(一)滚筒式采煤机安全运行技术

1. 遵守采煤机安全操作规程

《煤矿安全规程》对使用滚筒式采煤机采煤作出了具体规定。

(1)采煤机上必须装有能停止工作面刮板输送机运行的闭锁装置。采煤机因故障暂停时,必须打开隔离开关和离合器。采煤机停止工作或检修时,必须切断电源,并打开磁力启动器的隔离开关。启动采煤机前,必须先巡视采煤机四周,确认对人员无危险后,方可接通电源。

(2)工作面遇有坚硬夹矸或黄铁矿结核时,应采取松动爆破措施处理,严禁用采煤机强行截割。

(3)工作面倾角在15°以上时,必须有可靠的防滑装置。

(4)采煤机必须安装内、外喷雾装置。截煤时必须喷雾降尘,内喷雾压力不得小于2 MPa,外喷雾压力不得小于1.5 MPa,喷雾流量应与机型相匹配。如果内喷雾装置不能正常喷雾,外喷雾压力不得小于4 MPa。无水或喷雾装置损坏时必须停机。

(5)采用动力载波控制的采煤机,当2台采煤机由1台变压器供电时,应分别使用不同的载波频率,并保证所有的动力载波互不干扰。

(6)采煤机上的控制按钮,必须设在靠采空区一侧,并加保护罩。

(7)使用有链牵引采煤机时,在开机和改变牵引方向前,必须发出信号,只有在收到返向信号后,才能开机或改变牵引方向,防止牵引链跳动或断链伤人。必须经常检查牵引链及其两端的固定连接件,发现问题及时处理。采煤机运行时,所有人员必须避开牵引链。

(8)更换截齿和滚筒,上下3 m以内有人工作时,必须护帮护顶,切断电源,打开采煤机隔离开关和离合器,并对工作面输送机施行闭锁。

(9)采煤机用刮板输送机作轨道时,必须经常检查刮板输送机的溜槽连接、挡煤板导向管的连接,防止采煤机牵引链因过载而断链;采煤机为无链牵引时,齿(销、链)轨的安设必须紧固、完整,并经常检查。必须按作业规程规定和设备技术性能要求操作、推进刮板输送机。

(10)采掘工作面的移动式机器,每班工作结束后或司机离开机器时,必须立即切断电源并打开离合器。对橡套电缆必须严加保护,避免水淋、撞击、挤压和炮崩,每班必须检查,发现损伤及时处理。

2. 预防采煤机伤人的措施

采煤机伤人事故的类型有:滚筒割人、牵引链弹跳或折断打人、采煤机下滑和电缆车碰人等事故。

(1)预防采煤机滚筒伤人措施。

① 加强工作面的技术管理,教育司机和其他人员严格遵守"三大规程"中的有关规定。司机要经过专门培训并考试合格后方可持证上岗,按章作业。

② 在更换和检查截齿需要转动滚筒时,必须打开离合器用手扳转,不得用电动机点动。

③ 更换截齿和滚筒上下3 m以内有人工作时,必须护帮护顶,切断电源,打开采煤机隔离开关和离合器,并对工作面输送机施行闭锁。如果司机离机或停机时间较长时,必须将滚筒放到底板上,打开隔离开关和离合器。

④ 启动采煤机前必须先巡视采煤机四周,确认对人员无危险并喊话、发出预警信号后,方可接通电源开机。

（2）预防牵引链弹跳或折断引起伤人的措施。

① 使用有链牵引采煤机时,在开机或改变牵引方向前必须先喊话和发出信号,只有在收到返回信号后,才能开机或改变牵引方向,防止牵引链跳动或断链伤人。

② 必须经常检查牵引链及其两端的固定连接件,发现问题及时处理。采煤机运行或爆破时,所有人员必须避开牵引链。

③ 刮板输送机溜槽、挡煤板导向管的连接要合格,防止错茬增加阻力使牵引链因过载而断链伤人。

④ 在工作面有凹形地点的条件下,可在牵引链上每隔一定距离（一般为 30 m）加装抓捕器,抓捕器用链条固定在输送机上,可防止跳链伤人。

（3）预防采煤机下滑伤人的措施。

① 工作面倾角为 15°以上时,必须有可靠的防滑装置。如使用防滑杆、装备液压安全绞车或采用无链牵引采煤机。

② 采煤机上行割煤时,人员不要站在下方或来回通过,防止下滑伤人。机组过后移溜要及时缩短下滑距离。

③ 必须经常检查牵引链及其两端的固定连接件,发现问题及时处理。

（二）刨煤机安全运行技术

使用刨煤机采煤应遵守下列安全操作规定。

（1）工作面应至少每隔 30 m 装设能随时停止刨头和刮板输送机的装置,或装设向刨煤机司机发送信号的装置。

（2）刨煤机应有刨头位置指示器,必须在刮板输送机两端设置明显的标志,防止刨头与刮板输送机机头撞击。

（3）工作面倾角在 12°以上时,配套的刮板输送机必须装设防滑、锚固装置,防止刨煤机组作业时下滑。

四、矿井运输安全技术

（一）刮板输送机安全运行技术

1. 安全运行要求

（1）铺设要平整成直线，弯曲要有限度而不能拐急弯，"链"要松紧合适，不能飘链。

（2）液力耦合器必须按所传递的功率大小，注入规定量的难燃液，并经常检查有无漏失。易熔合金塞必须符合标准，并设专人检查、清除塞内污物。严禁用不符合标准的物品代替，如提高熔点，用螺钉、木塞堵住等。

（3）机头、机尾必须打牢锚固支柱。严禁压在减速器上。紧链时要使用紧链装置。

（4）严禁乘人。用它运送物料时，必须有防止顶人和顶倒支架的安全措施。

（5）转动部分要有保护罩，机尾装护板，行人侧畅通。

（6）防止误开车事故。启动前要发出启动信号，先点开，然后正式启动，以防有人在输送机上行走或工作，造成伤亡事故。停机检修时要停电、闭锁并挂上"有人工作，禁止开机"的警示牌。

（7）刮板输送机司机和移刮板输送机工要经培训、考核合格后持证上岗，严格执行操作规程，落实岗位责任制。

《煤矿安全规程》还规定：采煤工作面刮板输送机必须安设能发出停止和启动信号的装置，发出信号点的间距不得超过15 m。移动刮板输送机的液压装置必须完整可靠。移动刮板输送机时，必须有防止冒顶、顶伤人员和损坏设备的安全措施。

严禁从刮板输送机两端头开始向中间推动溜槽，推移时要掌握好推移步距，防止发生脱节故障。进行推移工作时，煤壁与输送机之间不得站人。支撑设备附近不得有其他人员。要将机道浮煤清理干净后再推移。推移时支撑处的顶板要支护可靠，千斤顶与输送机的接头要正确牢固、互相间要垂直,先慢慢地把千斤顶与输送机吃上劲,观察支撑及接头处有无移动,顶板有无异状,一切正常后再做推移工作。当移溜工发现推移困难时,不得强推,应检查处理。不允许用单体液压支柱推移输送机。

2. 预防刮板输送机伤人的措施

刮板输送机伤人事故的类型有:机头、机尾翻翘伤人,断链、飘链伤人,在溜槽上行走摔倒伤人,溜槽拱翘伤人,运料伤人,吊溜槽压伤人,液力耦合器喷油伤人及无保护罩伤人,误开车伤人,电缆落入溜槽被拉断发生火花引起瓦斯、煤尘爆炸等,其中拉翻机头、机尾、溜槽上行人的事故占多数。

为了预防伤人事故的发生必须严格执行刮板输送机运行安全的要求,落实刮板输送机司机、移刮板输送机工和有关人员的岗位责任制、进行定期和不定期的安全检查,发现问题及时处理。

(二)带式输送机安全运行技术

1. 安全运行要求

采用滚筒驱动带式输送机时应遵守下列规定。

(1)必须使用阻燃输送带,托辊的非金属材料零件和包胶滚筒的胶料,其阻燃性和抗静电性必须符合有关规定。

(2)巷道内应有充分照明。

(3)必须装设驱动滚筒防滑保护、堆煤保护和防跑偏装置。

(4)应装设温度保护、烟雾保护和自动洒水装置。

(5)液力耦合器严禁使用可燃性传动介质(调速型液力耦合器不受此限)。

(6)非运人带式输送机严禁乘人,行人跨越带式输送机处应设过桥。

(7)在机头和机尾装设防护栏。检修和处理故障时要有防止人员卷入滚筒的安全措施。如停机,切断电源并挂"有人工作,禁止开机"警示牌;闭锁;人员不要触及转动部位等。

（8）要求空载启动，并避免频繁启动。

2. 预防带式输送机伤人的措施

带式输送机伤人事故的类型有输送带着火，人员卷入滚筒、传动部位等伤亡事故。

（1）输送带着火事故的预防措施。

① 认真落实上述安全运行要求（1）、（3）、（4）、（5）项的要求。

② 机道的消防设施要齐全。

③ 经常检查和调整张紧装置使输送带张力适宜，不跑偏，托辊和滚筒转动灵活。装载量要均匀，防止局部超载和偏载。

（2）带式输送机转动部分伤人事故的预防措施。

① 机头、机尾要设置防护栏，液力耦合器要设防护罩。

② 带式输送机运行时严禁人员跨越，胶带上严禁乘人，行人跨越处应设过桥。

③ 人员不准接触运行中的胶带，托辊等转动部分。

④ 带式输送机运行中，人员不得探入下胶带或机架下清扫浮煤淤泥。运转中严禁用锹或其他工具刮托辊或滚筒上的黏着物，不得用工具拨正跑偏的胶带。

⑤ 检修时，必须认真执行停送电的有关规定，防止误送电开机伤人。

（三）转载机、破碎机安全运行技术

1. 转载机的安全运行

（1）铺设要平、直、稳，刮板链松紧合适，各部螺栓紧固，运行时声音、振动和各部温度无异常，润滑良好，有合格的易熔合金塞和防爆片，转动部分有防护罩等。

（2）如在机尾处安装破碎机，须加保护栅栏，防止人员进入。

（3）在处理被卡的刮板链时，要停机并挂警示牌。

（4）严禁用转载机运送设备或物料。

（5）在处理转载机机头故障时，一定要停止并闭锁搭接的带式输送机。

（6）锚固支柱须选择在顶底板稳定处,锚固须牢固、可靠。

2.破碎机的安全运行

（1）破碎机的各种安全保护设施要完好,每班都要检查,确保其灵活、可靠。

（2）严禁操作人员和其他人员靠近正在工作的破碎机。破碎机前后都应挂挡帘,以防碎煤、矸石飞出伤人。

（3）大块煤矸或其他杂物卡住破碎机时,一定要先停机、后处理。

（4）处理刮板输送机机头和转载机故障时,破碎机一定要先断电,闭锁停机。

（5）启动前一定要发出信号,在检查没有人员在转载机上后再正式开机。

（6）在检修破碎机（包括更换破碎齿）时,要停止转载机和刮板输送机。检修结束,人员撤离到安全地点后再送电试机。

（四）大巷运输安全技术

1.井下电机车安全运行要求

（1）运输设备之间,设备与巷道之间及人行道宽度等安全间隙应符合《煤矿安全规程》的要求。

（2）机车司机必须按信号指令行车,在开车前必须发出开车信号。机车运行中,严禁将头或身体探出车外。运行操作必须符合要求。司机离开座位时,必须切断电动机电源,将控制手把取下,扳紧车闸,但不得关闭车灯。

（3）机车的闸、灯、警铃（喇叭）、连接装置和撒砂装置,任何一项不正常或防爆部分失去防爆性能时,都不得使用该机车。

（4）自轨面算起,电机车架空线的悬挂高度应符合《煤矿安全规程》要求。

（5）大巷施工（维修巷道、轨道、安装修理管线等）要有防护措施,以防机车撞人、人员触电等事故。

(6)整顿运输秩序。严禁扒车,跳车和坐矿车及抢上抢下人车。行人不走道心,不持长的金属杆在巷道内行走。

2. 人力推车必须遵守的规定

《煤矿安全规程》要求,人力推车必须遵守下列规定。

(1)一人只准推一辆车。同向推车的间距,在轨道坡度小于或等于5‰时,不得小于10 m;坡度大于5‰时,不得小于30 m;坡度大于7‰时,禁止人力推车。

(2)在夜间或在井下,推车人必须备有矿灯,在照明不足的区段,应将矿灯挂在矿车行进方向的前端。

(3)推车时必须时刻注意前方。在开始推车、停车、掉道、发现前方有人或有障碍物时,在坡度较大的地方向下推车以及接近道岔、弯道、巷道口、风门、硐室出口时,推车人都必须及时发出信号。

(4)严禁放飞车。

(5)在机动车道人力推车时要经过运输调度站同意。

(五)调度绞车安全要求

在采区内有许多倾斜巷道,需要调度绞车牵引矿车运送物料,由于它们数量多、安全保护装置不齐全,使用中的临时性、流动性大,特别是不少矿井管用修责任不落实,管理不严,在使用上违章操作,无司机证人员开车,对设备、轨道和安全设施的安装,维修责任不落实,使隐患得不到及时处理,因而事故多,应引起我们的高度重视。各单位必须制订调度绞车、小机车和矿车的使用管理规定并严格执行。

使用调度绞车应遵守下列规定和要求。

(1)车场应设信号硐室和躲避硐室。

(2)防跑车装置齐全可靠。

(3)设置"行人不行车,行车不行人"的明显标志和信号。发出行车信号后严禁行人。

（4）超挂车、连接不良或装载不符合要求，把钩工都不得发出开车信号。

（5）声、光信号要齐全、可靠。不准用矿灯、喊话、敲打管子等代替信号。

（6）小绞车要完好，制动装置可靠，安装要牢固，使用半年以上的应设永久性基础。轨道质量合格，不悬空，变坡点处要用曲轨连接。要带电下放，严禁放飞车。

（7）钢丝绳及钩头要有专人检查，不符合要求时要及时更换，斜巷提升还应加装保险绳。

（8）车场和绞车布置要符合设计要求。

（9）司机要经过安全技术培训，考试合格后持证上岗。要落实管、用、修的责任制。

预防绞车道甩车时伤人措施如下。

许多绞车道用的是甩车场，尤其当矿车提升到需要扒道嘴的位置时，往往是扒道嘴的人员正在工作或还没有离开时，因绞车意外移动使矿车运动而挤碰扒道嘴的操作人员。要避免这类事故，可用一根锚杆，一端弯成一个 90°的钩，另一端弯成一个圆环状，当需要扒道嘴时，操作人员只要站在适当位置远距离操作即可。

第五节　矿井通风安全技术

一、矿井通风系统和反风

（一）矿井通风系统

矿井风流由入风井口进入井下，经过各用风场所，再由回风井排出矿井，所经过的整个路线称为矿井通风系统，如图 3-28 所示。它包含矿井通风方式、通风方法和通风网络三个方面。为保证通风系统能够连续稳定向各用风地点供给所需风量，既要有向空气提供通风动力的通风机械,也要有引导风流的井下巷道、风筒等,还必须有一系列控制风流的通风设施。矿井通风系统对矿井的经济、安全运行起决定性作用。

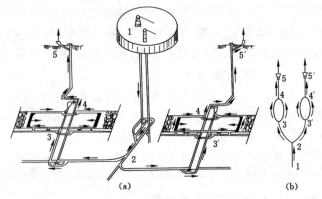

图 3-28　矿井通风系统示意图

(a) 通风系统图;(b) 通风网络图

通风方法指矿井主要通风机对矿井通风的工作方式。分为抽出式、压入式和抽压混合式三种。不同的通风方法对进风量、回风量、漏风、空气质量和自然风压的干扰程度等都有所不同。

按照进、回风井在井田内的位置关系,通风方式可以分为中央式、对角式和混合式三种基本形式。具体可细分为中央并列式、中央分列式、两翼对角式、分区对角式以及各种混合形式,如图 3-29～图 3-32 所示。

矿井通风系统的井下连接关系比较复杂,为了便于分析通风系统中各井巷间的连接关系和特点,把矿井和采区中风流分岔、混合线路的结构形式和控制风流的通风构筑物通常用不按比例、不反映空间关系的单线条示意图来表示通风系统的示意图叫通风网络图。它的连接形式有串联网络、并联网络和角联网络三种。

通常矿井划分为若干采区,采区通风系统是矿井通风系统的

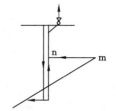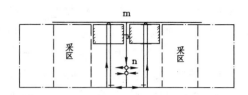

图 3-29 中央并列式通风系统示意图

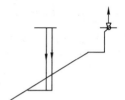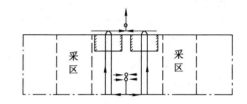

图 3-30 中央边界式通风系统示意图

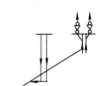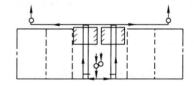

图 3-31 两翼对角式通风系统示意图

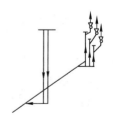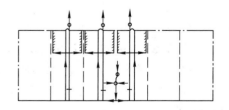

图 3-32 分区对角式通风系统示意图

基本组成单元,也是采区生产系统的重要组成部分。在每个采区中有采煤工作面、备用工作面、掘进工作面和硐室等用风地点,是矿井通风的主要研究对象。搞好采区通风是保障安全生产的基础,也是日常生产和管理工作的重点内容之一。

矿井的生产建设过程中必须开掘大量的巷道。在掘进巷道时,为了供给人员呼吸新鲜空气,排除冲淡有害气体和矿尘,并创造良好的气候条件,必须对掘进工作面进行通风,这种通风叫局部通风或掘进通风,掘进通风的特点是:在一般情况下都是同一井巷既作进风,又用作回风,风量较小,通风距离经常变化,短则几米,长则上千米。局部通风主要有矿井全风压通风、引射器通风和局部通风机通风,其中局部通风机通风是矿井广泛采用的局部通风方法。

(二)矿井反风

矿井反风是当矿井发生灾变时所采取的一项重要的控制风流的救灾措施。当井下发生火灾时,利用预设的反风设施,改变火灾所产生的高温、有害气体的流动方向,限制火灾影响区域,安全撤出受灾害威胁人员。生产矿井的反风有全矿性反风和局部反风两种形式,按反风方式又可分为反风道反风和风机反转反风。

二、风量的计算和分配

《煤矿安全规程》规定:煤矿需要的风量应按下列要求分别计算,并选取其中的最大值。

(1)按井下同时工作的最多人数计算,每人每分钟供给风量不得少于 $4\ m^3$。

(2)按采煤、掘进、硐室及其他地点实际需要风量的总和进行计算。各地点的实际需要风量,必须使该地点的风流中的瓦斯、二氧化碳、氢气和其他有害气体的浓度、风速以及温度、每人供风量符合规程的有关规定。

按实际需要计算风量时,应避免备用风量过大或过小。煤矿企业应根据具体条件制定风量计算方法,至少每 5 年修订一次。

在我国煤矿发生重大瓦斯爆炸事故的案例,与通风能力不足造成瓦斯超限、积聚有着直接的关系。如贵州盘江矿务局某煤矿,计算风量和实际风量都不能满足采面风量要求,而导致 1990 年 3 月 8 日和 1995 年 12 月 31 日的瓦斯爆炸事故,分别死亡 17 人和 65 人;平顶山某矿的矿井风量较实际风量少 3 640 m^3/min,采区缺少风量 1 213.5 m^3/min,致使各采面风量不足,加上风门随意打开不关,风流短路,导致了 1996 年 5 月 21 日死亡 84 人的特大事故。

三、通风安全制度管理

矿井通风管理工作必须根据矿井具体条件,建立健全管理制度,对通风负责人、技术人员和各工种都应建立相应的岗位责任制,明确责任范围和奖惩条件,以促进工作的有效开展。

(1)通风机构健全,能满足矿井通防工作的需要。各类人员能够胜任本职工作,特种作业人员持证上岗。有一整套的通风调度管理制度。

(2)计划管理制度。矿井每年都要编制矿井通风与防治瓦斯、煤尘和火灾的计划,按计划进行施工,并应根据矿井实际情况及时修正和补充。

(3)建立通风作业计划和总结制度。每月须有通风作业计划和总结,每月对矿井通风巷道和通风设施进行全面检查。

(4)建立图、牌、板、报表制度。矿井通风系统设立"五图、五板、五记录、四台账"。报表准确可靠,数据齐全,上报及时。

(5)建立岗位责任制。各工种有全面的工作职责,技术操作符合技术操作规程,并严格执行。

(6)建立通风仪器仪表保管维修、调校、保养制度。通风仪器仪表要定期到有合法资格的部门校正,保证完全符合质量标准。

四、规范通风设施管理

在矿井正常生产中,为保证风流按设计的路线流动,在灾变时期仍能维持正常通风或便于风流调度,而在通风系统中设置的一系列构筑物称为通风设施,如图 3-33 所示。通风设施按作用可分为三类,即隔断风流的设施(风门、挡风墙或密闭)、引导风流的设施(风桥、风硐等)、调节控制风量的设施(风窗)。

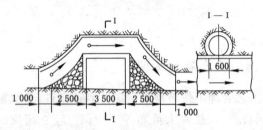

图 3-33 混凝土风桥

煤矿井下通风设施是否符合要求,是影响矿井漏风量大小和有效风量高低的重要因素。质量不符合规定的通风设施对煤矿安全生产有着很大影响。对通风设施不重视人为损坏或不按规定使用而造成的事故时有发生。2000 年,某矿井掘进工作面采用全风压通风,由于掘进工作面风量大,温度低,作业人员违章擅自把纵向风墙的风门打开,造成风流短路、掘进工作面瓦斯积聚,加之瓦斯检查工漏检、爆破工违章爆破,从而引起瓦斯爆炸,造成 7 人死亡。

第六节 煤矿安全生产新技术综述

一、煤矿安全高效开采地质保障新技术

煤矿安全高效矿井地质保障系统,是根据安全高效矿井机械

化、集中化程度高的特点和安全生产需要,以地质量化预测为先导,以物探、钻探等综合技术为手段并依托先进的计算机技术从而实现煤矿地质工作的动态管理和安全地质预警的全过程。世界各主要产煤国家在发展机械化采煤中均普遍遇到开采地质条件与采煤设备的适应性问题。在我国,随着采煤机械化迅速提高和对煤矿安全的高度重视,20 世纪 80 年代以来我国煤田地质工作者在煤矿开采工程地质条件综合评价、技术研究和仪器仪表研制等方面获得了较大进展,初步形成了煤矿安全高效开采地质保障技术理论体系。

(一)针对煤田地质构造复杂、煤厚变化大等特点,开展采区开采地质条件综合评价和预测研究

相继开展了"采区开采地质条件"和"开采地质条件量化预测与数据处理技术"等专题研究;一些学者采用块段指数法、数理统计综合评价法、模糊数学法和数学力学法等,量化预测断层和煤层断裂强度;应用沉积地质学、古水系和地球物理研究方法对矿区煤厚变化规律及地质特征、煤层冲刷带的确定和煤层分叉、尖灭、增厚、变薄等开采技术边界确定方面亦获得可喜成果。

(二)采区高分辨三维地震勘探技术研究和应用取得了突破性进展

中国煤田地质总局、中国矿业大学等单位从 20 世纪 90 年代开始开展采区三维地震工作,能查明断层落差大于 5 m 的小断层、褶曲幅度大于 5 m 的小褶曲和直径大于 20 m 的陷落柱,大幅度提高了勘查精度,为采区勘探和灾害地质预测开辟了新途径。

(三)探测技术装备引进和研制取得显著成效

一批适用于矿井作业的防爆仪器,如数字防爆横波地震仪、数字防爆坑道无线电波透视仪、数字防爆直流电法仪、防爆瑞利波仪、钻孔防爆直流电法仪、钻孔防爆测斜仪以及坑道全液压钻机系列等陆续问世,为探测采煤工作面内地质异常体提供了技术条件。

中国矿业大学(北京)跟踪世界有关技术前沿并结合我国煤炭工业实际研究开发的以便携式智能化地震仪、地质雷达为代表的矿井物探仪器目前正在进行工业性试验,即将正式投入批量生产。

（四）煤矿防治水工作取得可喜进展

针对高承压水对煤矿开采的威胁,组织开展了攻关课题和工业性试验,总结归纳了带压开采理论和方法,以指导奥陶系石灰岩岩溶地下水水害防治。采取了多途径多手段的防治对策,通过治理试验改革了疏降工艺和注浆堵水技术,针对不同突水通道类型规范技术途径、配套探测手段、研制会诊式专家系统,形成条件探测、监测预报、带压开采、注浆堵水等四项配套技术。

二、掘进技术发展趋势

今后,掘进技术仍然会在钻爆破岩掘进、悬臂式掘进机、连续采煤机、掘锚联合机组以及全断面掘进机五个方向持续发展。① 在全硬岩巷道的掘进中,钻爆破岩掘进在很长一段时间内仍会是一种主要方式,但在一些重要领域,全断面掘进机会逐步取代钻爆破岩掘进;② 在硬度较低的全岩巷道和半煤岩巷道,悬臂式掘进机会得到大力发展,逐步成为主要的掘进方式;③ 在一些条件适宜的煤巷掘进中,掘进效率最高的连续采煤机和掘锚联合机组将会得到推广应用。

（一）钻爆破岩掘进法

这种掘进新技术的关键设备是凿岩机。由于液压凿岩机具有能量消耗少、凿岩速度快、效率高、噪音小、易于控制、卡钻事故少、钻机寿命长等许多优点,因而将会得到快速的发展。液压凿岩机发展趋势是大扭矩、大冲击能、高频率;液压凿岩技术也会向着钻、装、运、支配套作业方向发展。

（二）悬臂式掘进机掘进法

悬臂式掘进机掘进法是目前中等硬度以下使用最为普遍的一

种综合机械化掘进技术,其关键设备是悬臂式掘进机。目前,悬臂式掘进机在基本功能、可靠性方面的技术已基本成熟。今后,悬臂式掘进机将会向着大型化、辅助功能多样化及机、电、液一体化的方向发展。

（三）连续采煤机及掘锚联合机组掘进法

连续采煤机和锚杆钻机的交叉换位施工,使煤巷掘进速度大幅提高。在连续采煤机基础上,通过装设锚杆钻机,用一台设备来完成巷道掘进的落、装煤及锚杆打眼、安装功能,从而出现了掘锚机组。掘锚机组引起了世界采矿界的广泛关注,被誉为煤巷掘进机的一次技术革命。相比连续采煤机,掘锚机组适应范围更广,支护效果、掘进工效也有了进一步改善。掘锚机组掘进法将是煤巷掘进的一种主要趋势。

（四）全断面掘进机掘进法

在长距离、大断面硬岩掘进方面,全断面掘进机掘进法在世界范围内得到了广泛的使用。全断面掘进今后将会向着大断面化、断面多样化、使用范围扩大化、自动化和长距离化的方向发展。

随着煤炭经营状况的好转,矿井巷道开拓工程量的增加,煤矿企业已开始重视岩巷施工技术进步。应该说,提高岩巷施工技术的外围环境已经形成,关键是如何组织和规划这一问题。

岩巷施工工艺、技术及装备的发展方向:

（1）以多台气腿式凿岩机、大型耙斗装岩机为主的配套方式。由于它灵活,便于组织,而且设备成本低,仍然会是我国中小断面施工的主要配套方式。

（2）推广全液压钻车和侧卸式装岩机及梭车的机械化配套方式。这可以加快巷道的打眼速度,有助于实施中深孔的光面爆破。这一配套方案尤为适用于中等断面以上巷道。

（3）大力推广应用液压凿岩机。20世纪70年代以后我国开始研制凿岩台车和钻装车,同时研制了液压凿岩机。但由于机械尚不完善和条件所限,在煤矿巷道中还未能推广使用,致使煤炭系统巷道施工中凿岩速度很低。液压凿岩机在凿岩速度、降低噪声和减少环境污染等多方面的优越性使它成为重点发展应用的机种。在国外,液压凿岩机的应用已相当普遍,凿岩速度大幅提高。

(4)在单轨巷中发展使用钻装机,配套采用梭车或皮带转载机,也可研制高强度的落地重型刮板运输转载机。这一配套方式能推广的关键在于设备的质量好、耐用性强。这种方式也利于煤炭施工队伍向其他行业市场发展,效率也比第一种配套方式高。

(5)在巷道较长、岩石条件适宜的条件下,发展全断面掘进机,研究使用平巷砌筑滑动模板。

(6)研究岩巷的深孔光面爆破技术,以便与先进凿岩机具相适应;组织断裂爆破技术的推广应用;研究新型炸药、长脚线多段秒延期电雷管。

(7)加强混凝土的喷射机具和喷射工艺研究。湿法喷射混凝土是发展方向,其关键是完善机具。河南理工大学与鹤壁煤业集团已经联合研制成功湿式混凝土喷射机,其混凝土的喷射质量及工作环境均有根本性的改变,目前正在组织推广应用阶段。今后高强度新型工程塑料和钢纤维混凝土将逐步运用于喷射机中。

经验证明,每一次岩巷施工水平的提高,都是依靠新的科技进步来实现的。岩巷施工水平的提高离不开科学管理水平的提高。把全面质量管理、技术管理、设备管理、投资管理和成本管理等方面的许多先进方法引入到岩巷施工中,只要改变观念,从多方面努力,一定能使岩巷的施工技术水平迈上新的台阶。

三、煤巷锚杆支护技术的发展趋势

目前,我国煤矿锚杆支护技术取得了一定的成果,在实际应用中解决了许多支护难题,取得了巨大的技术经济效益,为高效、安全开采提供了新技术条件,锚杆支护已成为安全高效矿井必备的配套技术。锚杆支护巷道的安全性主要取决于三个方面的因素,即:巷道围岩的物理力学性质、巷道所处的应力环境以及巷道支护强度,三者相辅相成,如果某一个因素出现了问题,支护巷道就会存在安全隐患。为使上述三个因素组合达到最佳效果,需要相关专家不断地攻关研究,切实解决锚杆支护技术的一些瓶颈问题。

四、安全高效采煤支撑条件研发

一个矿井要实现安全高效采煤,必须要有确定的支撑条件。这些支撑条件包括以下几个方面:① 较好的地质、采矿条件;② 较丰富的经济可采储量;③ 匹配的矿井通风、输送、提升、排水、供电、辅助运输等系统;④ 足够的采煤工作面装备;⑤ 与安全高效快速采煤相适应的回采巷道支护技术(含端头支护)等。这些支撑条件都很重要,只要某一方面存在问题,安全高效开采都将受到限制。

(1)要实现安全高效开采必须充分、精细了解所采煤层的结构、赋存的地质采煤条件等。依据煤层厚度及其结构,煤层赋存倾角及其他的地层采矿条件,选择最适宜的回采方法,为安全高效开采打下最基础的条件。同时,在煤层开采之前和回采过程中都需不断地获得工作面前方及整个开采范围内的煤层赋存状况的新信息,以便及时应对出现的不利于实现安全高效开采的新情况。

(2)矿井范围内煤层的经济可采储量,是确定煤层年产量及服务年限的重要依据。不能超越所采煤层的经济可采储量、超能力地进行高强度开采,其后果是降低矿井及所采煤层的服务年限,亦即破坏矿井生产服务地区经济计划与规划的严肃性。

(3)矿井的安全高效生产需要矿井各系统能力的支撑。安全高效生产最主要的特点是在集中的地点单位时间内的出煤量非常大,在集中的地区单位时间内需要的通风量大,所需输送机的输送能力大,井筒提升能力大。同时由于安全高效开采一般机械设备的能力大、功率大,设备体积、质量大,就要求供电电压高,供电能力大,同时,用于设备搬运的辅助输送装备的能力也得大,种类也多,井下的各大系统无论是哪一个能力不够,哪一个出了问题都将严重影响安全高效生产的实现。

(4) 采煤工作面装备的能力、性能和可靠性是安全高效回采的基础。我国在开发综合机械化采煤技术与装备研究初期,非常注意设备能力的合理性和经济性,随着对煤层及顶底板的地质采煤条件认识的不断深入,认识到因煤层及顶底板的地质采煤条件变化太大,往往由于过分追求"经济合理性"而使采煤设备的可靠性、对煤层的适应性大大降低,致使故障率高,难于实现安全高效开采。目前除了一些矿井因回采对象的原因(如经济可采储量不大,要开采的地段范围不大,矿井井筒断面较小等)仍采用一些小能力、小吨位的装备外,一些安全高效矿井和设计能力大的矿井大多采用安全系数高、设备能力大、可靠性高的装备。有的矿井煤层条件非常好,允许生产能力大的矿井(如神东矿区各矿井)引进国际上最先进的、能力最大的采煤设备,以达到在矿井下设备可以进行不停顿的高速连续生产,实现了国际上领先的安全高效生产各种指标。我国的采煤机械在能力、性能、可靠性、控制技术等方面与国际上先进的采煤设备还有很大的差距,目前还在进行有关方面的产学研联合攻关,以求减少这方面的差距,满足矿井安全高效生产的要求。

(5) 回采巷道支护技术应与煤层的安全高效回采相适应。经过几个五年计划的攻关研究,特别是"九五"科技攻关之后,我国的煤巷锚杆支护技术有了飞速的发展。这项先进巷道支护技术已被大多数人认可,在各大矿区都得到了充分的应用。但是由于巷道掘进与锚杆支护的速度较慢,满足不了采煤工作面的快速推进的需要,需要加强回采巷道快速支护系统的研究。目前的技术途径是提高单根锚杆的支护能力和支护范围,以减少单位断面上所需锚杆的根数(减少锚杆支护所需时间),另一方面是使巷道掘进与锚杆支护尽可能平行作业,减少单位断面上掘进和支护所需的总时间。

回采巷道依巷道围岩的岩性不同,支护的难易程度也不一样。尽管我国的煤巷锚杆支护技术近几年发展很快,与"九五"以前的锚杆支护技术相比有了根本性的变化,锚杆支护技术得到了广泛推广使用,但软岩巷道和极软的破碎围岩巷道的支护问题仍然没有得到完全解决。目前这类巷道支护大多通过锚网梁、锚网梁+锚索、围岩加固+锚网梁,锚网加棚式支护等不同组合的联合支护方式进行支护,支护速度慢,维修量较大,难于满足采煤工作面快速推进的需要。

采煤工作面的两端支护与采煤工作面的超前支护方式也是影响安全高效回采快速推进的关键点之一。寻求合理的端头支架支护,或用单体液压支柱加强支护,是各类安全高效采煤工作面都在探讨的事。近年来出现了端头支架与超前支护联合考虑的趋势。

我国的采煤设备与国际先进采煤设备的差距主要表现在能力、性能、可靠性、耐用性等方面。为了提高我国采煤设备的水平,满足我国4～6 m厚煤层实现综合机械化安全高效开采的需要,国内的各用户、科学研究单位和高等院校的科技工作者正在对年产600万t的综采成套装备进行研制。在大采高液压支架的研制上主要从设计理念、设计方法、结构件选材、密封材料、焊接工艺、供液系统等方面;在大功率大采高电牵引采煤机的研制上,主要从总体参数、交流变频电牵引技术、工况检测和故障诊断技术、自动调高技术、远程通信与控制技术及可靠性等方面;在大功率重型刮板输送机的研制上主要从总体参数、减速器技术、结构型式、启动技术、监测及自动控制技术和整体可靠性方面;在大运力长距离顺槽带式输送机的研制上主要从总体设计技术、传动与控制技术、阻燃胶带、胶带托辊、胶带张力控制和机尾移设技术等方面;在液压支架电液控制与综采工作面自动监控技术的研究上主要从电液控制技术、支架控制器、传感器技术、操作阀、辅助阀、过滤系统、工作面控制中心、自动化控制网络和自动化工作面技术等方面进行集中力量攻关,使国产设备能力达到年产 600 万 t 的水平,技术上达到国际同类装备先进水平。

目前,我国高产高效工作面配备的设备主要有下列 3 种类型:

(1)采用国内研制的全套国产新型综采设备装备的综采面,达到日产 7 000 t 以上,年产 200 万 t 以上,如铁法矿务局晓南矿等。

(2)引进部分关键综采设备,如电牵引采煤机、重型刮板输送机等,配以目前生产中使用的装有大流量阀组的液压支架和大运量带式输送机装备的大功率综采面,达到日产 20 000 t 以上水平,年产 500 万～600 万 t。如潞安王庄煤矿、晋城寺河矿、兖矿兴隆庄矿和东滩矿、神华集团东胜精煤公司补连塔矿等。

(3)全套引进国外大功率综采设备装备的综采面,达到日产 30 000 t 以上,年产可达 1 000 万 t 以上。如神华集团大柳塔煤矿、榆家梁煤矿和上湾煤矿等。

五、新型矿井辅助运输方式及设备

近年来,国内外研制了很多新型煤矿井下辅助运输设备。当前国内外煤矿比较实用的新型高效辅助运输设备主要有无轨运输设备(无轨胶轮车)、轨道运输设备和单轨吊车等三大类。与传统的辅助运输设备相比,这些设备在技术特性、运输效率和安全性能方面都具有许多明显的优点。

(一)无轨运输设备(无轨胶轮车)

这是一种用于井下的、在巷道底板上运行的胶轮运输车,不需专门的轨道。它以柴油机或蓄电池为动力,由牵引车和承载车组成,前部为牵引车,后部为承载车,前、后车铰接。它是在铲运机的基础上演变而来的。

无轨胶轮车按用途分,有运输类车辆和铲运类车辆。运输类车辆主要完成长距离的人员、材料和中小型设备的运输,它包括运人车、运货车和客货两用车;铲运类车辆主要完成材料和设备装卸,支架和大型设备的铲装运输,它包括铲斗和铲叉多用式装载车和支架搬运车。无轨胶轮车按动力装置分,有柴油机胶轮车、蓄电池胶轮车和拖电缆胶轮车(梭车)。

无轨胶轮车的优缺点及适用范围如下所述:

(1)无轨胶轮车一般采用铰接车身,前部为牵引车,后部为承载车。这样可以在很小的曲率半径(一般为 3~6 m)内转弯,能够机动灵活地在起伏不平的巷道底板上自由驾驶。机身较低,一般不超过 1.5 m,矮的不超过 1 m。使用重型充气或充泡沫塑料轮胎。带有可靠的制动系统,可重载爬坡达 12°~14°。行驶速度:蓄电池无轨胶轮铲车一般不超过 2.5 m/s,柴油机无轨胶轮铲车最大可达 4~6 m/s。重型的可整运 18~27 t 液压支架,轻型的可运输人员、物料,最多 1 车可运 25~40 人,运煤车可运载 14~20 t 矸石,在 20 s 内自卸。

(2)车辆的前端工作机构可以快速更换,即可以在 1~2 min内,从铲斗换装成铲板、集装箱、散装前卸料斗、侧卸料斗或起底带齿铲斗。还可改为人坐车、救护车、修理车、牵引起吊车等。有的车辆上还可装设绞车、钻机、锚杆机等,实现一机多功用。

(3)蓄电池无轨胶轮铲车无排气污染,轻型可以运人运料,重型可运支架设备,在美国的长壁和房柱工作面使用很多。缺点是工作 4~5 h 后需要更换电池充电,但这对运行不经常满载且次数不太频繁的辅助运输作业来说还是适合的。

(4)无轨胶轮车一般车体较宽(1.5~3 m),行驶中巷道两侧需要有不小于 220~300 mm 的间隙,因而需要巷道尺寸较宽,且最好是无棚腿支护,如锚杆支护、锚喷支护或砌碹巷道。底板抗压强度应不小于 $10\sim25$ N/cm²,最好的是砂岩或砂质页岩等较完整的底板条件,有淋水时需降低使用坡度,底板较软或破碎时需经常铲平清理,有的甚至需要加打混凝土路面进行硬化处理或加垫板。路面平整度应在 150 mm 以内。要求巷道有较大的垂直弯道半径($R>50$ mm)。总之,这种车辆虽然不需专设轨道,但对巷道宽度和路面有一定要求,需要由技术熟练的司机驾驶,以确保车辆安全快速地正常运行。

(5)无轨胶轮车特别适用于赋存较浅、倾角不大的近水平煤层矿井,最理想的是 12°左右的斜副井,用这种车从地面到采区直接上下运送人员、材料、设备和矸石。例如,可用柴油机无轨胶轮运煤车(如杰弗利公司的 410HR)运送掘进的煤和矸石,用支架叉车或铲车运送液压支架和大型设备,以多用途自由驾驶车(如诺依斯 MPV—MKⅡ或艾姆科 FSV913C)运送人员材料,实现井上、下一条龙直达运输,从而大大提高全矿井效率。

无轨胶轮车也可用于顶、底板条件较好的竖井开拓方式的矿井。

(二)轨道运输设备

轨道运输设备主要包括:防爆柴油机车、齿轨车、卡轨车、齿轨卡轨车和无极绳连续牵引车。

1. 防爆柴油机车

目前煤矿井下水平运输大巷的运输,主要以架线电机车及蓄电池机车为主。架线电机车由于是以井下整流电源驱动直流电机作为机车动力,需要大量的前期投资及周期,并且使用范围受到限制。防爆柴油机轨道机车牵引能力大、机动灵活,因而普遍受到用户欢迎。国内各研究部门及生产厂家先后研制开发了从 1.5 t 到 10 t 系列的防爆柴油机轨道机车。

2. 齿轨车

现有矿井大量采用的普通轨道机车——矿车运输系统的最大弱点是不能适应于起伏不平、带坡度的巷道。一般来说，靠机车质量钢轮黏着力牵引列车的适用坡度范围不大于 1/30，即 3.3% 或 1.9°，英国规程规定最大不超过 1/15，即 3.8°。这主要是考虑安全制动的因素而规定的（我国现行规程规定制动距离不超过 40 m，人员列车不超过 20 m），因而一般矿井中机车运输只能限于大巷阶段平巷，而不能进入斜巷和起伏不平的顺槽巷道。为了解决这个问题而发展了两种新型机车运输系统，即齿轨车和胶套轮机车。

齿轨车运输系统是在两根普通钢轨中间加装一根平行的齿条作为齿轨，而在机车上除了车轮做黏着传动牵引外，另增加 1～2 套驱动齿轮（及制动装置）与齿轨啮合以增大牵引力和制动力。这样机车在平道上仍用普通轨道，用黏着力高速牵引列车，在坡道上则在轨道中间加装上齿轨，机车可以较低的速度用齿轮加黏着力牵引（实际上是以齿轮为主），或单用齿轨系统牵引。

齿轨车的优缺点和使用范围如下所述：

（1）齿轨机车系统的最大优点是可以在近水平煤层以盘区开拓方式的矿井中，实现大巷—上、下山—采区顺槽轨道机车牵引煤、矸石和材料设备人员列车直达一条龙运输。机车上装有工作制动、紧急制动和停车制动三套系统，并可在牵引的列车上装制动闸，从机车上供压风同时操纵，可以保证在 10° 以内的上、下坡道上可靠运行，其牵引特性、适用性和经济性较好的是柴油机驱动的齿轨机车。一台 66 kW 柴油机齿轨机车可在 8° 坡道上牵引 140 kN 的列车，并以 4 km/h 的速度运行，在平巷上则可用黏着力牵引以 15 km/h 高速运行，可以满足一般矿井运输设备材料和人员的要求。

（2）行驶齿轨机车的轨道需要加固，选用的钢轨不得小于 22 kg/m，轨距为 600～914 mm，在坡道上需用型钢轨枕并加装齿轨,进出齿轨区段装设特殊的弹簧矮齿轨。齿轨轨道也可过道岔。齿轨机车通过的弯道曲率半径,水平方向应不小于 10 m,垂直方向应不小于 23 m。这对于采区顺槽巷道是有困难的。

(3) 齿轨机车质量较大(质量小则影响黏着牵引力),造价较高,约比一般机车高 1~2 倍。齿轮轨道造价也较高,约比普通轨道高 2 倍,并要求安装稳固,经常维修清理,否则在轨道上运行时不能正常啮合,易造成出轨事故。总的来看,齿轨车系统只能在水平大巷和相连的坡度不大的主要上、下山巷道中使用。由于转弯半径要求较大,因此基本上不能用于采区巷道。

3. 卡轨车

卡轨车是一种由钢丝绳牵引或机车牵引,装有卡轨轮,在专用轨道上运行的运输车辆,其牵引和载重车辆的转向架装有垂直和水平卡轨轮组。当车辆在专用轨道上运行时,卡轨轮卡在轨道的槽口中滚动,可防止车辆掉道。卡轨车的特点是载重大、运速高、运距长、爬坡能力强、运输安全可靠,能适应起伏、弯曲和倾斜的巷道。主要用于煤矿井下材料、设备、人员和矸石的辅助运输,尤其适用于重型设备,如综采设备的搬运。

卡轨车按结构形式可分为全程式卡轨和部分卡轨的卡轨车;按牵引方式分为钢丝绳牵引和机车牵引卡轨车。

全程式卡轨的卡轨车在大巷使用的是常规轨道。进入采区巷道后,其轨道和车辆是专用的,所以从大巷进入采区巷道时,货物要转载。部分卡轨的卡轨车使用的是常规的普通轨道和车辆,仅在弯道起伏等局部易掉道地段增设护轨,防止车辆掉道,货物不需转载。其可靠性不如全程卡轨,巷道条件好时可用。

钢丝绳牵引卡轨车是以绞车为牵引机构的无极绳运输,多数为单无极绳牵引方式。其功率和牵引力大,速度高,重载爬坡能力强,适用于需运输重型设备、坡度大(12°~25°)和弯道少的运输系统,不适用于底鼓严重的地段或分支巷道。

机车牵引卡轨车,按牵引机车的动力分为防爆柴油机卡轨车、防爆特殊型蓄电池卡轨车。防爆柴油机卡轨车按爬坡能力又有防爆柴油机胶套轮卡轨车、防爆柴油机胶套轮齿轨卡轨车之分。机车牵引卡轨车机动性好,能适应多分支巷道和多个采掘工作面运输的需要,用于平硐或倾角小的斜井开拓时,能实现从地面不经转载直达工作面的运输;用于立井开拓时,可实现从井底车场直达工作面运输。

4. 无极绳连续牵引车

这是常州科研试制中心有限公司首创的一种新型高效的煤矿辅助运输设备。它吸取了绳牵引卡轨车和无极绳绞车的优点,克服了其缺点,特别适合我国国情。它主要由无极绳绞车、张紧装置、梭车、尾轮、压绳轮、托绳轮和人车等组成。可直接利用井下现有的轨道系统,不需对轨道及巷道进行改造。

绞车是整个系统的动力源,由电动机驱动。通过滚筒旋转,借助钢丝绳与滚筒之间的摩擦力达到传送重物的目的。梭车用来牵引矿车、平板车、材料车和人车等车列,并有固定和储存钢丝绳等功能。可带或不带紧急制动,根据用户需要配置。梭车前、后两端是碰头,通过碰头与牵引车连接,可实现顶车或拉车两种运输方式。

无极绳连续牵引车采用机械传动方式,结构紧凑,操作简单,维修方便,可靠性高。它可取代多台小绞车的接力运输,实现工作面顺槽设备、材料和人员不经转载的连续运输,节省了中途摘挂钩的时间。实践证明,使用无极绳连续牵引车可简化运输环节,减少辅助人员,改善工人劳动条件,运行安全可靠,操作和维修都比较方便,经济和社会效益明显。该设备的售价也不高,一般中小煤矿都买得起,特别适合我国煤矿的需要,是一种经济实惠的煤矿辅助运输设备,值得推广应用,基本上可取代目前顺槽的调度绞车接力运输。

煤矿井下的辅助运输机械化问题,主要集中在采区。这是因为采区的条件恶劣,难度最大,而顺槽的辅助运输则是采区辅助运输的一个最薄弱的环节。坡道起伏变化,而且坡度较大,一般均在2°～15°,普通无极绳绞车无法适应。许多煤矿都采用调度绞车接力运输。用人多、速度慢、效率低,且常出现掉道、脱轨等安全事故,是煤矿辅助运输亟待解决的一个问题。针对这种情况,无极绳连续牵引车的研制成功和推广使用,较好地解决了这个问题。

(三)单轨吊车

单轨吊车是一种新型高效的煤矿辅助运输设备,适用于煤矿井下人员、材料设备和矸石等的辅助运输,可实现轻型液压支架的整体搬运,主要用于大巷采区上、下山及采掘工作面的巷道运输。

单轨吊车的轨道是一种特殊的工字钢,悬吊在巷道支架上或砌碹梁、锚杆及预埋链上,吊车就在此轨道上往返运行。一般只有一根专用的轨道,故名单轨吊车。随着煤矿集约化生产的发展,设备日益重型化,出现了双轨甚至三轨,在坡度大的巷道还增设了齿轨,成了齿轨单轨吊车。

根据国外经验,采用单轨吊车系统可以基本解决整个矿井的辅助运输机械化问题。我国许多中小型矿井以及某些大型矿井的井筒及巷道断面较小、巷道系统比较复杂,既成的井型及巷道系统又不易改造,如果这些矿的巷道顶板比较稳定,支护条件较好,运输的单件质量不太大,特别是那些巷道有底鼓的矿,选用单轨吊车运输系统是比较合适的。

按牵引动力类别和使用特征分,包括钢丝绳牵引单轨吊车、防爆柴油机单轨吊车和防爆特殊型蓄电池单轨吊车等三个类型。使用最多的是柴油机单轨吊车系统。

与其他形式的辅助运输设备相比,单轨吊车运输方式有以下几个主要特点。

(1)运行安全可靠,不跑车,不掉边。设有工作、停车安全和超速及随车紧急制动等三套安全制动系统,并有防掉道装置。适于在煤矿井下大巷和采区运行。

（2）与巷道底板状况无关，不受底鼓和积水的影响。能跨越刮板输送机和落地带式输送机，过道岔方便。巷道空间可以得到充分利用。

（3）不靠黏重产生牵引力，同等运输质量条件下牵引车质量较轻。

（4）能方便地运用自身的吊运设备把物件、设备吊起或放落。

（5）爬坡能力较强，转弯灵活。能适应断面较小和起伏多变的巷道运输。柴油机单轨吊车可达 18°，钢丝绳牵引单轨吊车可达 45°。但是，随着坡度增大，允许牵引的有效载荷明显减少，所以设备适用的爬坡角度：柴油机单轨吊车应在 12°以内（短距离运输也不应大于 16°），钢丝绳牵引单轨吊车应在 25°以内。

（6）运行速度较快，具有防掉道安全设施及安全监控与通信装置，可以较高的速度在采区运行，最大运行速度为 2 m/s。

（7）有比较完整的配套设备和运输车辆。能够满足人员和多种材料、设备的运输需要，可实现装卸作业机械化。

（8）可实现远距离连续运输。

基于上述特点，作为一种新型安全、高效的煤矿辅助运输设备，单轨吊车尤其是柴油机单轨吊车发展很快。

但单轨吊车也有一些不足之处。

（1）对巷道的顶板及支护要求较高。需要有可靠的悬吊单轨的吊挂承力装置。吊挂在拱形和梯形钢支架上时支架应装拉条加固。用锚杆悬吊时每个单轨吊挂点要用两根锚固力各 90 kN 以上的锚杆。

（2）单轨吊车本身的运载能力可以很大，但是由于受巷道支架的强度和稳定性以及巷道顶板状况的限制，一般最大单件质量：3 m 长轨道为 12 t；2 m 长轨道为 16 t。使用单轨吊车的巷道弯道水平半径不小于 4 m，垂直半径不小于 8 m。

（3）绳牵引单轨吊一套运距一般不超过 1.5 km，弯道需装设大量绳轮且不能进分支岔道。

（4）柴油机单轨吊排气有少许污染和异味，一台 66 kW 柴油机车运行的巷道中通风量应不低于 300 m^3/min。

另外，单轨吊车在运行中有一定的侧向摆动，所以在确定巷道断面安全间隙时，应在《煤矿安全规程》规定值的基础上增加 20%。

六、煤矿应急救援新技术新装备

煤矿应急救援工作的实践表明，在加强应急管理机构和应急救援队伍建设的同时，以先进的技术与装备来支撑应急救援，同样是非常重要的。近年来，先进的技术与装备陆续投入使用，在各类生产事故或突发自然灾害抢险过程中，为挽救生命、减少财产损失发挥了重要作用。

应急救援技术与装备包括调度指挥技术与装备、监测监控技术与装备、抢险救援技术与装备、个体防护装备及家用应急产品等。近年来，煤矿较大事故多发，对应急救援装备的需求增加，因此，针对煤矿事故的一些应急救援技术与装备有了较快发展。

（1）为适应煤矿井下应急排水的需要，有关科研机构及生产单位下大力气研发井下系列潜水泵，如新型隔爆型潜水电泵，功率为 1 900 kW，扬程达 838 m。这种潜水泵在河南焦作、安徽淮南等地煤矿的应急排水中发挥了重要作用。

（2）用于煤矿防灭火，抑制瓦斯、煤尘爆炸的二氧化碳发生器，目前已经进入了煤矿应急救援装备目录。

（3）有关单位研发的矿用抢险探测机器人，具有防爆、越障、涉水、自定位、采集识别和传输各种数据的功能，能进入事故现场采集影像、数据信息，可为及时抢险和救人提供重要依据和参考。据了解，很多应急救援队伍已经开始配备这种抢险探测机器人。

（4）井下灾害识别预警系统：中国煤炭工业协会在北京组织召开了"煤矿井下重大危险源检测、识别及预测、预警系统"科技成果鉴定会。该项目由开滦集团、北京龙软、北京大学、黑龙江科技学院和华北科技学院共同完成。鉴定会由中国煤炭工业协会主持，专家组由中国工程院院士周世宁、中国科学院院士童庆禧等11位专家组成。

鉴定委员会认为，该项目首次实现了煤矿井下重大危险源"水、火、瓦斯、顶板"统一的数据仓库、元数据库、模型库和知识库，实现了数据的高度共享，可为多参数决策支持提供实时数据。自主开发的基于空间信息技术并服务于煤矿井下重大危险源数据处理、专用 GIS（地理信息系统）、三维可视化数据处理的平台，实现了多种数据在同一平台的集成处理，提高了相应软件系统的实用性和可靠性。建立的多参数动态数据处理决策支持模型，提高了预测的准确性，实现了在线动态预测。构建的煤矿井下水、火、瓦斯、顶板等灾害预警指标体系库，完成了对预警分级体系的分类，实现了对重大危险源的在线识别和预警。利用先进技术开发的煤矿水、火、瓦斯、顶板等灾害的集成决策支持系统，实现了从危险源检测、识别、预测、预警到应急处理的决策支持闭环。

（5）顶板灾害监测系统：为顶板装上"电子眼"。天地科技股份有限公司开采设计事业部（煤炭科学研究总院开采分院）采矿技术研究所于 2008 年初开始研发顶板灾害监测系统。以伊泰集团下属矿井作为试验基地，根据现场应用情况不断进行改进。该系统于 2011 年通过了中国煤炭学会组织的鉴定，目前已在内蒙古、山西、安徽等地的 60 余座煤矿推广，有效防范了压架伤人事故。

顶板灾害监测系统由三部分组成：一是传感器，用于采集井下环境参量和设备技术参数；二是各监测分站，数据在这里进行初步处理和集中；三是地面监测主机或服务器，这三部分通过现场总线和工业以太环网相连。一个监测分站与多个传感器相连,一个系统有多个监测分站。

顶板灾害监测系统实现了采样模式的创新,传感器可以定时定值采样,这是该系统最大的创新点。所谓定时,是确定一个时间,这个时间要小于矿压各物理量的突变时间。因为只有小于突变时间,才能捕捉到各危险点。现在,传感器的采样频率到了毫秒级。所谓定值,是界定一个数值,根据这个数值,传感器可以自动确定哪些是有效的波动值,哪些因素可以忽略不计。比如,支架的工作阻力最大是 40 MPa,小于 1 MPa 的工作阻力可以忽略。

传感器就像是电子眼,时刻监测顶板来压情况,并将信息传递给井下各监测分站和地面调度室的监测主机。这个电子眼还可以根据采集到的信息自动做出分析判断,然后将分析后的信息传递给各监测分站和地面监测总站,是高智能的电子眼。

安装了顶板监测系统以后,反映矿压变化的四项主要指标——初撑力、安全阀开启值、工作阻力、来压步距,都可以在电脑显示屏上看到,并自动形成曲线。数值到预警范围内时,煤矿将对支架和顶板进行调整,防止顶板压架事故。

(6)"小红星"矿灯,置于水下 200 m 仍可使用。这种小巧的矿灯可照明 15 h 以上,辅光源可以维持 25 h 以上,且经得起摔打,接线十分牢固。

(7)新型隔绝式逃生避难室已经研制成功,该避难室不用时可压缩后置于不锈钢外套中,出现紧急情况,打开启动阀,30 s 内可进入工作状态。启动后的避难室是一个长 2.5 m、宽 2.5 m、高 1.8 m 的帐篷,可供 8 人避难,防护时间长达 100 h。该避难室可以应用于卫星发射场、地下建筑、核电站、油田钻井及煤矿等各类矿山。

七、国外煤矿安全最新技术装备

（一）大气监控系统

大气监控系统是一个能够精确测量井下空气状况的电脑化网络系统，将实时测量的一氧化碳读数连续传至地面实施 24 小时监控的控制室，并在出现紧急情况时向矿工发出警报。系统将监控数据存储、编目，并可打印监控报告。

（二）袖珍电子风速表

风速表用于测量煤矿井下风流速度。此款经美国联邦矿山安全健康局认证的本质安全型袖珍电子风速表体积小巧，仅有衬衫口袋大小，便于携带。新型的 PMA—2008 风速表增加了一个功能，在 60 秒计时开始和结束时能够发出声响信号，风速读数可在英制和公制间转换。

（三）多功能气体检测仪

多功能气体检测仪能够检测煤矿井下甲烷、氧气和一氧化碳等多种气体。煤矿井下所有集体作业的班组和单独作业的矿工均须配备多功能气体检测仪，以检测有害气体和气体的爆炸性程度。

（四）自供氧自救器

自供氧自救器的功用是在井下空气充斥烟雾、有害气体或缺氧等紧急情况时，为矿工提供适宜呼吸的空气。如"Ocenco 型自供氧自救器"包括一个可以挂在腰带上连续供氧 10 分钟的轻型呼吸器，足以维持矿工呼吸，直到矿工进入逃生通道，取得存放在通道重要地点的主自救器。主自救器在正常工作负荷下能够提供 1 小时适宜呼吸的空气，矿工能在撤退途中更换自救器，维持正常呼吸。

（五）个人粉尘监测仪

井下矿工携带的个人粉尘监测仪能确保矿工接触的粉尘不超

过法定极限值,从而保护矿工长期呼吸健康。如 PDM3600 型个人粉尘监测仪采用"锥形元件振荡微天平",对个人所接触的可吸入粉尘质量进行实时自动采样和测量。这种监测仪具有连续、精确检测空气中粉尘含量的优点,使矿工能够及时改变作业位置,将接触粉尘的风险降至最低。矿工下班后,其所携带的粉尘监测仪的粉尘可读数可被下载,供进一步分析,为矿工和煤矿管理层提供有效的个人粉尘监控手段。PDM3600 型个人粉尘监测仪配合其他技术和环保控制措施,构成抵御长期健康危害的有效防线。

(六)连续采煤机遥控器

连续采煤机遥控器的优点是:让采煤机操作工处于较为安全的操作位置,减少接触采煤机产生的煤尘和噪声,并降低冒顶或煤壁坍塌对矿工带来的安全风险。

(七)矿工井下追踪识别卡

装在矿工安全帽上的无线射频识别卡将识别信号发射到煤矿井下所有关键地点设置的读卡器,读卡器再将井下所有矿工的位置发射到地面,对井下人员实施全员追踪。井下每名矿工的信息和位置都显示在电子矿图和表格上,随时对矿工的位置进行更新。煤矿井下所有矿工均须佩戴追踪卡,以便在发生紧急情况时及时了解每个人的位置。

【复习思考题】

1. 煤层的形态及结构各有哪几种?产状的要素有哪些?
2. 煤层的顶、底板分哪几种类型?各有什么特点?
3. 矿井生产系统包括哪些系统?
4. 巷道掘进工艺包括哪些内容?
5. 矿井通风的主要任务是什么?
6. 试论述煤矿生产新技术发展情况。

第四章 煤矿班组现场安全管理

第一节 煤矿班组现场安全管理要素

一、现场安全管理基本要素

煤矿作业现场是由人、物和环境所构成的生产场所,有生产用的各种设备装置、原材料、各类工具和其他杂物,还有作为设备动力源的电、燃油,以及操作人员等。现场安全管理千头万绪,基本要素有三个:人,物,场所。因此,班组现场安全管理就是对人的不安全行为管理、对物的不安全状态管理和对作业环境条件的治理。

（一）生产现场人的不安全行为管理

分析煤矿的各类安全事故,大多数是因为人的不安全行为造成的。所以,《煤矿班组安全建设规定》等法律法规都强调,要加强现场检查和安全管理,严格按照安全规程、作业规程、操作规程组织生产,从严查处"三违"现象。对本班组成员落实安全生产责任制、执行安全生产法律法规和规程等,实行全员、生产全过程、全方位的动态安全生产现场精细化管理。

（二）生产现场物的不安全状态管理

煤矿生产作业现场,有众多的机械、机电设备、装置和设施,这些设备、装置、设施的不安全状态,构成了煤矿安全生产的隐患,容易导致安全事故甚至重特大安全事故的发生。因此《关于加强国有重点煤矿安全基础管理的指导意见》等文件都强调要加强现场安全管理,及时发现并消除生产现场中物的不安全状态,这对于确保生产的正常进行、实现安全生产至关重要。

国家标准 GB 6441—1986《企业职工伤亡事故分类》将物的不安全状态分为防护、保险、信号等装置缺乏或有缺陷,设备、设施、工具、附件有缺陷,个人防护用品、用具缺少或有缺陷及生产(施工)场地环境不良四大类。

煤矿生产现场中常见的物的不安全状态主要有:① 设备的保护、保险装置不全或失效,如煤电钻缺少综合保护;② 使用不符合要求的支护材料,其物理性能达不到安全要求;③ 设备失修,带病运转;④ 电气设备、电缆、接线盒失爆;⑤ 钢丝绳锈蚀、断股;⑥ 监测系统、检测检验仪器、仪表失灵,导致检测结果错误等;⑦ 劳动防护用品存在缺陷;⑧ 通风设施缺陷;⑨ 材料、设备堆放地点不当,超宽、超高,影响通风、行人等。

(三)生产现场环境管理

主要对生产现场的环境和条件进行治理,强化环境管理,清除安全隐患。

二、强化现场安全管理的问题意识

在作业现场,班组长抓安全生产的第一要务是组织领导员工严格执行安全操作规程,规范作业生产,落实安全生产责任制,人人想安全,细节保安全,才能做到零违章、零事故、零伤害。除此以外,更要强化问题意识,实施问题管理法。班组作为企业的基础单元,现场作业常会有问题存在和安全隐患存在。现场"三要素"安全管理,要的是早发现问题、早排查隐患并及时处置。所谓管理技巧,可以说是解决问题的技巧。现场的技术"大拿",关键是"慧眼"识隐患。煤矿作业现场的问题和安全隐患不被发现永远是问题,预防问题的成本永远低于解决问题的成本。现场安全管理的责任人班组长,不仅要充分激发班组员工的安全生产正能量,更要善于发现问题,认真分析梳理问题,做成"问题台账",敢于直面问题,勇于解决问题,才能在化解矛盾和解决问题过程中实现新的突破。

班组长要练就现场安全管理的眼力见儿

我叫邹方军,参加工作近30年,先后干过班长、队长,现任丁集矿通风区测气队队长。多年的工作实践告诉我,"兵头将尾"既是现场的作业者,又是现场的指挥者,一定要练就过硬的本领,尤其要练就现场安全管理的眼力见儿。否则,你在现场就发现不了隐患,解决不了问题,保护不了职工的生命,更谈不上是一个称职的基层管理者。

2012年8月的一天早班,我巡查到1432(1)运顺迎头,发现迎头顶板矸石破碎,挂迎脸护网的锚杆生根点打在煤层里,用手一摇锚杆还左右晃动。此时,小班防突员正准备上迎头做防突预测。掘进队里的工人反复说不会出问题,但职业敏感告诉我,这不安全。

我让迎头工作立即停下来,并告诉操作员,锚杆生根点如果不牢固,迎脸护网就起不到防护作用,一旦迎头矸石垮落下来,就很容易伤人。在我的坚持下,掘进队跟班副队长迅速叫人补打锚杆,在检查确认迎脸护网安全后,我才安排防突员上前做防突预测。

当防突预测做到一半时,轰的一声巨响,顶板矸石突然垮落下来。幸好,几块大的矸石都被护网拦住了,只有细小的矸石漏下来,现场作业人员安然无恙。大伙都说我有眼力见儿,提前看出了问题,避免了事故。

在煤矿,我们时时刻刻与五大自然灾害进行较量,眼力见儿就是财富。这些年,我由于细心,先后消除了20余处现场安全隐患。除了得到队里伙计们的敬佩外,我还被矿上评为"高技能拔尖人才"和"优秀队长"。

这种眼力见儿从哪里来? 其实,这种眼力见儿每个基层管理者都能具备。一是从学习中来。没有文化,不知道害怕。如果不主动学习,对应知应会的安全知识掌握程度不够,对安全生产的法律法规和规章制度不了解,自己都不知道怎么干,更谈不上"害怕",何来发现问题的眼力见儿? 二是从工作经验积累中来。经验就是挫折的积累。别人感冒,我们预防,不经历事故,就不知道事故的可怕。要把事故当成一种财富,善于从以往的事故、别人的事故中吸取教训,找出其中规律性的东西,结合自己的工作举一反三,通过不断的实践、思考、总结,提高自己的眼力见儿。三是要真心把职工当兄弟、当亲人。只有真心把职工当亲人,你才会对职工的生命高度负责,才会把规范自己的管理行为变成一种自觉的行动,对事故保持高度敏感,从而主动在现场发现问题和处理问题,这是基层管理者提高眼力见儿的原动力。

(摘编自2012年《中国煤炭报》,安徽淮南矿业集团丁集矿陈大凤整理)

第二节 采煤现场安全管理

一、综采工作面现场安全管理

综采工作面在安全方面最容易出现问题的地方是采煤机、液压支架的使用,以及上下安全出口、工作面处的冒顶片帮等,当然,防止瓦斯、煤尘事故也是安全管理的重点。

(一)综采工作面支护时的安全管理

(1)检查支架是否排成直线,支架排列偏差不应超过±50 mm;中心距是否符合作业规程规定,中心距偏差不应超过±100 mm;相邻支架间是否存在明显错差,错差不应超过顶梁侧护板高的2/3,歪倒应小于±5°。

(2)支架架设要与底板垂直,不得超高,与顶板接触要严密,迎山有力,不许空顶。

(3)检查支架是否完好,支架无漏液、不串液、不失效,架内无浮煤、浮矸堆积。

(4)检查支架是否采用编号管理。

(二)上下平巷(工作面回风巷和工作面运输巷)安全管理

(1)巷道断面和人行道宽度是否符合作业规程的要求,其中上平巷净断面应不小于 10 m²,下平巷净断面应不小于 12 m²;人行道宽度不小于 1 m,另一侧宽度不小于 0.5 m。

(2)巷道支护是否完整,有无断梁折柱或空帮空顶。

(3)下平巷中横跨带式输送机或刮板输送机时是否有过桥。

(4)巷道有无积水、杂物、浮煤或浮矸,材料设备是否码放整齐,并有标志牌。

(5)巷道维修有无专人负责。

（三）安全出口的安全管理

（1）检查是否按作业规程规定进行了超前支护；安全出口20 m范围内支架是否完整、无缺，并有超前支护；巷道高度是否不低于1.8 m。

（2）检查是否按作业规程规定采取支架防滑倒措施，倾角超过15°时，排头支架是否安装防倒千斤顶，并经常保持拉紧状态；倾角大的工作面下部端头需架设木垛，以支撑第一架支架，防止其下滑。

（四）采煤作业安全管理

（1）采煤机状态能满足安全生产的要求，如备件是否齐全，截齿是否齐全、锋利，喷雾是否畅通、正常。

（2）采煤机运行时，牵引速度是否符合规定。

（3）采煤机割煤时，顶底板是否割得平整，油泵工作压力是否保持在规定范围内。

（4）采煤机停机后，速度控制、机头离合器、电气隔离开关是否已打在断开位置，供水管路是否安全关闭。

（5）采煤机是否被用做牵引或推顶设备。

（五）液压支架移架安全管理

（1）检查移架前是否整理好架前推移空间，清除架间杂物和顶梁上冒落的坚硬岩块。

（2）检查倾斜煤层中的移架顺序是否坚持由下而上。

（3）移架操作时，检查是否保持支架中心距相等和移架距相等；是否追机作业，滞后采煤机后滚筒4～8架；移架工是否站在架箱内，面向煤壁操作；升架是否有足够初撑力，与顶板接触是否严密。

（4）检查移架前支架是否前后窜动，频繁升降。

（5）检查移架区内是否有人工作、停留或穿越。

（6）检查移架是否一次移好，有无随意升降支架现象，架间空隙是否背严，有无漏矸或采空区矸石窜入支架底部。

（7）移架完成后，检查操作手柄是否打到零位，并关闭截止阀。

（六）推移刮板输送机安全管理

（1）检查是否严格掌握输送机的"平直"，遵循推移刮板输送机程序。

（2）检查推刮板输送机距移架距离是否满足要求，是否出现陡弯，推移刮板输送机时是否在输送机工作时进行。

（3）检查每次推刮板输送机是否推移一个步距；上下机头是否不落后，也不超前。

（4）检查推移上下机头时，是否将机头和过渡槽处的杂物清理干净，机头是否飘起。

二、机采工作面现场安全管理

与综采工作面相比，机采工作面装备水平较低，支护强度较小，容易发生顶板事故。因此，工作面支护、上下安全出口、回柱放顶等是机采工作面安全管理的重点。

（一）机采工作面支护安全管理

（1）检查柱距、排距是否符合作业规程规定呈一条直线，支架架设偏差不应超过 100 mm。

（2）检查顶梁铰接率是否大于 90%，是否出现连接不铰接，机道与放顶线是否配足水平楔。

（3）检查支柱初撑力、迎山、棚梁、背板、柱鞋、柱窝是否符合作业规程规定。

（4）检查是否存在失效柱、梁和空载支柱，不同型号支柱是否混用。

（5）检查是否按作业规程要求及时架设密集支柱或木棚木

垛,其数量、位置是否符合规定。

(6)检查支柱是否全部编号管理,并做到牌号清晰。

(二)上下平巷(工作面回风平巷和运输平巷)安全管理

(1)检查巷道断面是否符合作业规程要求,高度不小于1.8 m,人行道宽度不小于0.8 m。

(2)检查巷道支护是否完整,无断梁折柱,无空帮空顶;架间撑木齐全。

(3)检查巷道是否有专人负责维修。

(4)检查机电设备是否上架进壁龛,电缆悬挂是否整齐。

(5)检查巷道有无积水、杂物、浮煤;材料码放是否整齐。

(三)安全出口的安全管理

(1)检查平巷至煤壁线 20 m 范围内支架是否整齐,并有符合规定的超前支护。

(2)检查有无符合规定的端头支护,端头梁距工作面第一架支架的距离不应超过 0.7 m。

(3)检查巷道高度是否不低于 1.6 m,人行道宽度不低于 0.7 m。

(4)检查采空区侧或煤壁侧是否有宽度大于 0.6 m,高度不低于工作面采高 90% 的人行通道。

(5)检查安全出口处煤壁是否至少超前一刀,斜长不小于 2.0 m。

(四)采煤作业安全管理

(1)检查采煤机状态能否满足安全生产的要求。

(2)检查采煤机运转时牵引速度是否符合规定,运行是否平稳,底板是否割平。

(3)检查采煤机工作时液压油泵的工作压力是否保持在规定的范围内。

(4)采煤机停机后,检查速度控制、离合器、隔离开关是否打在断开位置,并完全关闭水管。

（5）检查采煤机是否被用作牵引或推顶设备。

（五）煤壁与机道支护安全管理

（1）检查煤壁是否平直，并与底板垂直。

（2）检查是否出现超过规定的伞檐。

（3）检查一次采高时是否见顶。

（4）检查是否按作业规程要求及时架设齐全的贴帮点柱。

（5）检查悬臂梁是否到位，端面距小于 300 mm；梁端是否接顶，挂梁及时。

（6）检查悬臂梁支柱支设是否及时，在 15 m 内支柱与放顶是否平行作业，改临时柱时是否做到先支后回。

第三节　掘进现场安全管理

一、井筒掘进现场安全管理

（一）表土施工安全管理

（1）表土施工必须根据当地的地形、气象、水文及工程地质条件等采取有效措施做好防、排水工作。

（2）立井表土施工应设置临时锁口，以固定井位，封闭井口、安装井盖和吊挂掘进用支架。临时锁口必须确保井口稳定、封闭严密、井下作业安全。

（3）斜井和平硐表土施工。斜井破土先挖槽。平硐和依山开挖的斜井破土时，明槽深度应使门脸上部岩层（或硬土）的厚度不小于 2 m。斜井或平硐从揭盖部分进入硐身 5～10 m 后，应进行永久支护。

（4）立井施工永久支护前应指派专人观测地面沉降和临时支护后面井帮的变化情况。

（二）井筒掘进安全管理

（1）井口是否有安保人员和掘进的安全措施。

（2）井筒掘进时,应编制井筒钻眼爆破图表以指导施工。采用中深孔爆破时,孔深超过 3.5 m,必须采用防水雷管,脚线不得有接头。

（3）挂圈背板临时支护时间不得超过一个月;锚喷临时支护时,采用短段掘进及永久支护。

（4）井筒施工中,与井筒直接相连的各种水平或倾斜的巷道口,要同时砌筑永久支护 3～5 m。

（5）确定架圈的圈距,视岩层软硬程度而定,空帮距离不大于 2 m。采用锚喷支护时,其空帮距离不宜大于 4 m,并有防片帮措施。

（6）井筒过断层时,距破碎带前 10 m,必须加强瓦斯和涌水的探测等预防准备工作。

（7）井筒揭开有煤与瓦斯突出危险的煤层时,必须编制专门揭煤措施。放炮时,人员是否撤至井外安全地带,井口附近不得有明火及电源。放炮后,要检查井口附近的瓦斯情况,以便确定是否恢复送电。

（8）井壁厚度是否符合设计规定。

（9）在每平方米的面积内,井壁局部的凸凹程度是否符合规定。

（10）钢筋混凝土和混凝土井壁的表面是否出现露筋、裂缝、蜂窝等现象。

（11）施工期间,在永久井壁内留设的卡子、梁、导水管等一切设施其外露长度不得大于 50 mm。不需要的碉口、梁窝,均用不低于永久井壁设计强度的材料砌好。

（12）井筒在施工时所开凿的各种临时硐室(转水站泵房、变电所、水仓等),凡是移交生产后不继续使用的,在井筒竣工或矿井投产前,均要充填严密,并加封砌;若岩层稳定坚硬可不填充,仅加封闭。

二、巷道掘进现场安全管理

(1)巷道的掘进毛断面不得小于设计规定。

(2)要根据巷道规格、岩石性质编制爆破作业说明书。

(3)在掘进工作面打眼前,应找净顶板和两帮的浮石。

(4)掘进工作面距煤层 5 m 时应打探眼,探清煤层和瓦斯涌出情况,数量大于 2 个。如果发现瓦斯大量涌出或有其他异常情况时,应及时停止作业并报告矿调度室。

(5)对掘岩石巷道相距 20 m 时,要停止一头掘进(用放炮方法);距贯通地点 5 m 时,开始打探眼,探眼深度要超前炮眼深度 0.6~0.8 m。

(6)掘进工作面与旧巷道贯通时,剩余最后 20 m 未掘巷时,放炮前由班(组)长指派警戒员到所有通向贯通地点的巷道口进行警戒,双方要规定好联系信号,不得到通知不准擅自离开警戒区;距贯通点 5 m 时,开始打探眼。

(7)严格执行防尘措施。

(8)禁止工作面装药与打眼平行工作,装药要指定专人负责,其他无关人员不准装药。炮眼装药后,剩余的空隙要全部用水炮泥和黄泥封满。

(9)放炮母线必须悬挂,放炮地点距工作面的距离必须符合作业规程规定。

(10)放炮必须执行"一炮三检"、"三人连锁放炮"制和瓦检员不在,放炮员不准放炮的制度。

(11)掘进工作面禁止放糊炮。

(12)超过 400 mm 长的大矸石必须经过破碎后方准装车。经过斜井的矸石车装车高度不准超过车沿。

(13)临时支护距工作面的距离一般不大于 2 m,锚喷巷道不大于 3～4 m,软岩层应紧跟工作面。

（14）倾斜巷道的棚子必须保持足够的迎山角,棚子间用铁丝和撑木连好,每节棚要打好劲木和扣木,以防棚子推倒。

（15）斜巷掘进工作面上方要设牢固的安全挡板。

（16）大断面巷道施工必须架设牢固的脚手架,脚手架上面不准存放过多的材料。

（17）在交岔点施工时,木支架巷道中的支巷开口处架设台棚后才能进行支巷掘进。

（18）锚喷支护时:锚杆眼的方向要与岩层面或主要裂隙面垂直;当岩层与裂隙面不明显时,可与周边轮廓垂直。锚杆眼的孔径、深度、间距及布置形式要符合设计要求。

第四节　机电运输现场安全管理

一、预防井下电气火灾的现场安全管理

（1）电缆发生短路故障,高低压开关由于断流容量不足而不能断弧,引燃电缆。在检查中要检查高低压开关断流容量,校验高、低压开关设备及电缆的稳定性,校验整定系统中的继电保护是否灵敏可靠。

（2）为了防止已着火的电缆脱离电源或火源后继续燃烧,必须采用合格的矿用阻燃橡胶套电缆。

（3）电缆不准盘圈成堆或压埋送电,检查电缆悬挂是否符合《煤矿安全规程》要求。

（4）必须有断电保护,并按《煤矿安全规程》进行整定,保证灵敏可靠。若开关因短路跳闸,不查明原因不许反复强行送电。

（5）检查高压电缆接线盒是否符合规定,接线盒处是否有可燃物。

（6）矿用变压器接线端接触不良，或变压器检修时掉入异物会造成高压短路。变压器不定期化验，会造成绝缘油失效，使变压器升温，产生过热造成套管炸裂，绝缘油喷出着火。

（7）井下不准用灯泡取暖，照明灯应悬挂，不准将照明灯放置在易燃物上。

（8）架线电机车运行时产生电弧，当架空线距木棚太近或接触木棚时，高温电弧可能引燃木棚着火。另外，当架线断落在高压铠装电缆外皮上，直流电弧沿电缆燃烧，会烧毁电缆铠装和油浸纸绝缘。为预防上述事故的发生，应严格按规定架设架线。架线电机车行驶的巷道，必须是锚喷、砌碹或混凝土棚支护。

（9）检查变配电硐室是否备有足够的消防灭火器材，机电硐室不得用可燃性材料支护，并应有防火门。

二、井下电气设备检修、停送电作业现场安全管理

（1）执行工作票制度和制定安全措施。工作票的签发人、工作负责人、操作人有不同的安全责任制。

（2）检修和搬迁井下电气设备时应停电；检修时用经过试验合格的验电器验电，确认无电后再在三相上挂装接地线。

（3）部分停电作业，应设置下标牌，然后合闸送电。

（4）高压线路倒闸操作时，实行操作制度和监护制度；操作人员填写操作票；操作票中写明被操作设备的线路编号及操作顺序；不准带负荷拉开隔离开关。

（5）操作时，有两人执行，一人操作，一人监护；操作中执行监护制度，操作人员使用试验合格的绝缘工具，戴绝缘手套，穿绝缘靴或站在绝缘台上。

（6）各种安全保护装置必须按时检验；保护整定合格。

（7）大型机电设备安装试运转或胶带道、绞车道、双层作业有措施。

（8）各种机电设备转动部分按时保养。

（9）多种在用电气设备、缆绳有标牌且标牌与实际相符。

（10）定期检查绞车保护装置和主要通风机反风设施动作是否失灵。

（11）对故障未排除的供电线路不得强行送电。

（12）局部通风机有安全防护装置。

（13）各种入井管线、接地装置要定期检验。

（14）局部通风机实行"三专""两闭锁"。

（15）操作高压电气设备主回路时，操作人员必须戴绝缘手套，穿电工绝缘靴或站在绝缘台上。

（16）带油的电气设备溢油或漏油时，立即处理。

（17）在井下不得擅自打开电气设备进行修理。

（18）井下供电设备不得有"鸡爪子"、"羊尾巴"、明接头。

（19）不得用铜、铝、铁丝等代替熔断器中的熔件。

三、矿井运输提升系统的现场安全管理

（1）机车司机开车前发出开车信号；机车运行中不得将头或身体探出车外；司机离开座位时，切断电动机电源，将控制手柄取下，扳紧车闸。

（2）两台机车或两列车在同一轨道同一方向行驶时，保持的距离应大于100 m。

（3）机车行近巷道口、硐室口、弯道、道岔、坡度较大或噪声大等地段，以及前面有车辆或视线有障碍时，应减速，应发出警报。

（4）不得用严禁使用的固定车厢式矿车、翻转车厢式矿车、底卸式矿车、材料车和平板车等运送人员。

（5）用人车运送人员时，不得同时运送有爆炸性、易燃性或腐蚀性的物品，或附挂物料车。

（6）用人车运送人员时，列车车速不得超过4 m/s。

（7）乘人车必须关上车门或挂上防护链。

（8）乘人车时，人体及所携带的工具和零件不得露出车外。

（9）乘人车时，列车在行驶中和尚未停稳的情况下，不得在车内站立或上下车。

（10）带式输送机运送人员时，乘坐人员间距不小于 4 m；乘坐人员不得有站、仰卧和触摸输送带侧帮现象。

（11）检修人员在罐笼或箕斗顶上工作时，必须佩戴保险带。

（12）在斜巷内遵守行车不行人、行人不行车的规定。

（13）特殊工种挂证上岗，持证开车。

（14）斜巷运输按规定安设、使用声光信号及"一坡三挡"安全保护装置，装置齐全、灵敏可靠。

第五节 "一通三防"现场安全管理

一、采区通风的现场安全管理

（1）工作面的配风量应符合《煤矿安全规程》规定。

（2）风速应符合《煤矿安全规程》规定。

（3）采区巷道断面不得影响通风的要求。

（4）工作面的温度不得超过 30 ℃。

（5）工作面（采煤）与相邻掘进巷道口不得有一次以上的串联通风。

（6）采煤工作面与硐室工作面不得有一次以上的串联通风。

二、瓦斯防治的现场安全管理

（1）采区进风巷道风流中的瓦斯浓度超过 0.5％时是否采取了措施，是否切断了工作面的所有电源。

（2）工作面风流中瓦斯浓度达到 1％时是否停止电钻打眼。

（3）放炮地点附近 20 m 以内风流中瓦斯浓度达到 1% 时是否放炮。

（4）电动机或其开关附近 20 m 以内风流中瓦斯浓度达到 1.5% 时,是否停止运转、撤出人员、切断电源并进行处理。

（5）采区内有无体积大于 0.5 m³,浓度达 2% 的瓦斯积聚。

（6）瓦斯积聚附近 20 m 内是否停止工作、撤出人员、切断电源并进行处理。

（7）采掘工作面风流中二氧化碳浓度达到 1.5% 时是否停止工作、撤出人员、查明原因并采取有效措施,报技术负责人批准进行处理。

（8）排放瓦斯有无安全措施。

（9）排放瓦斯时是否有班(组)长、电工、瓦斯检查员在场。

（10）瓦斯检查员是否配齐。

（11）高瓦斯工作面和煤与瓦斯突出工作面是否配有专职瓦检员。

（12）高瓦斯工作面是否每班检查瓦斯 3 次,低瓦斯工作面是否每班检查瓦斯 2 次。

（13）瓦斯检查是否有记录,是否做到检查牌板、记录、汇报三对口。

（14）工作面是否有瓦斯检查牌板(检查箱),是否认真填写。

（15）瓦斯检查员检查记录是否随身携带,记录是否齐全。

（16）瓦斯检查员是否在现场交接班带,有无脱岗现象,有无漏检行为。

（17）检查仪器是否好使,准确。

（18）工作面是否执行"一炮三检"制度。

（19）在停风区是否有栅栏、警标以禁止人员进入标志。

三、煤尘防治的现场安全管理

（1）采区（工作面）风流中的含尘量是否符合要求。

（2）在采区巷道两帮、顶底、管子上、支架上是否有厚度 2 mm、长 5 m 的积尘。

（3）是否有清洗煤尘制度，对巷道是否经常清洗。

（4）放炮前后是否洒水。

（5）是否使用水炮泥，每个炮眼的水炮泥数量是否符合规定。

（6）采区刮板输送机、带式输送机、转载点是否有喷雾洒水装置，是否灵活可靠。

（7）工作面是否用湿式煤电钻进行打眼。

（8）工作面是否有煤层注水措施，注水量、时间、水压是否满足要求。

（9）注水后湿润煤量是否满足要求。

（10）封孔质量是否符合要求，有无漏水地点。

（11）供水管路是否符合防尘、洒水、注水的要求。

（12）割煤机的内外喷雾是否符合要求，是否经常清洗堵塞喷雾的煤粉。

（13）岩粉棚、水棚、水袋、水槽的岩粉量、水量是否满足巷道需要。

（14）隔爆设施安设的位置是否合适，是否起隔爆作用。

（15）每个隔爆棚的间距是否符合要求，吊棚是否合适。

四、自然发火防治的现场安全管理

（1）采区巷道是否布置在煤层中，有无防火措施。

（2）是否采用后退式布置工作面。

（3）对旧巷道是否认真处理。

（4）巷道冒顶是否处理。

（5）三角点是否处理。

（6）工作面结束后是否处理。

（7）采区结束后是否在 45 天内进行永久性封闭。

（8）采区内有无超过 30 ℃的高温地段，是否处理。

（9）气体分析是否经常进行。

（10）对隐患地点是否经常注水，能否起作用。

（11）是否采用注氮防火，注氮的浓度是否在 97％以上。

（12）灭火管路接设是否满足要求，平时堵管口有无异物或煤块在管内。

（13）是否采用束管监测，其探头位置是否合适。

（14）是否利用束管监测来分析自然发火规律，有问题是否及时处理。

第六节　爆破现场安全管理

爆破现场安全管理内容如下：

（1）执行"一炮三检"制度和"三人连锁"放炮制。

（2）瓦斯检查员是否及时填写"一炮三检"记录或弄虚作假。

（3）井下不得采用糊炮、明火放炮或用多芯线电缆放炮。

（4）按规定安排警戒员警戒。

（5）放炮母线长度符合规定，间隔吹三声哨放炮。

（6）放炮员、接炮员与警戒员约定放炮后，警戒员不得不经班队长同意擅自解除警戒。

（7）按规定顺序和方向接炮。

（8）按规定处理拒爆，放炮员对当班留下的拒爆、剩炮向下一班交代清楚。

（9）放炮员、背爆破材料人员携带火工品，按规定乘坐人车。

（10）放完炮后班组长在火工小票使用栏内签字。

（11）煤巷掘进工作面使用毫秒雷管按规定一次起爆。

（12）爆破后必须在检查确认安全后其他人员方可进入工作面作业。

（13）在高瓦斯矿井、瓦斯矿井的高瓦斯区域的采掘工作面采用毫秒爆破时，若采用反向爆破，必须采取安全措施。

（14）放炮员按措施规定装药。

（15）作业地点出现拒爆时，必须在现场交接班。

从几起事故看现场安全管理

近年来，煤矿安全生产状况持续稳定好转，煤矿企业探索积累了许多很好的管理经验。但是煤矿透水、火灾、瓦斯爆炸等重大事故或重大涉险事故仍然时有发生，事故救援现场的一些细节，也暴露了煤矿现场管理的薄弱环节，甚至是致命缺陷。现就几个典型进行分析：

一张图纸用 26 年——事故煤矿技术管理之差。

2011 年，某煤矿发生透水事故后，抢险救援指挥部决定从地面向被困矿工可能逃生的地点上方打垂直钻孔，以便及时通风供氧、运送食物。然而，事故煤矿提供的井下图纸却是 1985 年绘制的。真是让人难以置信！

图纸是工程师的语言，这个煤矿的图纸竟然是个摆设。因此，这个矿的采掘生产活动就没有了章法，工作面地点不清楚，可能不知不觉就越界开采了，不知不觉就贯通积水的采空区了，糊里糊涂就发生了透水事故。煤矿必须有一套工作图纸，工作图纸必须及时填绘，这个事故煤矿显然没有做这些技术基础工作。

获救矿工误感慨——事故煤矿职工培训之弱。

某煤矿透水事故获救矿工，升井后很激动，说："七天七宿啊！感谢你们！"现场采访的记者不解，被困在黑暗的井下，怎么知道过了几天。矿工说："我戴着电子表，上面有个小灯。"可是，煤矿入井人员"严禁携带烟草和点火物品，严禁穿化纤衣服"。一般来说，是不允许戴电子表入井的。

更有一次，在煤矿透水事故中被困 188 小时获救升井的矿工，当记者问到知不知道是谁救了他时，矿工说："是穿红衣服的，一定是消防队员！"发生了透水事故，被困几百米的井下，矿工想到的是消防队员在救人，而不是矿山救护队员。我们在为矿工获救感到欣慰的同时，也为矿工对煤矿自救互救知识的缺乏感到心酸。煤矿一线的生产者、煤矿事故中的幸存者，对煤矿安全和应急救援的常识知之甚少，这些矿工的岗前培训显然是不到位的。

材料车运送人员——事故煤矿岗位安全意识之缺。

从电视画面和新闻图片中,经常看到事故现场的救援人员乘坐矿车下井。这些矿车平时是用来运送物料的,禁止人员乘坐上下井,也许在抢险救援的特殊时期,采取了运送人员的特殊安保措施。但是,更可能的是,他们对煤矿入井视同地面一般性的工作,忽视了煤矿的特殊要求。

某煤矿井下发生无轨胶轮车运输事故,直接原因就是使用运送材料的"非防爆、非载人、自卸农用车"载人入井。农用车下煤矿,可见在这个煤矿领导的意识中,煤矿是一个很平常的地方,人为降低了煤矿设备材料准入门槛。实际上,无论是煤矿从业人员,还是煤矿井下设备材料,都不是随随便便就能入井的,人员要经过培训,设备材料要经过煤安标志(MA)认证。

实现煤矿安全生产,需要参与煤矿生产的人、机、物、环全方位的保障,而导致煤矿事故发生,可能就是一个小小的细节出了问题。保障煤矿安全生产,必须遵规章、重细节。

（摘编自 2012 年 8 月 29 日《中国煤炭报》,作者:马顺海）

第七节　现场隐患排查与治理

一、隐患认知

隐患通俗地讲就是没有显露出的祸患。在煤帮安全生产过程中,安全隐患泛指可能导致事故发生的物的不安全状态、人的不安全行为、管理上的缺隐及环境的不安全条件。2007 年 12 月 22 日国家安全生产监督管理总局公布施行的《安全生产事故隐患排查治理暂行规定》第三条明确表述了安全生产事故隐患的概念,"是指生产经营单位违反安全生产法律、法规、规章、标准、规程和安全生产管理制度的规定,或者因其他因素在生产经营活动中存在可能导致事故发生的物的危险状态、人的不安全行为和管理上的缺陷"。

（一）按危险类型分类

（1）火灾隐患(建筑物、非挥发性燃油、非粉尘状的可燃物质);

（2）爆炸隐患(火药、可燃性气体和空气混合、可燃性粉尘、锅

炉压力容器);

(3) 中毒和窒息隐患(有毒物质引起的急性中毒与窒息);

(4) 水害隐患(水库险情、矿山透水、淹井);

(5) 坍塌隐患(建筑物倒塌、井巷冒顶、片帮);

(6) 滑坡隐患(企业、居民周围的山体断裂、滑坡、泥石流);

(7) 泄漏隐患(有毒、放射性物质泄漏);

(8) 腐蚀隐患(强烈腐蚀性物质暴露);

(9) 触电隐患(高压电);

(10) 坠落隐患(高平台、支架上);

(11) 机械伤害(机械设备老化、安全防护装置不全或失灵);

(12) 煤与瓦斯突出隐患(煤矿井下煤与瓦斯突出);

(13) 其他类隐患(不能用以上类型分类的)。

(二) 按隐患危害程度分类

按隐患危害程度,通常分为一般隐患(危险性不大,事故影响或损失较小的隐患)、重大隐患(危险性较大,可能造成较大事故,造成人员伤亡或财产损失的隐患)和特别重大隐患(危险性大,可能造成重大人身伤亡或财产损失的隐患)。

《安全生产事故隐患排查治理暂行规定》将事故隐患分为一般事故隐患和重大事故隐患。① 一般事故隐患,是指危害和整改难度较小,发现后能够立即整改排除的隐患。② 重大事故隐患,是指危害和整改难度较大,应当全部或者局部停产停业,并经过一定时间整改治理方能排除的隐患,或者因外部因素影响致使生产经营单位自身难以排除的隐患。

(三) 按隐患表现形式分类

(1) 人的隐患(认识隐患、行为隐患);

(2) 物的隐患(不安全状态);

(3) 环境隐患(不安全条件);

（4）管理隐患（管理上的缺陷）。

二、现场隐患表现形式

班组现场隐患的形式表现各种各样,而主要表现是现场物的不安全状态、人的不安全行为、管理上的缺陷以及环境的不安全条件。

管理上的缺隐,主要有班组安全生产相关规章制度不完善、不健全;班组长自身安全素质不高,或只注视生产而对事故隐患视而不见、监管不力;班组现场管理不按制度办事,以感情代替规章、原则。

在环境的不安全条件方面,主要有巷道、采煤工作面、厂房、车间等作业场所设计不合理;设备摆放、材料堆放不符合作业规程要求;职业危害场所没有安装防噪声、防辐射、防尘或消毒等设施,工人没有佩戴合适的个人安全防护用品;矿井井下瓦斯、煤尘、顶板、水害等超过规程、标准规定等。

班组现场安全隐患管理实际工作中,较多地表现为现场物的不安全状态和人的不安全行为方面。现场物的不安全状态和人的不安全行为也是直接导致事故发生的一个重要原因。

物的不安全状态表现:① 设备自身的防护、保险、信号等装置不安全或存在缺陷。② 设备、设施、工具、附件存在缺陷。③ 个人防护用品、用具使用不当或存在缺陷。④ 生产(施工)场地环境不良,设备、材料、工具没有按照指定位置存储摆放。⑤ 消防器材不合格或已过期。⑥ 特种设备已过检验期等。

人的不安全行为表现:① 操作失误,忽视安全,忽视警告,对警报声、故障指示灯麻痹大意,忽视、误解安全信号。② 不遵守安全操作规程,违章作业,如:攀、坐不安全位置,直接用手代替工具操作,在机械运转时进行加油、检修、清扫工作等。③ 对习惯性违章操作不以为然,对隐患存在侥幸心理,如:高空作业不系安全带,电焊作业不穿绝缘鞋,高速旋转作业不戴防护眼镜,金属切削作业不戴手套,有毒有害作业不戴防毒面具等。④ 技术水平、身体状态不符合岗位要求的人员上岗作业,冒险进入危险场所。⑤ 工人缺乏基本的安全技能,如急救基本知识、消防器材的正确使用、火灾逃生自救等。⑥ 工人不正确佩戴个人安全防护用品,甚至放弃不用,如:不按要求佩戴安全帽,高空作业不系安全带,在产生尘、毒的车间不佩戴防尘防毒面具等。

三、现场隐患排查方法

(一)隐患排查要求

隐患排查管理要求以系统安全分析和系统安全评价为基本手段,对各种隐患进行预先识别、分析、评价、排查、分级监控和管理,并通过科学检查、信息反馈、隐患整改等措施提前设防。现场排查时,应对作业内容、方法、危险因素、危险程度、曾经发生过的事故和未遂事件等进行全面了解和分析,并应收集同行业类似条件企业发生过的事故情况。如有可能,也可参考同类企业的危险辨识与排查结果。在隐患辨识与排查时,应广泛听取有实践经验的工人、工程技术人员、现场管理人员和安全专家的意见。隐患辨识工作应符合企业班组自身实际情况。

(二)隐患排查方法

由于现场危险因素、人员素质、施工条件、安全装备水平和设施等方面的差异,班组现场隐患排查的具体方法因地、因人、因时而异,主要采用安全检查表法、基本分析法、工作安全分析法、直观经验法、安全生产标准化法等。针对班组现场安全隐患较多的不安全状态和人的不安全行为的现状,从现场操作方便的角度,安全检查表法被广泛采用。

所谓安全检查表法,就是运用已编制好的安全检查表,进行系统的安全检查,排查出存在的安全隐患。以采煤工作面班组现场隐患排查治理表 4-1 为例。

表 4-1　　　采煤工作面班组现场隐患排查治理表

工作地点：　　　　　　　　　　　年　月　日　班

序号	项目	检 查 内 容	存在问题	治理措施	整改人	复查人	备注
一	绞车与运输	1. 倾斜井巷提升运输设备是否完好；保护装置是否齐全完整、动作是否可靠；电气设备是否符合规定 2. 倾斜井巷内使用串车提升时是否装设可靠的防跑车和跑车防护装置 3. 倾斜井巷运输用的钢丝绳及其连接装置和矿车连接装置是否符合规定 4. 各类调度绞车的安装和使用是否符合相关规定 5. 轨道及道岔铺设质量是否符合规定					
二	机电设备	1. 乳化液泵站和液压系统是否完好；是否有备用乳化液泵；压力和乳化液浓度是否达到规定标准 2. 带式输送机防滑保护、堆煤保护、防跑偏装置、温度保护、烟雾保护和自动洒水装置是否齐全完好；应设行人过桥处是否设置；破碎机和行人侧设备转动部位安全防护装置是否齐全有效；消防管路和阀门是否按规定设置 3. 刮板输送机安装固定是否符合规定,刮板和螺栓等部件是否完好 4. 采煤机是否完好；停止刮板输送机的闭锁装置是否齐全有效；大倾角采煤是否有可靠的防滑装置 5. 电煤钻和电缆是否完好					

序号	项目	检 查 内 容	存在问题	治理措施	整改人	复查人	备注
三	工作面运输巷、回风巷和安全出口	1. 工作面两个安全出口是否畅通 2. 工作面运输巷、回风巷的人行道宽度及其他安全距离是否符合规定 3. 安全出口与巷道连接处 20 m 范围内是否加强支护，高度是否符合要求，超前支护是否符合规程规定 4. 上下端头的特殊支护是否符合作业规程规定 5. 巷道其他支护是否完整，有无断梁折柱或空帮空顶					
四	工作面支护	1. 工作面液压支架、单体液压支柱、摩擦式金属支柱初撑力、支设是否符合规定 2. 采高是否大于支架的最大支护高度，是否小于支架的最小支护高度 3. 支护材料是否齐全，是否备有一定数量的备用支护材料 4. 是否使用失效支柱和顶梁以及超过检修期的支柱 5. 是否按作业规程规定及时架设密集支柱、丛柱或木（铁）棚、木垛等；支柱迎山角、柱距、排距、人工假顶、柱鞋、挡矸方式、控顶距等是否符合规定 6. 大倾角采煤时液压支架是否采取防倒、防滑措施					
五	工作面爆破	1. 炮眼封泥是否使用水炮泥，是否存在用煤粉、块状材料或其他可燃性材料作炮眼封泥；是否存在裸露爆破现象 2. 是否按规定设置警戒线，爆破母线、警戒距离等是否符合规定 3. 雷管、炸药是否存放在专用箱内并加锁，爆破工具是否随身携带合格证件、发爆器钥匙、便携式瓦检仪和"一炮三检"记录					

续表 4-1

序号	项目	检 查 内 容	存在问题	治理措施	整改人	复查人	备注
五	工作面爆破	4. 在有爆炸危险的地点进行爆破时是否按规定进行洒水降尘 5. 爆破前是否加固爆破点附近支架、机器、工具、电缆等是否加以防护或将其移出工作面 6. 处理拒爆、残爆时是否遵守规定 7. 是否认真执行"一炮三检"和"三人连锁"制度					
六	一通三防	1. 工作面风量、风速是否符合规定 2. 瓦斯监测是否符合规定 3. 工作面综合防尘是否符合规定 4. 是否按规定落实隔绝瓦斯煤尘爆炸措施 5. 是否按规定落实防治煤层自然发火措施					
七	防治水	1. 工作面是否按规定配备排水设施 2. 工作面顺槽是否配备完好的备用水泵,并设专人负责管理 3. 是否坚持"有疑必探,先探后采"的原则进行探放水作业					
八	采煤作业	1. 采煤机运行时牵引速度是否符合规定 2. 采煤机停机后,速度控制、机头离合器、电气隔离开关是否打在断开位置,供水管路是否完全关闭 3. 采煤机是否被用作了牵引或推顶设备 4. 倾斜煤层中的移架顺序是否坚持由下而上 5. 移架区内是否有人工作、停留或穿越 6. 推溜距移架距离是否满足要求,是否出现陡弯					
九	其他	是否存在其他不符合规程方面					

跟班区队长: 　　　　　　　班组长: 　　　　　　　安检员:

安全检查表法实施须做到四个到位：

（1）班组现场隐患排查的人员到位。班组现场隐患排查人员必须有跟班区队长、班组长、安监员，其他的生产骨干及富有现场经验的工人也可参与，发挥团队的优势，更多地发现现场事故隐患。

（2）班组现场隐患排查的措施到位。班组现场隐患排查人员通过对工作区域内所有危险及不安全因素的综合评估，确定排除隐患的风险大小、难度程度及现场是否具备条件等，现场制定或落实具体的、有针对性的安全措施并做好记录。对现场不能立即处置的隐患，要执行报告制度。同时，要及时告知现场施工人员，采取合理的控制措施，将隐患的影响控制在最小范围。当出现危及职工生命安全并无法排除的紧急情况时，班组长应当立即组织职工撤离危险现场，并及时报告矿调度和区队值班人员。

（3）班组现场隐患排查的实施到位。针对班组班场排查能够整改的隐患，班组长必须落实责任人，严格执行煤矿"三大规程"，全面组织治理隐患所需的材料、设备、仪器、仪表等，努力创造良好的工作环境。针对现场不具备整改条件的隐患，除了执行报告制度外，待相关措施、方案制订或具备条件后再组织实施。

（4）班组现场隐患排查的验收与监督到位。班组现场隐患的最后消除，还要由当班安全质量验收员逐项、逐条进行验收、签字，以便于进行相关的考核奖惩。同时，跟班安监员也要参与隐患的排查，监督隐患治理的全过程，随时发现和改正不完善的工作措施。

四、隐患治理措施与方法

（一）隐患治理要求

1.《安全生产事故隐患排查治理暂行规定》的相关规定

《安全生产事故隐患排查治理暂行规定》对隐患治理做出了如

下明确规定:对于一般事故隐患,由煤矿企业(区队、车间等)负责人或者有关人员立即组织整改;对于重大事故隐患,由煤矿企业主要负责人组织制定并实施事故隐患治理方案。重大事故隐患治理方案包括:① 治理的目标和任务。② 采取的方法和措施。③ 经费和物资的落实。④ 负责治理的机构和人员。⑤ 治理的时限和要求。⑥ 安全措施和应急预案。

2. 国务院预防煤矿事故《特别规定》的相关规定

《国务院关于预防煤矿生产安全事故的特别规定》对隐患治理也作了具体规定。对煤矿有下列重大安全生产隐患和行为的,应当立即停止生产,排除隐患:① 超能力、超强度或者超定员组织生产的;② 瓦斯超限作业的;③ 煤与瓦斯突出矿井,未依照规定实施防突出措施的;④ 高瓦斯矿井未建立瓦斯抽放系统和监控系统,或者瓦斯监控系统不能正常运行的;⑤ 通风系统不完善、不可靠的;⑥ 有严重水患,未采取有效措施的;⑦ 超层越界开采的;⑧ 有冲击地压危险,未采取有效措施的;⑨ 自然发火严重,未采取有效措施的;⑩ 使用明令禁止使用或者淘汰的设备、工艺的;⑪ 年产 6 万 t 以上的煤矿没有双回路供电系统的;⑫ 新建煤矿边建设边生产,煤矿改扩建期间,在改扩建的区域生产,或者在其他区域的生产超出安全设计规定的范围和规模的;⑬ 煤矿实行整体承包生产经营后,未重新取得安全生产许可证和煤炭生产许可证,从事生产的,或者承包方再次转包的,以及煤矿将井下采掘工作面和井巷维修作业进行劳务承包的;⑭ 煤矿改制期间,未明确安全生产责任人和安全管理机构的,或者在完成改制后,未重新取得或者变更采矿许可证、安全生产许可证、煤炭生产许可证和营业执照的;⑮ 有其他重大安全生产隐患的。

(二)隐患治理措施与方法

班组作为现场隐患治理最直接的实施单位,除了掌握上述法律法规内容、严格落实相关规章制度要求外,还要做好以下具体措施的落实。

1. 隐患治理管理措施

(1) 严格落实安全生产责任制和各项管理制度。明确正班长抓安全、副班长抓生产的机制,贯彻执行好现场联保、互保制度,指定两人以上作业地点安全负责人,加强班组内部之间的安全协调,切实做到不安全不生产,先安全后生产。

(2) 建立实施现场"三位一体"安全确认开工制。作业现场每班开工前、停工前(包括临时中断作业前、复工前),由跟班区队长、安监员、班组长负责,联合对作业现场的安全环境和工程质量进行安全评估,安全环境和工程质量符合规定,具备开工、停工条件的,安全确认人员在《"三位一体"安全确认表》上同时签字后挂牌开工、停工;不具备条件的,及时采取措施达到标准规定要求,重新确认具备开工、停工条件,并同时签字后挂牌开工、停工。没有执行安全确认的,一律不得开工、停工。

(3) 建立实施安全生产奖惩制度,做到奖惩明确,责任清晰。

2. 隐患治理技术措施

隐患治理是指利用技术手段消除或减少隐患造成的损失,其方法有:

(1) 消除隐患,采用符合安全人机工程学的设备,实现本质安全化。

(2) 控制隐患,采用安全阀、限速器、缓冲器等装置限制或降低隐患造成的损失。

(3) 防护手段,设备可采用自动跳闸、连锁、遥控等手段;人员可佩戴安全帽、防护服、护目镜等劳保用品。

(4) 隔离防护,指危险性较大而又无法消除或控制时,可设置"禁入"标志、固定隔离设备及设定安全距离等方法。

(5) 转移危险,包括技术转移和财务转移。技术转移是将危险的作用方向转移至损失较小的部位和地方;财务转移可采用保险的方式转嫁风险。

3. 隐患治理岗位措施

严格落实岗位安全技术操作规程。岗位工在操作前进行上岗前安全检查,首先进行自我安全提问,自我安全思考,即考虑在作业过程中,"物"会不会发生危险,发生这些危险后,自己会不会受到伤害?万一发生事故,自己应该怎么做,如何将事故的危害程度和损失降到最低?

现场生产过程中一旦出现新情况,新的隐患还会产生,明显的隐患治理了,潜在的隐患还存在,不能一劳永逸,要作为经常性的工作持续排查与治理,坚持不懈。

4. 隐患治理制度措施

隐患治理制度措施主要包括:

(1)健全完善班组的隐患排查治理规章制度。

(2)定期组织班组成员参加安全知识的培训与安全应急预案的演练,增强班组员工的安全意识和业务技能。

(3)隐患排查与治理应从工作细节着手,及时采纳一线工人的合理意见与建议,让好的经验经过科学总结形成制度,不好的习惯要分析原因给员工讲明利害关系;注意排查治理工作中的方式方法,要人性化管理,切忌强迫服从。

(4)按照过程控制要求,跟班区队长、班组长、安监员、隐患治理和监督人员各行其职,确保隐患从发现到消除始终处于受控状态。

【复习思考题】

1. 就本章内容选其一点,谈谈现场安全管理的认识及体会。

2. 就你所熟悉的班组工作性质,谈隐患排查与治理的重要性。

第五章　煤矿班组劳动组织管理

第一节　煤矿班组劳动组织管理作用

一、煤矿班组劳动组织管理的重要性

煤矿班组劳动组织管理是指在煤矿生产劳动过程中,按照生产的过程或工艺流程科学地组织班组成员的分工与协作,使之成为协调的统一整体,不断调整和改善劳动组织形式,创造良好的劳动条件与环境,以发挥劳动者的技能与积极性,充分应用新的科学技术和先进生产经验,不断提高劳动效率。

二、煤矿班组劳动组织管理的作用

科学合理地实施劳动组织管理,是保证煤矿班组安全生产的重要条件。煤矿工作的复杂性要求班组生产既要有科学的劳动分工,又要严密按照《煤矿安全规程》操作,做到不安全不生产。

合理地组织班组日常作业与安全管理,对促进煤矿安全生产将发挥重要作用。通过劳动组织工作,对生产进行合理分工和严密组织协调,能充分发挥班组每一位员工的积极性和团结作用,组成一个有机整体,完成个人和少数人难以完成的工作。合理的分工与协作,不仅能促进班组整体生产效率的提高,而且也能使每个成员发挥各自特长,适应复杂工作,对于调动职工积极性、促进班组生产任务完成和安全发展起到重要作用。

第二节　煤矿班组劳动组织管理内涵

一、安全生产责任制贯彻

为实施安全对策,必须首先明确由谁来实施的问题。在我国,在推行全员安全管理的同时,实行安全生产责任制。所谓安全生产责任制,就是各级领导应对本单位安全工作负责,以及各级工程技术人员、职能科室和生产工人在各自的职责范围内对安全工作应负的责任。

安全生产责任制是根据"管生产的必须管安全"的原则,对企业各级领导和各类人员明确地规定了在生产中应负的安全责任。这是企业岗位责任制的一个组成部分,是企业中最基本的一项安全制度,是安全管理规章制度的核心。

企业安全生产责任制的核心是实现安全生产的"五同时":企业领导在管理生产的同时,必须负责管理安全工作。在计划、布置、检查、总结、评比生产的时候,同时计划、布置、检查、总结、评比安全工作。安全工作必须由行政第一把手负责,矿务局(集团公司)、矿(厂)、区队、班组的各级第一把手都要负第一位责任。各级的副职根据各自分管业务工作范围负相应的责任。他们的任务是贯彻执行国家有关安全生产的法令、制度和保护管辖范围内的职工的安全和健康。凡是严格认真地贯彻了"五同时",就是尽了责任,反之就是失职。如果因此而造成事故,那就要视事故后果的严重程度和失职程度,由行政以至司法机关追究法律责任。

班组长的安全生产责任制内容如下:

(1)认真执行有关安全生产的各项规定,模范遵守安全操作规程,对本班组工人在生产中的安全和健康负责。

（2）根据生产任务、生产环境和工人思想状况等特点，开展安全工作。对新调入的工人进行岗位安全教育，并在熟悉工作前指定专人负责其安全。

（3）组织本班组工人学习安全生产规程，检查执行情况，教育工人在任何情况下不违章蛮干。发现违章作业，立即制止。

（4）经常进行安全检查，发现问题及时解决。对不能根本解决的问题，要采取临时控制措施，并及时上报。

（5）认真执行交接班制度。遇有不安全问题，在未排除之前或责任未分清之前不交接。

（6）发生工伤事故，要保护现场，立即上报，详细记录，并组织全班组工人认真分析，吸取教训，提出防范措施。

（7）对安全工作中的好人好事及时表扬。

二、班组安全检查管理

班组日常安全生产管理工作的一项重要内容是安全检查，它是安全生产工作中运用群众路线的方法发现不安全状态和不安全行为的有效途径，是消除事故隐患、落实整改措施、防止伤亡事故、改善劳动条件的重要手段。

（一）查现场、查隐患

深入生产现场，检查本班组劳动条件、生产设备以及相应的安全卫生设施是否符合安全要求。例如，现场是否有安全出口，且是否通畅；机器防护装置情况如何，电气安全设施如何，要检查安全接地、避雷设备、防爆性能；防止矽尘危害的综合措施情况如何；预防有毒有害气体危害的防护措施情况如何；变电所、火药库、易燃易爆物质及剧毒物质的贮存、运输和使用情况如何；个体防护用品的使用及标准是否符合有关安全管理的规定。

（二）查思想

在查隐患和努力发现不安全因素的同时，注意检查班组员工的安全思想认识,看是否把班组安全管理与职业健康放在第一位,具体看员工对各项劳动保护法规以及安全生产方针的贯彻执行情况。

查思想,主要是对照党和国家有关劳动保护的方针、政策及有关文件,真正做到关心职工的安全与健康;查领导有无违章指挥,员工是否人人关心安全生产,在生产中是否有不安全行为和不安全操作;国家的安全生产方针和有关政策、法令是否真正得到贯彻执行。

（三）查管理、查制度

主要查:是否把安全生产工作摆上议事日程;在计划、布置、检查、总结、评比生产的同时,是否都有安全的内容,即"五同时"的要求是否得到落实;各岗位人员的业务范围内是否对安全生产负责;班组安全岗位是否健全;员工是否参与安全生产的管理活动;改善劳动条件的安全技术措施计划是否按年度编制和执行;安全技术措施经费是否按规定提取和使用;新建、改建、扩建工程项目是否与安全卫生设施同时设计、同时施工、同时投产,即"三同时"的要求是否得到落实。此外,还要检查班组的安全教育制度,新工人入矿（厂）的"三级教育"制度,特种作业人员和调换工种工人的培训教育制度,各工种的安全操作规程和岗位。

（四）查事故处理

检查班组对工伤事故是否及时报告、认真调查、严肃处理;在检查中,如发现未按"四不放过"的要求草率处理的事故,要重新严肃处理,从中找出原因,采取有效措施,防止类似事故重复发生。

在开展安全检查工作中,班组可根据自身情况和季节特点,做到每次检查的内容有所侧重,突出重点,真正收到较好效果。

为了保证安全检查的效果,应组成由专业技术人员、工会干部和有经验的老工人参加的安全检查组。每一次检查,事前必须有准备、有目的、有计划,事后有整改、有总结。

三、班前会制度创新

班前会就是在每天工作前召开的班组会,班组长在向职工布置当天生产任务的同时,布置安全工作。其主要特点是时间短,内容集中,针对性强。它既区别于事故分析会,又不同于安全活动日。实践证明,班前会是结合工作思想实际进行安全教育的有效形式,也是一项经常性的管理制度。班组长必须克服"嫌麻烦"、"走形式"等模糊认识,下功夫抓好班前会制度的落实。

(一)班前会的主要内容

班前会的主要内容一般应包括:① 交代当天的工作任务,并做出分工,指定负责人和监护人;② 交代作业环境的情况;③ 交代使用的机械设备和工器具的性能和操作技术;④ 做好危险点分析,交代可能发生事故的环节、部位和应采取的防护措施;⑤ 检查督促职工正确地穿戴和使用生产防护用品用具。班组长要对这些逐项地交代明白;对职工提出的疑问,要耐心地加以解释,以便使大家增强预见性,懂得应该怎么做,不应该怎么做。

(二)班前会的准备

几分钟或十几分钟的班前会,看起来很容易,而实际上并不简单。它是一种分析预测活动,即俗话讲的"提前打预防针"。要使分析预测符合实际,具有很强的针对性和预见性,班组长在会前真得动一番脑筋才行。班组长要在接受上级布置的生产任务的同时,了解有关的安全事项;对即将作业的现场,要亲自进行实地考察,或请有一定经验的同志介绍情况,在分组作业时,应根据每个成员的安全技术素质状况,进行合理分工搭配。

（三）跟踪验证

班组长在作业前交代的有关安全事项是否正确,必须在作业中去考察验证。符合实际的,要坚持下去;不符合实际的,要适时纠正;没有考虑的,要重新考虑进去。如果班组长期从事同一项作业,环境比较固定,则应注意每次班前会之间的联系与区别,要把前次班前会看成是后次班前会的基础,要把后次班前会看成是前次班前会的继续,使内容更加符合实际。

四、交接班制度执行

在安全生产工作中为进一步加强采掘一线的现场安全生产管理,杜绝事故的发生,在采掘一线实施现场交接班验收制度,在验收过程中按"三大"规程和施工安全技术措施要求,严格检查验收。要求相关人员在验收时,对发现的问题要及时处理,不但要达到工程质量的要求,还要达到环境清洁,设备完好,质量达标。在交换中切实做到:手拉手,口对口,你不来,我不走。

在交接班工作中还要求干部在现场验收,并填写好验收记录,做到干部、值班段长、验收员要亲自签名、记录;同时还要求交接班干部认真检查安全隐患,发现问题及时处理,并分清责任,从而保证安全生产。

（一）交接班的内容

（1）交工艺。当班人员应对管理范围内的工艺现状负责,交班时应保持正确的工艺流程,并向接班人员交代清楚。

（2）交设备。当班人员应严格按工艺操作规程和设备操作规程认真操作,对管辖范围内的设备状况负责,交班时应向接班人员移交完好的设备。

（3）交卫生。当班人员应做好设备、管线、仪表、机泵仓（房）、办公室的清洁卫生,交班时交接清楚。

（4）交工具。交接班时，工具应摆放整齐，无油污、无损坏、无遗失。

（5）交记录。交接班时，设备运行记录、工艺操作记录、巡检记录、维修记录等应真实、准确、整洁。

另外，凡上述几项不合格时，接班人有权拒绝接班，并应向上级反映。

（二）交接班注意事项

（1）十交：① 交本班生产情况和任务完成情况；② 交仪表、设备运行和使用情况；③ 交不安全因素，采取的预防措施和事故的处理情况；④ 交设备润滑和工具数量及缺损情况；⑤ 交工艺指标执行情况和为下一班的准备工作；⑥ 交原始记录是否正确完整；⑦ 交原材料使用和产品质量情况及存在的问题；⑧ 交上级指示、要求和注意事项；⑨ 交跑冒漏情况；⑩ 交岗位设备整洁和区域卫生情况。

（2）五不交：① 生产不正常、事故未处理完不交；② 设备或工艺有问题，搞不清楚不交；③ 岗位卫生未搞好不交；④ 记录不清、不齐、不准不交；⑤ 车间指定本班的任务未完成不交。

（三）交接班记录的内容

由班组长或岗位负责人填写交接班日记，其内容为：① 接班情况；② 本班工作，其中包括本班的出勤及好人好事，生产任务完成情况，质量情况，安全生产情况，工具、设备情况；③ 注意事项、遗留问题及处理意见，区队（工区）或上级的指示；④ 交接班记录一般保存 3 年。

五、安全生产标准化建设与文明生产管理

煤矿安全生产标准化工作是实现煤矿安全生产的一项十分重要的基础工作，切实推进煤矿安全生产标准化建设的落脚点在班

组,其制度建设是贯彻落实安全生产标准化的重要抓手。班组安全生产标准化管理制度内容包括生产过程质量管理、工作质量标准、质量验收、质量责任追究、质量奖惩等规定。

煤矿班组文明生产管理制度,是关于现场生产中文明行为、文明管理、文明施工等事项的规章制度,主要内容包括班组员工文明管理、生产和办公环境文明管理、设备设施文明管理等规定。

六、现场隐患控制管理

班组对隐患的控制管理要从管理制度、定期排查、详细反馈、隐患整改、基础建设、考核奖惩等方面采取综合措施。

(1)建立班组隐患排查制度。如建立班组安全生产责任制、班组隐患排查制度、安全检查制度、信息反馈制度、危险作业审批制度、考核奖惩制度。

(2)明确隐患排查管理责任。根据隐患的等级确定各级负责人,并明确各自的具体责任,特别是隐患排查责任。除班组作业人员每天自查外,还要规定班组领导定期参加排查。这有助于增强班组长的安全责任感,体现管生产必须管安全的原则,也有助于重大隐患的及时发现和整改。同时要明确专职人员对隐患排查的检查、监督和严格考核的责任。

(3)加强对班组长和职工的教育培训。隐患排查管理能否得到贯彻执行及执行质量的高低,在很大程度上取决于人员的安全意识、安全知识和安全技术水平。隐患排查管理过程中必须加强班组长和职工的安全、培训,提高其综合安全素质,以推动管理活动有效进行。

(4)严格执行事故隐患的定期排查制度。实行局(公司)、矿、区队及班组分级定期隐患排查制度。班组在每班作业前要进行隐患排查。

(5)严格落实隐患的及时整改和验收工作。应明确规定事故隐患整改的负责人,加强整改情况的监督和综合管理。隐患整改可分级销号管理,整改项目经相应的机构组织验收合格后予以销号。隐患整改的各种信息要实现文件化管理。

(6) 抓好信息反馈。要建立健全信息反馈系统,完善信息反馈机制,规定信息反馈的具体负责人。

(7) 做好重大危险源管理的基础工作。健全重大事故隐患档案,在重大隐患点悬挂标志牌,标明危险等级和负责人。

(8) 搞好隐患排查管理的考核评价和奖惩。制订考核标准,定期严格考核和按照标准及时兑现奖惩。

七、班组事故报告和处置

这是班组现场安全管理的一项重要制度,是国务院《生产安全事故报告和调查处理条例》的具体化。制度要求班组首先要进行现场救护指挥,并立即报告有关部门和领导。同时要组织人员保护好事故现场,以便根据现场情况进行事故成因的深入调查分析。同时要对事故进行科学处置,按照应急预案进行现场应急救援,控制事故,减少事故损失或杜绝死亡事故。

八、落实安全奖惩制度

安全奖惩制度是针对职工在安全生产过程中的表现,给予相应的奖励、惩罚的制度。它是安全岗位责任制的一种重要补充。建立这项制度的基本依据是"安全第一、预防为主、综合治理"的方针和国家关于事故处理的一系列法规文件。制定安全奖惩制度的目的在于实行安全否决权,鼓励先进、鞭策落后,促使职工为搞好安全生产献计献策。

(一) 奖励

对于在以下几个方面作出贡献的人员应给予奖励:① 认真执行操作规程和安全生产岗位责任制,长期实现安全生产的;② 敢于制止违章作业、违章指挥和违反劳动纪律,并帮助后进人员取得明显进步的;③ 排除重大隐患,避免恶性事故发生的;④ 在事故抢险中,既勇敢又沉着处理险情,对防止事故后果扩大作出贡献的;⑤ 在安全生产上有革新发明,解决安全技术难题的;⑥ 在安全生产竞赛中成绩优异,或提出有价值的合理化建议的。

奖励方式,在班组普遍实行经济核算的基础上,既可给予荣誉奖励,又可给予物质奖励,增发适当的奖金;还可向上级申报,要求给予适当的其他形式的奖励。

(二) 惩罚

对于在以下方面出现问题的人员要给予处罚:① 不执行安全操作规程和规章制度或违章指挥、违章操作造成事故的;② 发现事故隐患,不报告、不处理,造成事故的;③ 发生事故隐瞒不报告的;④ 虽然没有造成事故,但却有严重违章作业、违章指挥、违反劳动纪律的。

惩罚方式,可采用批评教育、检讨和罚款,严重者,可向上级要求给予行政处罚,即实行“事后”否定。

(三) 挂钩

挂钩就是把职工个人评先进、晋级、奖励与其在安全生产中的表现挂起钩来,凡造成严重事故者不得评先进、涨工资和发给安全奖。

九、班组民主管理

是班组安全管理中的一项制度,班组成员广泛参与班组的各项活动,并对其实施监督,促进班组决策民主、利益公平公正、成员团结和谐,是建设优秀班组的重要工作措施。其内容包括班务公开,增强班组管理决策的透明度。建立完善的平等协商机制,保障和维护班组成员的民主权利、经济利益、劳动关系等。通过民主管理制度的规定执行,处理好集体与个人的关系,促进班组集体与个人的和谐发展。

十、职工安全教育培训

煤矿班组安全教育培训制度,是班组长组织员工开展安全教育与各类培训活动的规定要求,是提高班组安全培训规范化的重要保证。制度内容包括培训目的、培训对象、培训方式、培训计划、培训时间、培训保障及效果评价等。班组长要对职工进行经常性的安全教育,并且注意结合职工文化生活进行各种安全生产的宣传活动;在采用新的生产方法、添设新的技术设备、制造新的产品或调换工人工作的时候,必须对工人进行新操作法和新工作岗位技能的安全教育,在制度上落实。

十一、班组设备管理

加强设备管理是班组顺利进行生产、提高经济效益的必要条件。

班组劳动组织管理要求设备、工具处于完好状态,平时精心维护保养设备,充分发挥设备效能,减少故障,防止事故。

(一)班组设备管理内容

(1)严格遵守设备操作、使用和维护规程,做到启动前认真准备;启动中反复检查,运行中搞好调整,停车后妥善处理,认真执行操作指标,不准超温、超压、超速、超负荷运行。

(2)必须坚守岗位,严格执行巡回检查制度,定时按巡回检查路线对所有设备进行仔细检查,主动消除脏、松、缺、乱、漏等缺陷,认真填写运行记录、缺陷记录和操作记录。

(3)认真执行设备润滑管理制度,搞好设备润滑,坚持做到"五定"和"三级过滤"。"五定",是指"定人、定点、定质、定量、定时";"三级过滤",是指"从领油桶到岗位贮油桶;从岗位贮油桶到油壶;从油壶到加油点"。

(4)严格执行设备定期保养制度,对备用设备定时盘车,做到随时可以开动投用,做好防冻、防腐和清洁工作,对本单位封存、闲置的设备应定期维护保养。

(5)保持本岗位的设备、管道、仪表盘等的完整,地面清洁,加强对密封点的管理,消除跑、冒、滴、漏,努力降低泄漏率,搞好环境卫生,做到文明生产。

(6)操作人员发现设备有不正常情况应立即检查原因,及时反映,在紧急情况下,应按有关规程采取果断措施,或立即停车,上报班组长及有关部门,不弄清原因、不排除故障,不盲目开车。

(7)教育和培训班组成员掌握设备性能特点和正确的操作方法,做到"应知""应会",保持设备安好状态,使其发挥最佳效能。

(8)班组要严格执行设备故障和事故分析制度。

(二)班组设备管理做法

(1)根据本班工作内容,制定具体工作标准进行细化和量化。

(2)执行工作标准要细,即检查设备、调整、记录,确认交接签字等工作要细致、准确。

(3)坚持做到"三勤"、"三个不放过"。"三勤"是指勤检查、勤维护、勤联系;"三个不放过"是指发现疑点不搞清楚不放过、解决问题不彻底不放过,处理问题后不搞好现场规格化不放过。

(4)做好设备运行日常记录。

(5)加强班组员工技术技能培训,不断提高操作人员素质。

十二、安全档案管理

煤矿班组必须建立完善的安全管理档案,由专人负责安全管理档案的管理。其内容:① 安全生产管理领导小组人员名单及变动记录;② 专职及兼职安全员名单;③ 特种作业人员资格证名单;④ 特种设备清单及有关档案;⑤ 三级危险源管理清单;⑥ 监测资料(地压、边坡、岩石移动、涌水量、粉尘浓度、风速、风量、噪声及地表环境监测);⑦ 职工健康档案及职业病档案资料;⑧ 安全生产整改情况记录;⑨ 安全例会及安全日、安全月活动记录;⑩ 职工代表会上本班组职工关于安全生产的提案及整改落实情况;⑪ 事故记录和统计资料;⑫ 伤亡登记表存档情况;⑬ 岗位作业操作规程;⑭ 安全措施费用及使用情况;⑮ 事故应急救援预案、演练、实施记录。

班组安全档案管理要编写详细的目录并分档存放,做到标准化、规范化。按期上报给各有关部门,定期向班组职工公布档案管理情况。班组长要经常检查档案管理情况使之逐步完善。

第三节 煤矿班组劳动组织管理模式

一、军事管理强班组

把班组建设引入准军事化管理模式。目的:塑造雷厉风行、严谨细致的班组形象;增强执行力,确保安全生产。

(一)整体规划、营造氛围

① 首先制定《准军事化目标管理和考核办法》。② 提出"十化要求",即:思想道德纯洁化,团结学习快乐化;工作安排命令化,工作生产标准化;集体活动统一化,言谈举止文明化;执行纪律规范化,衣装矿徽整齐化;值班跟班制度化,环境卫生清新化。

(二)行为养成、精细运行

① 以规范班前礼仪为切入点。② 创立"一唱"、"二诵"、"三评"、"四讲"、"五嘱"、"六誓"运行模式。③ 内容为:"一唱",唱企业歌;"二诵",背诵集团公司的理念;"三评",三工讲评;"四讲",总

结上班工作情况,安排该班次安全注意事项;"五嘱",进行亲情嘱托;"六誓",安全宣誓。

(三)转化成果、提升效能

① 以准军事化形式为依托,注入安全确认等管理方法;② 员工上岗前先进行安全确认,工作中操作要规范,收工后在现场讲评;③ 形成人、机、物、工序之间的安全闭合体系。

二、亲情管理到班组

把亲情化管理引入班组中去,探索出亲情管理、爱心护航、关爱保驾的人性化管理模式。

(一)以人为本融入亲情

① 改变过去"三违"重罚轻教的方法;② 把罚款按"红包"方式,送给"三违"人员的妻子和父母,让其亲人参与说服教育工作。

这种亲情感化的管理方式,不仅能够让"三违"者本人深受警示,还可以让亲属提醒他为家人的幸福而按章操作。

(二)班组管理融入爱心

① 班组应对试岗人员及安全不放心人员签订"安保合同";② 担负现场观察、陪练任务,对错误的操作方式,要现场指出、正规示范、热情纠正;③ 之后再跟踪观察、检查,培养正确的操作习惯。

(三)厚待"兵头"融入关爱

① 班组长享有安全责任岗位津贴和班组安全奖金;② 提高班组长的工资待遇;③ 成绩突出的班组长优先晋级。

三、精细管理强"细胞"

将精细化管理模式引入班组管理中,以员工的"4E"(每个人、每一天、每件事、每一处简称"4E")标准、现场的"6S"管理(指准时、清洁、整理、标准、安全、素养六方面的管理)为基础,以员工绩效考核为依托,形成一套班组现场管理的运行体系。

（一）精细班组工作标准

① 将所有工种和岗位操作标准进行整合、规范,制定岗位"4E"、"6S"标准;② 开展定标、认标、上标、升标活动;③ 形成日事日毕、日清日高的良好习惯。规定使人人、事事、时时、处处都有标准。

（二）精细班组现场管理

① 现场工作汇报制:印制岗位现场汇报卡,发放到班（组）长手中,班（组）长可根据本岗位具体情况向前来检查工作的领导汇报岗位安全确认和工作进展的情况;② 对各类材料实行编码管理,使所有的设备都在控制之中,提高工效、降低成本。

（三）精细班组绩效考核

① 将班组管理纳入员工的绩效考核中,并实行 A 卡、B 卡管理。② A 卡:为员工当班作业卡,将安全、质量、任务等内容纳入其中,依据 A 卡考核分数计算当班员工的工资;B 卡:为当班绩效排序卡,对每班的工作量、安全隐患等情况进行分析,按照 10％和 5％的比例评出优秀员工和试岗员工。

四、"三励"并举促提高

将"激励、奖励、鼓励"机制引入到班组建设中,充分发挥班组长在安全生产中的带头作用。

（一）知识激励

① 为班组长购买技术业务书籍;② 聘请专家、管理能手、专业人员给班组长上课、传授技术;③ 送班组长外出培训;④ 开展班组长管理经验交流,矿领导参与点评。

（二）物质奖励

① 规定班组长工资是工人的 n 倍;② 对优秀班组长进行表

彰、披红戴花,照光荣像、上光荣榜,对上述光荣人员敲锣打鼓将其光荣匾送到家;③ 物质奖励,带薪外出旅游。

（三）精神鼓励

① 积极引导班组长政治上要求进步,积极为优秀班组长争取各类荣誉称号;② 从班组评出"状元"、"明星"、"标兵";③ 建立班组长后备人才库;④ 将工作突出的班组长提拔到科区级岗位上。

五、抓实细节保安全

从规范员工行为细节入手,落实班组基础管理,推行"集体升入井"和"手指口述法"。

（一）集体升入井制度

① 每天入井以班组为单位,由班组长带着小红旗走到前面,在小红旗引导下员工排着队,副班组长随后,秩序井然地入井;② 任务完成后,矿上对各班组的行走路线,特别是零散作业人员的行走路线的集中地点做出明确规定,同入井一样班组长举着红旗,带领全班升井。

（二）安全确认强意识

① 员工在工作前确认对象物时,用手指向被操作物品或设备,响亮地说出具体操作要领,确保确认到位。② 一个人的岗位自己朗诵口诀,然后操作。两个人以上的岗位,一个人朗诵口诀,其他人确认后再操作,确保全班人员不违章。

六、"一定六坚持"培训法

这是河南永煤公司陈四楼矿创建的班组职工安全培训工作法。

"一定",指确定安全培训重点。该矿将职工不安全行为划分为无知型、明知故犯型、技能缺失型三种,每月制定培训重点,将培训效果纳入责任单位"双基"考核,明确奖惩办法。

"六坚持":① 坚持"一把手"负责,根据安全培训岗位责任制的要求,各单位"一把手"在抓安全生产的同时必须抓安全培训,实施"一把手"问责制;② 坚持预防为主,把可能发生的事故消灭在萌芽状态;③ 坚持全员参与,树立培训大家搞、培训为大家的理念,引导全体干部职工投身矿井安全培训工作;④ 坚持目标管理,结合矿井实际,有针对性地开展安全培训工作,最大限度地保证培训效果;⑤ 坚持过程控制,把培训工作重点放在培训中的每个环节、细节,实现由培训数量向培训质量的转变;⑥ 坚持持续改进,通过效果分析,不断改进安全培训工作的方式方法,不断摸索培训管理新方法,从而不断提高安全培训质量。

七、"三思五"安全工作法

中国平煤神马十一矿机电安装队陈景甫班有 17 名职工,负责全矿井下"六大系统"中压风和防尘管路两大系统的安装、维修工作。该班始终坚持"安全第一"的生产原则,通过"三思五"安全工作法,严抓班前、班中、班后三个环节,确保安全生产。

(一)班前 5 分钟,打基础

班长陈景甫经常对班组成员说:"我们的工作地点不固定,战线长,人员分散,每项工作开始前必须思考 5 分钟,想一下应该注意哪些方面,应该怎么做,工作中会出现哪些风险和问题,只有这样才能为圆满完成工作任务打牢基础。"

一次,矿井检修期间,陈景甫班担负-180 运输石门和丁六-440 车场的风水管路改造任务。陈景甫来到现场后,没有直接安排工作,而是仔细观察现场条件,心里盘算着哪些环节容易出现安全隐患,应该如何避免。由于提前考虑,准备充分,分工到位,该班提前 40 分钟完成了检修任务。

（二）班中5分钟,强意识

陈景甫说,工作时间长了,大家很容易不按标准作业,所以班中要用5分钟认真回想一下标准作业法和操作规程,改掉不良作业习惯。

一次早班,陈景甫班负责在－593大巷刷漆。工作进行到一半时,陈景甫让大家停下手中的活,认真思考,确认下一步工作中的不安全因素。下一步是对巷道顶部进行刷漆,职工需要站在矿车上作业。就在大家认真思考的过程中,一名职工发现矿车的车轮是用小石头绊住的,显然很不安全。要想实现安全生产,任何环节都不能马虎。陈景甫找来木楔把矿车绊住,并确认安全后,才让职工对巷道顶部进行刷漆。

（三）班后5分钟,思改进

陈景甫班长期坚持召开班后安全总结会。在班后安全总结会上,陈景甫组织班组成员回头思考5分钟,回顾上一个班工作是否有纰漏,对班中的工作情况进行总结,哪些做得好,哪些有欠缺,在第二天的工作中应如何进行改进。

某日下午5点多,该班刚升井的职工按照惯例聚在一起,开班后安全总结会,在5分钟内找出了4条上一个班的安全纰漏。陈景甫把这些问题一一记录下来,并总结道:"现在工作面条件较好,大家急于要速度,要效益,暴露出一些问题。下一个班一定要避免再出现类似问题,特别是大家登高作业,在戊二轨下上架安装管子时,千万不能把保险带找个地方随便一挂,必须将保险带挂好挂牢。只有遇事多思多想,才能做到安全生产无事故。"

八、安全文化入班组

煤矿班组安全建设文件强调将企业安全文化建设重心下移到班组,前移到工作面,深入现场,构建一整套班组安全文化的建设模式,为安全生产奠定基础。

（一）确定安全文化建设目标

① 确定身边无事故、岗位无"三违"、班组无伤亡的班组安全文化建设目标;② 提炼"以人为本、规章至尊"的安全理念;③ 把提高班组素质、员工技能素质的培训作为首要任务,把创建学习型班组、争做知识型员工作为建设重点。

（二）强化安全文化阵地建设

① 把作业现场当作"家"来建设,通过一张张全家福和一句句安全寄语,改变过去单调的灰色工作环境;② 以班组员工之家为阵地,为图书室购置安全生产、技术质量和管理方面的各类书籍,灌输"学习工作化、工作学习化"理念,为员工提供精神食粮;③ 编写易记上口的岗位格言和操作要领,并做到人人会讲会用。

（三）推行评星级员工制度

① 为员工打分,由低分到高分评出七个级别,选出首席员工、骨干员工、四星至一星员工和试用工;② 确定为首席员工的,矿上应给予物质奖励,并为首席员工制作员工卡片作永久留念,然后上墙公布,电视台报道;③ 试用员工要在班前会上找出自己的不足之处,写出保证书,与班组长签订保证合同,使其争取做星级员工,三次被评为试用员工的将降为待岗职工。

九、"三四五"的班组管理模式

员工三能:培养员工事前预防能力、紧急状态处置能力和自救互救能力。

岗位四标:班组长安全素质达标;员工安全装备达标;岗位安全环境达标;现场管理达标。

现场五化:现场管理规范化;设备操作程序化;制度执行军事化;员工行为团队化;工作考核严格化。

十、"3＋6"安全文化管理模式

"3＋6"安全文化管理模式,即"三为"＋"六预"。"三为"是原则:以人为本、安全为天、预防为主;"六预"是实质:预教、预测、预想、预报、预警、预防。

抓超前预教。开展环境、亲情、案例、联手、"三违"惩戒、安全活动日"六项教育",坚持定期组织全员安全技能强制性轮训,全面推广"手指口述"工作法,做到干部能管会管,职工能干会干。

抓超前预测。全面排查现场安全隐患和人的不安全行为,实现安全管理全员、全方位自查自纠。每天下午4时30分召开隐患排查评议会,保证安全预测细致全面。

抓超前预想。区队利用安全活动日和班前班后会组织"开放式"预想,岗位人员上岗前进行"针对性"预想,安全监管人员在巡查过程中进行"走动式"预想,预想到的隐患填入现场"安全预想牌板"、"岗位安全预想卡"中,实现相互提醒保安全。

抓超前预报。以矿、专业、区队、班组"四级"预报方式,通过井口电子屏幕、54种专业预报表、区队预报看板、现场预报牌板,准确及时地传输给相关单位和个人。

抓超前预警。对预报的安全隐患,通过"个人预警通知单"、"设备安全警示牌"、声光信号、安全"硬限制"等手段,对现场人、机、物、环境进行警示。

抓超前预防。对现场存在的隐患,通过动态监管、技术业务保安、安全设施完善以及安全生产标准化创建等措施进行整改防范,自主优化现场作业环境,消除隐患威胁。

【复习思考题】

1. 介绍你班组的劳动组织管理经验。
2. 谈谈你班组的安全管理模式创新情况。

第六章 煤矿灾害防治与职业健康

第一节 煤矿灾害防治

煤矿开采条件较为复杂,经常受到水、火、瓦斯、煤尘、顶板五大自然灾害的威胁,部分矿井还受冲击地压、煤(岩)与瓦斯(二氧化碳)突出灾害的威胁,如果管理失控就会造成重大伤亡事故,其后果非常严重,因此,搞好通风安全工作,防止瓦斯、煤尘等重大灾害事故,是煤矿安全工作的重中之重,必须抓紧抓好。

一、矿井瓦斯防治

(一)瓦斯的性质与危害

1. 瓦斯的性质

瓦斯(甲烷 CH_4)是无色、无味、无臭的气体。在一定条件下可以燃烧和爆炸。比空气轻,它与空气的相对密度为 0.554。其扩散性很强,扩散速率是空气的 1.34 倍。瓦斯微溶于水,无毒,但是,空气中瓦斯浓度增高时会导致空气中氧浓度降低,从而使空气具有窒息性,威胁人员安全。

2. 瓦斯涌出形式

瓦斯在煤矿开采过程中不断向开采空间涌出,其涌出形式有:

(1)瓦斯涌出:由受采动影响的煤层、岩层,以及由采落的煤、矸石向井下空间均匀地放出瓦斯的现象。

(2)瓦斯(二氧化碳)喷出:大量瓦斯(二氧化碳)从煤体或岩

体裂隙、孔洞或炮眼中异常涌出的现象。在 20 m 巷道范围内,涌出瓦斯量大于或等于 1.0 m³/min,且持续时间在 8 h 以上时,该采掘区即定为瓦斯(二氧化碳)喷出危险区域。

(3)煤(岩)与瓦斯突出:在地应力和瓦斯的共同作用下,破碎的煤、岩和瓦斯由煤体或岩体内突然向采掘空间抛出的异常的动力现象。

3. 瓦斯的危害

瓦斯的危害表现在两个方面,一是瓦斯虽然无毒,但是如果矿内空气中的瓦斯浓度增加,氧浓度就会相应降低。当井下空气中的瓦斯浓度增至 43% 时,相应的氧气浓度会降至 12%,人便感到呼吸非常困难;当瓦斯浓度为 57% 时,氧气浓度相应地降到 9%,人在短时间内就会窒息死亡。二是瓦斯积聚达到一定浓度遇火源就会发生燃烧爆炸。产生高温、高压和强烈的冲击波,温度可达 2 150~2 650 ℃,压力可达几个大气压,冲击波速度可达几百到几千米每秒,产生大量有害气体,摧毁支架设备,破坏井巷和通风系统,使人员大量伤亡,造成严重损失。

(二)瓦斯爆炸的条件与防止瓦斯事故措施

1. 瓦斯爆炸的必要条件

① 瓦斯浓度在爆炸界限之内,一般为 5%~16%。② 瓦斯与空气的混合气体中的氧浓度不低于 12%;低于 12% 时,瓦斯就失去爆炸性。③ 有足够能量的引火热源,650 ℃ 以上。

2. 防止瓦斯爆炸的主要措施

从瓦斯爆炸的 3 个必要条件分析,氧气浓度在一般条件下能够达到 12% 以上,要预防瓦斯事故,主要从消除瓦斯爆炸的另外两个必要条件,即防止瓦斯积聚和消除引爆火源方面采取必要的措施。为了减少人员伤亡和事故造成的损失,还必须采取防止事故扩大的措施。

(1)防止瓦斯积聚的措施。

① 加强通风。采用机械通风,抽出式通风,禁止单独利用自然通风。建立合理的通风系统,实行分区通风。按《规程》规定合理配风,风速、风量符合规定,禁止无风、微风作业,禁止老塘风,杜绝瓦斯积聚、超限,并创造良好的气候条件。② 掘进工作面应采用全风压通风和局部通风机通风。加强局部通风管理和风筒的维修,防止风筒漏风,保证掘进工作面有足够的新鲜风流,杜绝循环风。要完善"风电连锁"、"三专两闭锁"等安全装置,保证局部通风机正常运转。③ 保证通风设施的质量并正确选择通风设施的位置,而且要加强维护管理。作业人员要爱护通风设施,保证通风设施正常发挥作用。要保证巷道畅通,通风断面符合规定,通风系统完善、合理、正常运行。④ 临时停工的巷道,不准停风,否则必须切断电源、设置栅栏、提示警标、禁止人员入内。长时间停工的盲巷和废旧巷道要及时封闭。⑤ 加强瓦斯检查,按规定设置瓦斯检查点数、按规定检查次数进行巡回检查瓦斯,实行"一炮三检"、"三人连锁放炮"制度,杜绝空班、漏检、假检等违章行为。瓦斯检查做到"三对口",瓦斯日报及时报矿长、技术负责人审阅,发现问题及时处理。⑥ 按《规程》规定安装使用瓦斯监测系统和便携式甲烷检测报警仪,加强对瓦斯的监测和监控。⑦ 及时发现、处理积聚的瓦斯。如采煤工作面的上隅角、停风的盲巷、顶板冒落的空洞及其他瓦斯积聚的地点,要因地制宜,采取措施,及时处理,消除隐患。

(2) 防止瓦斯引燃的措施。

① 严格明火管理。严禁在井下使用明火和吸烟。禁止携带烟草和点火物品下井;井下禁止使用电炉或灯泡取暖;井口房周围20 m 以内禁止烟火;井下和井口房内不得进行电焊、气焊或喷灯焊,特殊情况必须烧焊时,必须制定安全措施,严格按《规程》规定执行。② 严格机电防爆管理,有瓦斯涌出的区域应选用矿用防爆型电气设备;对电气设备的防爆性能要经常检查维护,消灭失爆现

象。井下电缆的选择使用应符合《规程》规定;井下禁止拆卸、敲打矿灯、防止破皮漏电;禁止带电检修和移动电气设备;掘进工作面的电气设备和局部通风机必须实行风电闭锁。③ 加强爆破管理。井下必须使用煤矿许用炸药和煤矿许用电雷管;爆破工必须培训、持证上岗,严格执行《规程》规定,加强火药管理和爆破工作;执行"一炮三检"和"三人连锁放炮"制度,杜绝爆破火焰。④ 严防撞击和摩擦火花产生。倾斜井巷运输,要完善防跑车装置和管理制度;易摩擦发热的机械及其部件应安设过热保护装置,对转动摩擦的机械和部件,应加强防护与维修、润滑,防摩擦起火,输送胶带、风筒、电缆、防护服等应选用阻燃、抗静电材料。带式输送机要安装使用各种保护装置。⑤ 要按《规程》规定搞好自燃火灾的防治,加强火区管理,同时按规定配齐消防供水系统和消防器材,防止火灾引燃瓦斯。

(3) 预防瓦斯窒息事故的主要措施。

① 完善通风系统,风量、风速符合规定和安全要求,及时冲淡排除生产中出现的有毒、窒息性气体,做到以风定产,杜绝无计划停电、停风、风量不足、无风作业。② 及时封闭老窑、老硐、废旧井巷和采空区,减少向生产区域涌出有毒、窒息性气体。③ 临时停工的地点,不得停风,否则必须切断电源,设置栅栏,揭示警标,禁止人员进入,并向矿调度室报告。停工区内瓦斯或二氧化碳浓度达到 3% 或其他有害气体浓度超过《规程》规定不能立即处理时,必须在 24 h 内封闭完毕。④ 恢复已封闭的停工区或采掘工作面接近这些地点时,必须事先排除其中积聚的瓦斯,排除瓦斯的工作必须制定安全技术措施。严禁在停风或瓦斯超限的区域内作业。⑤ 爆破后待工作面的炮烟被吹散后,人员方可进入工作;对因冒顶堵塞或因被积水堵塞影响正常通风的巷道、水仓等井巷要及时疏通或与盲巷采空区贯通前设置栅栏、警标,禁止人员进入,对排水、探水,必须制定安全措施防止

有害气体危害人员；在透水、火区附近有害气体环境中，必须严格佩戴自救器；要加强瓦斯检查和有关地点氧含量的检查，及时消除隐患。

二、煤与瓦斯突出防治

（一）瓦斯突出现象及分类

在煤矿井下生产过程中，突然从煤（岩）壁内部向外部采掘空间喷出煤（岩）和瓦斯的现象，称为煤（岩）与瓦斯突出，简称瓦斯突出。

1. 瓦斯突出现象分类

（1）煤与瓦斯（二氧化碳）突出（简称突出）。

发动突出的主要因素是地应力、瓦斯（二氧化碳）压力和煤结构的综合作用。实现突出的基本能源是煤内高压瓦斯能和煤与围岩的弹性变形能。其特点是抛出物有明显的气体搬运特征。分选性好，突出物由突出点向外由大变小、颗粒由粗变细；抛出物的堆积角小于其自然安息角；突出煤可堆满巷道达数十至数百米，堆积物顶部常留有排瓦斯道。冲击波和瓦斯风暴可逆风数十米、数百米，使风流逆转。能推倒矿车，破坏巷道和通风设施。孔洞形状呈腹大口小的梨形、舌形、倒瓶形，甚至形成奇异的分岔孔洞。

（2）煤与瓦斯的突然压出（简称压出）。

实现压出的主要因素是由应力集中所产生的地应力。其主要动力能源是煤和围岩的弹性变形能。其特点主要有：压出有煤体位移和煤有一定距离的抛出两种形式，但位移、抛出的距离都较小；压出的煤呈块状，无分选现象；巷道瓦斯（二氧化碳）涌出量增大；孔洞呈口大腹小的楔形、唇形，有时无孔洞。

（3）煤与瓦斯突然倾出（简称倾出）。

发生倾出的主要动力是地应力。实现倾出的基本能源是煤的

自重(这时煤的结构松软,内聚力小)。其特点是:

倾出的煤按自然安息角堆积,并无分选现象;喷出的瓦斯含量,一般无逆风流现象;动力效应较小,一般不破坏工程、设施;孔洞口呈口大腹小的舌形、袋形,并沿煤层倾斜或铅垂方向(厚煤层)延伸。

(4)岩石与二氧化碳(瓦斯)突出。

此种现象曾在我国东北和西北个别矿井发生过。发动突出的主要动力是地应力,突出的基本能源是岩石的变形能、二氧化碳内能。其特点是:在砂岩中爆破时,在炸药直接作用范围外常发生岩石破坏、抛出等现象;砂岩层松软,呈片状、碎屑状,并有较大孔隙率和二氧化碳(瓦斯)含量;巷道的二氧化碳(瓦斯)涌出量增大,动力效应明显,破坏性较强,在岩体中形成和煤与瓦斯突出类似的孔洞。

2. 煤与瓦斯突出预兆

大多数突出一般都有预兆,如:煤层及顶底板压力增大;煤壁面压出;破裂声响(即响煤炮,啪啪声);工作面发生煤尘雾;煤块不断掉落;瓦斯涌出量增大,忽大忽小;工作面温度下降,煤壁温度降低;煤层层理紊乱、暗淡无光、倾角变陡、褶曲、隆起;夹钻、顶钻等现象。

(二)煤与瓦斯突出的防治措施

1. 煤层突出危险性预测和防治突出措施效果检验

(1)突出矿井必须对突出煤层进行区域突出危险性预测(简称区域预测)和工作面突出危险性预测(简称工作面预测)。对采掘工作面实施防治突出措施后,应按工作面预测方法进行措施效果检验。措施效果检验指标都在该煤层突出危险临界值以下的,认为措施有效。

(2)在突出威胁区内,根据煤层突出危险程度,采掘工作面每推进30～100 m应用工作面预测方法连续进行不少于2次的区域性预测验证,其中任何1次验证为有突出危险时,该区域应改划为突出危险区。在无突出危险区内,可不采取防治突出措施。

(3) 在突出危险区内进行采掘作业时,必须采取综合防治突出措施。当预测为突出危险工作面时,应采取防治突出措施,只有经措施效果检验证实措施有效后,方可在采取安全防护措施的情况下进行采掘作业。每执行 1 次防治突出措施作业循环后,应再进行工作面预测,如预测为无突出危险,仍必须再采取防治突出措施,只有连续 2 次预测为无突出危险,该工作面方可视为无突出危险工作面。

预测为无突出危险工作面,每预测循环应留有不小于 2 m 的预测超前距。

在无突出危险工作面进行采掘作业时,可不采取防治突出措施,但必须采取安全防护措施。

(4) 掘进工作面防治突出措施效果检验有效时,允许的进尺量必须同时保证在巷道轴线方向留有不少于 5 m 的措施孔超前距和不少于 2 m 的检验孔超前距。采煤工作面防治突出措施效果检验有效时,允许的推进进度必须同时满足留有不少于 3 m 的措施孔超前距和不少于 2 m 的检验孔超前距。当防突措施无效时,不论措施孔带留有多少超前距,都必须采取防治突出的补充措施,只有经措施效果检验有效后,方可在采取安全防护措施的前提下进行采掘作业。

2. 局部防治突出措施

(1) 石门揭穿突出煤层前,必须编制设计,采取综合防治突出措施,报企业技术负责人审批。

(2) 石门揭穿突出煤层前必须遵守下列规定:① 在工作面距煤层法线距离 10 m(地质构造复杂、岩石破碎的区域 20 m)之外,至少打 2 个前探钻孔,掌握煤层赋存条件、地质构造、瓦斯情况等。② 在工作面距煤层法线距离 5 m 以外,至少打 2 个穿透煤层全厚或见煤深度不少于 10 m 的钻孔,测定煤层瓦斯压力或预测煤层突出危险性。测定煤层瓦斯压力时,钻孔应布置在岩层比较完整的地方。③ 工作面距煤层法线距离的最小值为:抽放或排放钻孔3 m,金属骨架 2 m,水力冲孔 5 m,震动爆破揭穿(开)急倾斜煤层2 m、揭穿(开)倾斜或缓倾斜煤层1.5 m。如果岩石松软、破碎,还应适当加大法线距离。

(3) 石门揭穿(开)突出煤层前,当预测为突出危险工作面时,必须采取防治突出措施,经检验措施有效后,可用远距离爆破或震动爆破揭穿(开)煤层;若检验措施无效,应采取补充防治突出措施直至有效。厚度小于 0.3 m 的突出煤层,可直接采用震动爆破或远距离爆破揭穿。

(4) 防治石门突出措施可选用抽放瓦斯、水力冲孔、排放钻孔、水力冲刷或金属骨架等措施。

(5) 突出煤层采掘工作面局部防治突出措施参数,应根据矿井实际测定的结果或参照有关资料确定。

(6) 突出煤层的采掘工作面,应根据煤层实际情况选用防治突出措施,并遵守下列规定:① 掘进上山时不应采取松动爆破、水力冲孔、水力疏松等措施。② 在急倾斜煤层中掘进上山时,应采用双上山、伪倾斜上山或直径在 300 mm 以上的钻孔等掘进方式,并加强支护。③ 采煤工作面应尽量采用刨煤机或浅截深采煤机采煤。④ 急倾斜突出煤层厚度大于 0.8 m 时,应优先采用伪倾斜正台阶、掩护支架采煤法等。对于急倾斜突出煤层倒台阶采煤工作面,应尽量加大各个台阶高度,尽量缩小台阶宽度,每个台阶的底脚必须背紧背严,落煤后,必须及时紧贴煤壁支护。在过突出孔洞及在其附近 30 m 范围内进行采掘作业时,必须加强支护。

(7) 在煤巷掘进工作面第一次执行局部防治突出措施或无措施超前距时,必须采取小直径浅孔排放等防治突出措施,只有在工作面前方形成 5 m 的安全屏障后,方可进入正常防突措施循环。在掘进工作面执行上述措施时,钻孔终孔位置应控制到巷道轮廓线外 2 m 以上。

(8) 在急倾斜突出煤层中采用双上山掘进时,2 个上山之间应开联络巷,联络巷间距不得大于 10 m,上山与联络巷只准 1 个工作面作业。急倾斜突出煤层上山掘进工作面,应采用阻燃抗静电的硬质风筒通风。突出煤层上山掘进工作面采用爆破作业时,应采用深度不大于 1.0 m 的炮眼远距离全断面一次爆破。

(9) 在突出煤层的煤巷中,更换、维修或回收支架时,必须采取预防煤体冒落引起突出的措施。

3. 安全防护措施

(1) 井巷揭穿突出煤层和在突出煤层中进行采掘作业时,必须采取震动爆破、远距离爆破、避难硐室、反向风门、压风自救系统等安全防护措施。

突出矿井的入井人员必须携带隔离式自救器。

(2) 采取震动爆破措施时,应遵守以下规定:① 必须编制专门设计。爆破参数,爆破器材及起爆要求,爆破地点,反向风门位置,避灾路线及停电、撤人和警戒范围等,必须在设计中明确规定。② 震动爆破工作面,必须具有独立、可靠、畅通的回风系统,爆破时回风系统内必须切断电源,严禁人员作业和通过。在其进风侧的巷道中,必须设置 2 道坚固的反向风门。与回风系统相连的风门、密闭、风桥等通风设施必须坚固可靠,防止突出后的瓦斯涌入其他区域。③ 震动爆破必须由矿技术负责人统一指挥,并有矿山救护队在指定地点值班,爆破 30 min 后矿山救护队员方可进入工作面检查;应根据检查结果,确定采取恢复送电、通风、排除瓦斯等具体措施。④ 震动爆破必须采用铜脚线的毫秒雷管,雷管总延期时间不得超过 130 ms,严禁跳段使用。电雷管使用前必须进行导通试验。电雷管的连接必须使通过每一电雷管的电流达到其引爆电流的 2 倍。爆破母线必须采用专用电缆,并尽可能减少接头,有条件的可采用遥控发爆器。

⑤ 应采用挡拦设施降低震动爆破诱发突出的强度。⑥ 震动爆破应一次全断面揭穿或揭开煤层。如果未能一次揭穿煤层,在掘进剩余部分时[包括掘进煤层和进入底(顶)板 2 m 范围内],必须按震动爆破的安全要求进行爆破作业。采取金属骨架措施揭穿煤层后,严禁拆除或回收骨架。揭穿或揭开煤层后,在石门附近 30 m 范围内掘进煤巷时,必须加强支护。

(3) 在突出矿井的突出危险区,掘进工作面进风侧必须设置至少两道牢固可靠的反向风门。反向风门距工作面的距离,应根据掘进工作面的通风系统和预计的突出强度确定。

(4) 石门揭煤采用远距离爆破时,必须制定包括爆破地点,避灾路线及停电、撤人和警戒范围等的专门措施。煤巷掘进工作面采用远距离爆破时,爆破地点必须设在进风侧反向风门之外的全风压通风的新鲜风流中或避难硐室内,爆破地点距工作面的距离必须在措施中明确规定。远距离爆破时,回风系统必须停电撤人。爆破后,进入工作面检查的时间应在措施中明确规定,但不得小于 30 min。

(5) 在突出煤层采掘工作面附近、爆破时撤离人员集中地点必须设有直通矿调度室的电话,并设置有供给压缩空气设施的避难硐室或压风自救系统。工作面回风系统中有人作业的地点,也应设置压风自救系统。

(6) 突出的煤必须及时清理,以防自燃引起瓦斯煤尘爆炸。清理突出的煤时,必须制定防煤尘、片帮、冒顶以及瓦斯超限、出现火源、再次发生事故的安全措施。

三、粉尘防治

(一)《规程》关于粉尘浓度和粉尘监测的规定

作业场所空气中粉尘(总粉尘、呼吸性粉尘)浓度应符合表 6-1要求。

表 6-1   **作业场所空气中粉尘浓度标准**

矿尘种类	游离 SO_2 含量 %	时间加权平均容许浓度/$(mg \cdot mm^{-3})$	
		总尘	呼吸尘
煤尘	<10	4	2.5
矽尘	10～50	1	0.7
	50～80	0.7	0.3
	≥80	0.5	0.2
水泥尘	<10	4	1.5

　　煤矿企业必须按《规程》第六百四十二条规定对生产性粉尘进行监测,并遵守下列规定:

　　(1) 总粉尘:① 作业场所的粉尘浓度,井下每月测定 2 次,地面每月测定 1 次;② 粉尘分散度,每 6 个月测定 1 次。

　　(2) 呼吸性粉尘:① 工班个体呼吸性粉尘监测,采、掘(剥)工作面每 3 个月测定 1 次,其他工作面或作业场所每 6 个月测定 1 次。每个采样工种分 2 个班次连续采样,1 个班次内至少采集 2 个有效样品,先后采集的有效样品不得少于 4 个;② 定点呼吸性粉尘监测每月测定 1 次。

　　(3) 粉尘中游离 SiO_2 含量,每 6 个月测定 1 次,在变更工作面时也必须测定 1 次;各接尘作业场所每次测定的有效样品数不得少于 3 个。

　　(二) 煤尘爆炸的条件及危害

　　1. 煤尘爆炸的条件

　　煤尘发生爆炸,必须同时具备以下条件:① 煤尘本身具有爆炸危险性;② 一定浓度的浮游煤尘存在;③ 高温引爆火源的存在;④ 空气中氧浓度大于 18%。

　　2. 煤尘爆炸的危害

　　煤尘爆炸的危害性主要表现在对人员的伤害和摧毁井巷及设

施,破坏设备等方面。

（1）产生高温高压。根据实验室测定,煤尘爆炸火焰的温度为 1 600～1 900 ℃,其传播速度为 610～1 800 m/s。爆炸产生的热量,可使爆炸地点的温度高达 2 000 ℃以上。煤尘爆炸的理论压力为 736 kPa,但是在有大量沉积煤尘的巷道中,爆炸压力将随着离开爆源距离的增加而跳跃式地增大。

（2）连续爆炸。煤尘爆炸和瓦斯爆炸一样,都伴有 2 种冲击:进程冲击——在高温作用下爆炸产物及空气向外扩张;回程冲击——发生爆炸地点空气受热膨胀,密度减少,瞬时形成负压区,在气压差作用下,空气向爆源逆流促成的空气冲击,简称"返回风"。若该区内仍存在着可以爆炸的煤尘和热源,就会因补给新鲜空气而发生第二次爆炸。

（3）产生大量的一氧化碳气体。煤尘爆炸时产生的一氧化碳,在灾区内的浓度可达 2％～3％,甚至高达 8％左右,煤尘爆炸事故中死于一氧化碳中毒的人数占总死亡人数的 70％～80％。

（三）预防煤尘爆炸和灾害扩大的措施

1. 煤尘爆炸事故的预防措施

《规程》第六百四十四条　矿井必须建立消防防尘供水系统,并遵守下列规定:

（1）应当在地面建永久性消防防尘储水池,储水池必须经常保持不少于 200 m³ 的水量。备用水池贮水量不得小于储水池的一半。

（2）防尘用水水质悬浮物的含量不得超过 30 mg/L,粒径不大于 0.3 mm,水的 pH 值在 6～9 范围内,水的碳酸盐硬度不超过 3 mmol/L。

（3）没有防尘供水管路的采掘工作面不得生产。主要运输巷、带式输送机斜井与平巷、上山与下山、采区运输巷与回风巷、采煤工作面运输巷与回风巷、掘进巷道、煤仓放煤口、溜煤眼放煤口、卸载点等地点必须敷设防尘供水管路,并安设支管和阀门。防尘用水应当过滤。水采矿井不受此限。

防止煤尘沉积和飞扬的技术措施:① 煤层注水。煤层注水就是利用钻孔将压力水注入即将回采的煤层中,增加煤体内部的水分,从而可以预先湿润煤体,减少开采时产生的浮尘,降尘率可达60%～90%。② 湿式打眼。在工作面使用电钻或风钻打眼时,将压力水经过钎杆中央的水孔送到炮眼底部,将煤粉湿润后从炮眼中冲洗出来,从而达到降尘的目的。③ 水炮泥。采掘工作面爆破时,炮眼中必须装填特制的装满水的水炮泥,爆破后,因水受高温雾化而起到降尘、降温、净化空气等的综合作用,降尘率可达80%,减少炮烟70%。④ 通风除尘。通风除尘即给工作空间供给足够的风量,用清洁的风流不断稀释和排出空气中的煤尘,以保证作业环境的清洁。通风除尘的效果随风速的增加而增大,一般掘进工作面的最优风速为 0.4～0.7 m/s,机械化工作面为 1.5～2.5 m/s。⑤ 喷雾洒水。喷雾洒水是将压力水通过特制的喷嘴喷出,使水流雾化成细小的水滴散布在空气中,与飘浮的尘粒碰撞,使其湿润下沉,防止飞扬。喷雾洒水简单方便,广泛应用于采掘机械切割、工作面爆破、煤炭装载及运输转载过程中。⑥ 冲洗煤尘。沿容易沉积煤尘的工作面、回风巷道等,由外向里逐步冲洗巷道两帮、顶部、底部直到整个工作面,使煤尘充分湿润,无法扬起。

防止点火源的出现:① 加强管理,提高防火意识。严禁携带烟草、点火物品和穿化纤衣服入井,井下严禁使用灯泡取暖和电炉,不得从事电焊、气焊和喷灯焊等工作;井口房、通风机房周围20 m 内禁止有明火;矿灯发放前应保证完好,在井下使用时严禁敲打、撞击,发生故障严禁拆开。② 防止爆破火源。在有瓦斯、煤尘爆炸危险的煤层中,采掘面爆破都必须使用取得产品许可证的雷管和炸药,使用合格的发爆器爆破,禁止使用闸刀开关等明电爆破。井下爆破工作必须由专职的爆破工担任,爆破前必须充填好炮泥,严禁放明炮、糊炮、连环炮。③ 防止电气火源和静电火源。井下电气设备的选用应符合《规程》的要求,井下严禁带电检修、搬迁电气设备、电缆和电线。井下防爆电器在入井前需由专门的防爆设备检查员进行安全检查,合格后方可入井。井下供电应做到:无"鸡爪子"、"羊尾巴"和明接头,有过电流和漏电保护,有接地装置;应坚持使用检漏继电器,坚持使用煤电钻综合保护,坚持使用局部通风机风电闭锁。为防止静电火花,井下应选用抗静电、阻燃的运输胶带、电缆和风筒等。消除井下杂散电流产生的火源。④ 防止摩擦和撞击点火。随着井下机械化程度的日益提高,机械摩擦、冲击引燃瓦斯的危险性也相应增加,因此,应采取措施防止摩擦和撞击火花产生。

2. 煤尘爆炸的隔爆技术

(1)隔爆装置设置的目的与地点。隔绝煤尘爆炸传播的措施,即是把已经发生的爆炸限制在一定的范围内,不让爆炸火焰继续蔓延,避免爆炸范围扩大所采取的技术措施,主要是采用设置隔爆棚(包括岩粉棚、水棚或自动防爆棚)的方法。隔爆棚有岩粉棚和水棚2种。按隔爆的保护范围又可分为主要隔爆棚和辅助隔爆棚2类。主要隔爆棚设置在下列地点:① 矿井两翼与井筒相连通的主要运输大巷和回风大巷;② 相邻采区之间的集中运输巷道和回风巷道;③ 相邻煤层之间的运输石门和回风石门。辅助隔爆棚设置在下列地点:① 采区工作面进风、回风巷道;b. 采区内的煤层掘进巷道;② 采用独立通风,并有煤尘爆炸危险的其他巷道。

(2)岩粉棚。岩粉棚分轻型和重型2类,其规格如表6-2所列。它由安装在巷道中靠近顶板处的若干块岩粉台板组成,台板的间距稍大于板宽,每块台板上放置一定数量的惰性岩粉。当煤尘爆炸事故发生时,火焰前的冲击波将台板震倒,岩粉即弥漫于巷道中,火焰到达时,岩粉从燃烧的煤尘中吸收热量,使火焰传播速度迅速下降,直至熄灭。

表 6-2 岩粉棚架规格

岩粉棚	单 位	轻型棚	重型棚
岩粉平台宽	mm	≤350	350~500
岩粉板宽	mm	100~150	100~150
岩粉板长	mm	≤350	350~500
台板高	mm	150	150
中间距	mm	最大 200	最大 200
岩粉平台岩粉量	kg/m	≤30	≤60

(3)水棚。水棚包括水槽棚和水袋棚两种。水槽棚为主要隔爆棚,水袋棚为辅助隔爆棚。① 水槽棚。它的作用和岩粉棚相同,只是用水槽盛水代替岩粉板堆放岩粉。水槽是由改性聚氯乙烯塑料制成的呈倒梯形的半透明槽体,槽体质硬、易碎,其半透明性便于直接观察槽内水位,有利于维护管理。② 水袋棚。吊挂水袋隔爆是日本最先采用的一种形式独特的隔爆方法。具体做法是把水装在容量约 30 L 的双抗涂敷布制作的近似半椭圆形的隔爆水袋里。袋子上部两侧开有吊挂孔,一个一个地横向挂于支架的钩上,沿巷道方向横着挂几排。在爆炸冲击波的作用下,水袋迎着冲击波的那一侧脱钩,水从脱钩侧猛泻出去,成雾状飞散,从而扑灭爆炸火焰。巷道中,吊挂水袋的长度一般为 15~25 m 左右。我国已设计出 GBSD 型开口吊挂式水袋,容积为 30 L、40 L 和 80 L 三种。

(4)自动隔爆棚。自动隔爆棚是利用各种传感器,将瞬间测量的煤尘爆炸时的各种物理参量迅速转换成电讯号,指令机构的演算器根据这些电讯号准确计算出火焰传播速度后选择恰当时机发出动作讯号,让抑制装置强制喷撒固体或液体等消火剂,从而可靠地扑灭爆炸火焰,阻止煤尘爆炸蔓延。目前许多国家正在研究自动隔爆装置,并在有限范围内试验应用。

四、矿井火灾防治

（一）矿井火灾的危害

通常将矿井火灾分成两大类:外因火灾和内因火灾。矿井火灾对煤矿生产及职工安全的危害主要有以下几个方面。

（1）产生大量有害气体。煤炭燃烧会产生一氧化碳、二氧化碳、二氧化硫、烟尘等,另外,坑木、橡胶、聚氯乙烯制品的燃烧也会生成大量的一氧化碳、醇类、醛类以及其他复杂的有机化合物。这些有毒有害气体和烟尘随风扩散,有时可能波及相当大的区域甚至全矿,从而伤及井下工作人员。据国外统计,在矿井火灾事故中的遇难者 95％以上是死于烟雾中毒。

（2）在火源及近邻处产生高温。高温往往引燃近邻处可燃物,使火灾范围迅速扩大。

（3）引起爆炸。矿井火灾不仅提供了瓦斯、煤尘爆炸的引火热源,而且火的干馏作用使可燃物（如煤、木材等）放出氢气、甲烷和其他多种碳氢化合物等爆炸气体,同时火灾还可以使沉降的煤尘重新悬浮。因此,火灾往往造成瓦斯、煤尘爆炸事故。

（4）毁坏设备和资源。井下火灾一旦发生,生产设备和煤炭资源就会遭到严重破坏和损失。此外,矿井火灾还会造成矿井局部区域性甚至全矿性停产,冻结煤炭资源,严重影响矿井的生产。

（二）矿井火灾发生原因

1. 外因火灾发火原因

外因火灾是由外来热源引起的。地面火灾大部分是外因火灾。井口建筑物内违章使用明火或烧焊作业,往往容易形成外因火灾。外因火灾的原因有以下几种:

（1）存在明火。吸烟、电焊、气焊、喷灯焊及使用电炉、大灯泡取暖等都能引燃可燃物而导致外因火灾。

（2）出现电火。主要是由于电气设备性能不良、管理不善，如电钻、电机、变压器、开关、插销、接线三通、电铃、打点器、电缆等出现损坏、过负荷、短路等，引起电火花，继而引燃可燃物。

（3）有违规爆破。由于不按爆破规定和爆破说明书爆破，如放明炮、糊炮、空心炮以及用动力电源爆破，不装水炮泥、倒掉药卷中的消焰粉、炮眼深度不够或最小抵抗线不合规定等都会出现炮火，从而引燃可燃物而发火。

（4）瓦斯、煤尘爆炸。因瓦斯、煤尘爆炸引起火灾。

（5）机械摩擦及物体碰撞。机械摩擦及物体碰撞引燃可燃物，进而引起火灾。

2. 内因火灾发火原因

矿井内因火灾主要是指煤炭自燃形成的火灾。

（1）煤炭自燃的条件。煤炭自燃必须同时具备以下 3 个条件：① 煤炭具有自燃的倾向性，并呈破碎状态堆积存在；② 连续的通风供氧维持煤的氧化过程不断地发展；③ 煤氧化生成的热量能大量蓄积，难以及时散失。

（2）煤炭氧化自燃过程。煤的氧化自燃过程一般可分为 3 个阶段，即潜伏阶段、自热阶段、燃烧阶段。

（3）煤的自燃倾向性。煤炭的自燃倾向性是煤炭自燃的固有特性，是煤炭自燃的内在因素。《规程》规定，煤的自燃倾向性分为 3 类：Ⅰ类为容易自燃，Ⅱ类为自燃，Ⅲ类为不易自燃。

（4）影响煤炭自燃的因素。煤炭自燃倾向性是煤的一种自然属性，是煤层发生自燃的基本条件。然而在现实生产中，一个矿井或煤层自然发火的危险程度和情况并不完全取决于煤的自燃倾向性，还与煤层的地质赋存条件以及开拓、开采和通风条件有一定的关系。

（5）煤的自然发火期。煤的自然发火期是自然发火程度在时间上的度量,发火期越短的煤层自然发火的危险程度越大。自然发火期是指在开采过程中暴露的煤炭,从接触空气到发生自燃的一段时间。

（三）煤炭自然发火的预兆及常见发火地点

1. 煤炭自然发火的预兆

（1）视力感觉。煤炭氧化自燃初期生成水分,往往使巷道内湿度增加,出现雾气或在巷道壁挂有水珠;浅部开采时,冬季在地面钻孔或塌陷区处发现冒出水蒸气或冰雪融化的现象。

（2）气味感觉。煤炭从自热到自燃,氧化产物内有多种碳氢化合物,并产生煤油味、汽油味、松节油味或焦油味等气味。

（3）温度感觉。煤炭氧化自燃过程中要放出热量,因此,从该处流出的水和空气的温度较正常时高。

（4）疲劳感觉。在煤炭氧化自燃过程中,从自热到自燃阶段都要放出有害气体(如二氧化碳、一氧化碳等),这些气体能使人头痛、闷热、精神不振、不舒服、有疲劳感觉。

2. 常见的自然发火地点

自然发火常见的地点有:采空区的"两道一线",即:工作面进风巷道、回风巷道及停采线;煤巷高冒点;废旧巷道;地质构造留顶煤、底煤的掘进、回采处;急倾斜回采掩护支架头、尾、小井等处。

（四）预防煤炭自燃的主要措施

1. 防止煤炭自燃的开采技术

① 合理进行开拓布置,尽可能采用岩石巷道;② 分层开采巷道垂直重叠布置,采用内错式或外错式;③ 分采分掘布置区段巷道,即准备每一区段时,只掘出本区段的区段平巷,而下区段的回风平巷等到准备下一区段时再行掘进;④ 推广无煤柱开采技术,取消了煤柱,消除煤炭自燃隐患。

2. 预防性灌浆

将水和不燃性固体材料(黄土、粉煤灰等)按一定比例混合,配制成浆液,然后用灌浆管道系统送往采空区等可能自然发火的地点,起到隔绝空气、减少漏风、防止发火的作用。

3. 阻化剂防火

阻化剂是一些吸水性很强的无机盐类,如氯化钙($CaCl_2$)、氯化镁($MgCl_2$)、氯化铵(NH_4Cl)、碳酸氢铵(NH_4HCO_3)和水玻璃($xNa_2O \cdot ySiO_2$)等,这些盐类附着在煤粒的表面上时,能吸收空气中水分,在煤的表面形成含水液膜,从而阻止煤、氧接触,起到隔氧阻化作用。

4. 胶体材料防火

凝胶防火技术是通过压注系统将基料(水玻璃)和促凝剂(铵盐)两种按一定比例与水混合后,注入煤体中凝结固化,起到堵漏和防火的目的。

胶体泥浆(或粉煤灰胶化)防灭火技术,是利用基料、促凝剂的胶凝作用,将黄土(或粉煤灰)作增强剂,增加胶体强度、提高耐温性能、延长有效期,通过灌浆管路系统将基料和增强剂输送到井下用胶地点的混合器中,在井下利用专用设备,将凝胶压入混合器混合后,通过灭火钻孔,注入煤体火区。胶体中硅胶起骨架作用,黄土(粉煤灰)起充填作用,堵塞煤体孔隙,阻止煤炭氧化放热,固定大量水分,降低煤体温度,从而达到灭火的目的。

5. 惰性气体防火

惰性气体防火就是将不助燃也不能燃烧的惰性气体注入已封闭或有自燃危险的区域,降低其氧气浓度,从而使火区中因含氧量不足而将火源熄灭,或者使采空区中因氧含量不足而使遗煤不能氧化自燃。

6. 均压防灭火技术

均压是通过降低漏风通道两端的风压差,即削弱漏风的动力源以达到减少漏风的目的,主要用于煤层自燃火灾预防、封闭火区等。

（五）外因火灾的防治措施

预防外因火灾的措施关键是严格遵守《规程》的有关规定,及时发现外因火灾的初起征兆,并制止其发展。

1. 安全设施

① 生产和在建矿井都必须制定井上、井下防火措施。② 木料场、矸石山、炉灰场与进风井的距离不得小于 80 m。木料场与矸石山的距离不得小于 50 m。不得将矸石山或炉灰场设在进风井的主导风向上风侧,也不得设在表土 10 m 以内有煤层的地面上和设在有漏风的采空区上方的塌陷范围内。③ 矿井必须设地面消防水池和井下消防管路系统。④ 新建矿井的永久井架和井口房、以井口为中心的联合建筑,都必须用不燃性材料建筑。对现有生产矿井用可燃性材料建筑的井架和井口房,必须制定防火措施。⑤ 进风井口应装设防火铁门,防火铁门必须严密并易于关闭,打开时不妨碍提升、运输和人员通行,并应定期维修;如果不设防火铁门,必须有防止烟火进入矿井的安全措施。

2. 明火管理

① 井口房和通风机房附近 20 m 内,不得有烟火或用火炉取暖。暖风道和压入式通风的风硐必须用不燃性材料砌筑,并应至少装设两道防火门。② 井筒、平硐与各水平的连接处及井底车场,主要绞车道与主要运输巷、回风巷的连接处,井下机电设备硐室,主要巷道内带式输送机机头前后两端各 20 m 范围内,都必须用不燃性材料支护。在井下和井口房,严禁采用可燃性材料搭设临时操作间、休息间。③ 井下严禁使用灯泡取暖和使用电炉。④ 井下使用的汽油、煤油和变压器油必须装入盖严的铁桶内,由专人押送至使用地点,剩余的汽油、煤油和变压器油必须运回地面,严禁在井下存放。井下使用的润滑油、棉纱、布头和纸等,必须存放在盖严的铁桶内。用过的棉纱、布头和纸,也必须放在盖严的

铁桶内,并由专人定期送到地面处理,不得乱放乱扔。严禁将剩油、废油泼洒在井巷或硐室内。井下清洗风动工具时,必须在专用硐室内进行,并必须使用不燃性和无毒性洗涤剂。

五、水灾防治

(一)矿井水害类型和易发生突水事故的地点

1. 地表水

地面上的水叫作地表水,如江、河、湖、海、水库、塌陷坑积水、人工水池等都叫地表水。地表水处于煤矿井田之上,受矿井开采的影响,如采煤工作面采空区顶板垮落,掘进工作面冒顶等;顶板垮落后,顶板中形成导水裂隙带与地表水连通,使得地表水突然流入井下,造成透水事故。

2. 地下水

埋藏在地面以下的水统称地下水。如老窑水、采空区水、巷道积水、钻孔水、断层水、陷落柱水、石灰岩溶洞水、砂岩水、砾岩水、冲积层水等。在开采过程中,如果管理不严,就会出现水灾事故。

3. 井下易发生突水事故的地点

井下易发生突水事故的地点,是矿井正常生产的采煤掘进工作面。因为采掘工作面每天都在生产,工作面的环境条件每天都在变化,在变化中破坏了稳定的煤层和岩层。当采掘工作面在生产过程中与地表水、地下水沟通时,就发生了透水事故。

(二)矿井发生突水事故的预兆

防止透水事故是全体煤矿职工的责任,每个井下工作人员,都应该知道透水的预兆。井下采掘工作面透水之前,归纳起来有以下透水预兆。

(1)煤变潮湿、无光泽,空气变冷。本来干燥光亮的煤,变得发暗潮湿、无光泽,空气变冷。当采掘工作面接近大量积水区时,气温骤然下降,煤壁发凉,人一进入工作面有阴冷的感觉。

（2）出现雾气。井下空气中含有大量的水蒸气,湿度较大。

（3）挂汗。当采掘工作面接近积水区时,水在自身的压力下,通过煤岩裂隙而在煤壁、岩壁上聚成很多水珠,叫挂汗。

（4）挂红。煤壁浸出的水发涩,有硫化氢臭味,附着在裂隙表面有暗红色氧化铁水锈。如果出现这种现象,说明已接近老窑积水区。

（5）煤层里发生"嘶嘶"水叫。由于井下高压积水向煤岩裂缝强烈挤压与两壁摩擦而发出的声响。若是煤巷继续掘进,则透水即将发生。

（6）底板鼓起。如果水体在巷道底板以下,水量大、压力高,再加上矿压的作用就会出现底鼓,甚至有压力水喷射出来。

（7）顶板来压,产生裂缝,出现淋水。如果水体在顶板之上,由于水体压力和矿山压力的共同作用,使顶板出现裂缝和淋水,而且淋水越来越大,淋水由清变浑。这是突水前的征兆。

（三）防治矿井水害的主要措施

矿井防治水害的方针是"预防为主,防治结合"。煤矿企业应查明矿区和矿井的水文地质情况,编制中长期防治水害规划和年度防治水害计划并组织实施。每个矿井要有准确的井上下对照图、地形地质图。中型以上的矿井,要建立地表移动塌陷观测站,测出本矿的地表移动数据。

防治矿井水害就是防治地表水及井下水害。

井下水害包括老窑水、采空区积水、老巷道水、钻孔水、断层水、陷落柱水、石灰岩溶洞水、砂岩水、砾岩水、冲积层水等。

（1）老窑水的防治措施:① 成立清查老煤窑情况的组织机构。② 询访在老煤窑工作过的老同志,弄清开采年限、开采煤层位置、开采距离和深度、涌水量大小,等等。③ 千方百计查找过去老煤窑的图纸和资料。认真分析判断资料,制订防治老煤窑水的方案,并认真实施。④ 在情况不清的情况下,坚持有疑必探的原则向前掘进。打超前探水钻时,有透水征兆,不能起钻,要尽快汇报,处理险情。

(2)防治矿井采空区积水和老巷道积水。矿井的采空区及老巷道天长日久必然存在积水。当掘进工作面接近采空区和老巷道时要先探后掘。采煤工作面回采时,对生产有威胁,要打钻把水疏干。掘进工作面需要掘透老巷道时,一定要把老巷道水排干后,才能掘透老巷道。

(3)防治钻孔水。钻孔虽小,但水涌出来却可以淹井。钻孔水害防治措施:先查钻孔的平面位置,是在采掘工作面的什么位置的钻孔;然后查钻孔的封孔质量。如果钻孔穿透富水层,封孔质量不好,为确保安全则需请勘探队用钻机重新封孔。另外,还可以留保护煤柱保住钻孔。

(4)断层水的防治。断层分为透水断层和不透水断层。防治断层水的措施是:要查出是透水断层还是不透水断层。如果断层含水丰富,可用留设断层防水煤柱的办法,防止断层面出水,发生透水事故。断层位置不清,可用井下钻探的办法,探清断层位置及断层面透水情况,采取防水措施。

(5)防治陷落柱水害。防治导水陷落柱的措施:根据地质资料查清陷落柱的位置,用井下钻探的办法探清陷落柱是否导水,如水量大不好疏干,可留设陷落柱防水煤柱。如水量小可以采用疏干的办法,确保开采安全。

第二节　煤矿职业危害及预防

一、煤矿主要职业危害因素

(一)生产性粉尘

生产性粉尘是指在生产中形成的,并能较长时间以浮游状态存在空气中的固体微粒。

1. 种类

在矿山开采、凿岩、爆破、运输、矿石粉碎、筛分、配料、冶炼、水晶宝石加工过程中均可有大量粉尘外逸。生产性粉尘按其性质一般分为以下几类。

(1)无机粉尘:矿物性粉尘,如石英、石棉、滑石、煤等;金属性粉尘,如铁、锡、铝、锰、铅、锌等;人工无机粉尘,如金刚砂、水泥、玻璃纤维等。

(2)有机粉尘:动物性粉尘,如毛、丝、骨质等;植物性粉尘,如棉、麻、草、甘蔗、谷物、木、茶等;人工有机粉尘,如有机农药、有机染料、合成树脂、合成橡胶、合成纤维等。

(3)混合性粉尘是上述各类粉尘,以两种以上物质混合形成的粉尘,在生产中这种粉尘最多见。

2. 对人体的危害

长期吸入生产性粉尘可引起各种疾病。

(1)呼吸系统疾病。① 尘肺,可分矽肺、硅酸盐肺、炭尘肺、混合型尘肺、金属尘肺5类。② 粉尘沉着症。③ 有机粉尘引起的肺部病变,如棉尘症、变态反应性肺泡炎、慢性阻塞性肺病等。④ 粉尘性支气管炎、肺炎、哮喘性鼻炎、支气管哮喘。⑤ 呼吸系统肿瘤。

(2)局部作用。呼吸道肥大性病变、萎缩性改变、堵塞性皮脂炎、粉刺、毛囊炎、脓皮病、角膜病、光感性皮炎。

(3)中毒作用。铅、砷、锰的中毒。

(二)有害气体

1. 一氧化碳

(1)理化特性。一氧化碳(CO),俗称煤气,为无色、无刺激性气味的气体,微溶于水,可溶于氨水。

(2)中毒原理。一氧化碳通过呼吸道吸入后,很快弥散穿透肺泡、毛细血管进入血液循环,与血红蛋白结合,形成碳氧血红蛋白。由于一氧化碳与血红蛋白的亲和力比氧与血红蛋白的亲和力大 200～300 倍,而碳氧血红蛋白的解离要比氧合蛋白慢 3 600 倍,因此就排挤了氧与血红蛋白的结合,使血红蛋白失去了携氧功能,使人体组织缺氧,从而产生一系列的中毒症状。

(3) 临床表现。① 轻度中毒:出现剧烈头痛、头昏、四肢乏力、恶心呕吐或有轻度意识障碍,但无昏迷,血液碳氧血红蛋白浓度可高于 10%。② 中度中毒:除有上述症状外,还可出现烦躁、步态不稳、意识障碍以至中度昏迷,血液碳氧血红蛋白浓度可高于 30%。③ 重度昏迷:意识障碍程度达深度昏迷或去大脑皮层状态,并出现脑水肿、肺水肿、休克或严重的心肌损害、呼吸衰竭、上消化道出血、脑部损害如锥体系或锥体外系损害。血液碳氧血红蛋白浓度可高于 50%。

(4) 处理原则。发现一氧化碳中毒病人,应立即将患者移至空气新鲜处。如果患者呼吸、心跳停止,应立即进行心肺复苏术。对轻度中毒者的处理,可立即将患者移至空气新鲜处,并注意保暖。对中度中毒患者,采取高压氧治疗,并进行对症处理,可使用能量合剂、细胞色素 C、胞磷胆碱等以改进细胞代谢,促进细胞恢复。对急性一氧化碳中毒治愈的患者,出院后应继续观察 2 个月,如出现迟发性脑症状,要及时处理。

2. 二氧化碳

(1) 理化特性。二氧化碳在通常情况下是一种无色、无臭、无味的气体,能溶于水。二氧化碳无毒,但不能供给动物呼吸,是一种窒息性气体。

(2) 接触机会。二氧化碳主要来源是煤等矿物燃料的燃烧和动、植物的呼吸作用。

(3) 吸入途径。二氧化碳通过呼吸道进入人体。

(4) 临床表现。二氧化碳在 0.07% 以下时属于清洁空气,人体感觉良好;当浓度在 0.07%～0.1%时属于普通空气,个别敏感者会感觉有不良气味;在 0.1%～0.15%时属于临界空气,空气的其他症状开始恶化,人体开始感觉不适;达到 0.15%～0.2%时属于轻度污染,超过 0.2%属于严重污染;在 0.3%～0.4%时人呼吸加深,出现头疼、耳鸣、血压增加等症状;当达到 0.8%以上时就会引起死亡。

3. 甲烷

(1)理化特性。甲烷俗称沼气,是无色、无味的气体,沸点 -161.4 ℃,比空气轻,它是极难溶于水的可燃性气体。甲烷和空气混成适当比例的混合物,遇火花会发生爆炸。

(2)接触机会。甲烷是煤矿企业生产过程中产生且有爆炸危险的废气,通风不良或忽略防护可致中毒,一些煤矿常常因缺乏防护措施发生急性中毒事件。

(3)中毒原理。甲烷对人体基本无毒,其麻醉作用极弱,由呼吸道吸入,大部分以原形呼出。甲烷浓度增加会使空气中氧含量降低,引起机体缺氧,在极高浓度时是一种单纯窒息性气体。因无色、无味,高浓度吸入不易被察觉。

(4)临床表现。主要是缺氧表现。当空气中甲烷达 25%～30%时,可使人头痛、头晕、乏力、注意力不集中、呼吸和心跳加速、供给失调,若不及时脱离,可致窒息死亡。皮肤接触液化本品,可致冻伤。

(5)处理原则。迅速脱离现场,呼吸新鲜空气或吸氧,注意保暖,间歇给氧,必要时选用高压氧治疗。呼吸、心跳停止时,应及时进行复苏急救。对症处理,注意防治脑水肿。忌用抑制呼吸中枢药物。

(三)生产性噪声和振动

1. 生产性噪声对人体的危害

(1)噪声对听觉系统的影响。在 80 dB 以下职业性噪声暴露时，一般不致引起噪声性耳聋；在 85 dB 以下可造成轻微的听力损伤；在 85～90 dB 会造成少数人的噪声性耳聋；在 90～100 dB 时会造成一定数量人的噪声性耳聋；在 100 dB 以上会造成相当数量人的噪声性耳聋；在人突然暴露在 150 dB 的噪声环境下，听觉器官会发生急性外伤，造成双耳完全丧听。

（2）噪声对神经系统的影响。长期接触噪声可引起工人出现耳鸣、头痛、头晕、失眠、多梦、乏力和记忆力减退等神经衰弱综合征，其患病率随声压级升高而增大。长期接触噪声，在未出现明显的听力损失情况下，工人可以表现为记忆力和视感知记忆力下降等神经行为功能障碍。

（3）噪声对心血管系统的影响。长期接触噪声，可引起机体心脏植物性神经功能发生紊乱。心电图 ST 段和 T 波呈缺血型变化，且工龄越长，心电图异常阳性率及 ST—T 改变阳性率越高。

（4）噪声对人体免疫系统的影响。长时间在噪声状态下工作，会使人的免疫功能下降及内分泌系统失调。

（5）噪声对心理方面的影响。噪声对作业工人情绪有明显的干扰作用，表现为噪声作业工人心理卫生状况不佳，对立、抑郁、躯体不适、敏感倾向增高；幻想倾向者增多，强迫倾向者减少。噪声与某些职业危害的协同作用，如高温、振动及某些有毒物质（CO、铅等）与噪声共同存在时，会加强噪声的不良作用。

2. 生产性噪声的控制

（1）控制和消除噪声源。如用低噪声的焊接代替高噪声的铆接，用无声的或低噪声的工艺和设备代替高噪声的工艺和设备。

（2）更新设备。对老企业已有的设备，应从实际出发，采取消声、吸音、隔声和隔振等措施进行综合治理，控制噪声的传播和反射。

（3）进行健康教育，加强个体防护，工人现场操作时要佩戴耳塞或耳罩等个人防护用品，以减轻噪声危害。

（4）加强噪声监测,监督检查预防措施执行情况及效果。

（5）定期对接噪工人进行健康检查,发现听力损伤,应及时采取有效的防护措施。

3. 生产性振动对人体的危害

生产中由生产工具、设备等产生的振动称生产性振动。在生产中接触的振动源有:铆钉机、凿岩机、风铲等风动工具;电钻、电锯、砂轮机、抛光机、研磨机等电动工具;内燃机车、船舶、摩托车等运输工具。振动对机体全身各系统均可产生影响,按其作用于人体的方式,可分为全身振动和局部振动。生产中常见的职业性危害类型是局部振动。

生产性振动对人体的危害有:① 振动会使人发生运动病。低频振动会引起协调方面的视觉紊乱,甚至于嗅觉系统也会起决定性的作用。② 振动影响人的睡眠。③ 振动会使视觉功能减退。当振动频率在眼球最大共振振幅时,人的视觉功能减退最为强烈。④ 振动影响人的语言能力。在振动中说话音调提高,说话的时间也会拖长,气管和支气管的共振会损伤语言能力。⑤ 振动会使人的生理受到影响(见表 6-3)。

表 6-3 　　　　　　生产性振动对人的生理影响

损伤	脑、肺、心、消化器官、肝、肾、脊髓、关节等
循环系统	血压上升、心跳加快、心排血量减少等
呼吸系统	呼吸次数增加
代谢	耗氧量增加、能量代谢率增加等
体温	体温升高
消化系统	肠胃内压增高、肠胃运动抑制、内脏下垂等
神经系统	交感神经兴奋、手指伸缩、颤动值减少、影响睡眠等
感觉系统	眼压升高、眼调节力减弱等
血液系统	红细胞比容值增加,中性白细胞增加,血清钾、钙等增加

4．生产性振动的控制

（1）改革工艺，使用先进的减振设备，从根本上减少手持风动工具的作用，用液压、焊接、黏接代替铆接；手持振动工具应戴双层衬垫无指手套或衬垫泡沫塑料无指手套，并注意保暖防寒。

（2）对新工人应作就业前体检，有血管痉挛和肢端血管失调及神经炎患者，禁止从事振动作业。

（3）对接触振动作业工人应定期体检，对振动病患者应给予必要的治疗，对反复发作者应调离振动作业岗位。

（四）不良气象条件（高温）

高温可使作业工人感到热、头晕、心慌、烦、渴、无力、疲倦等不适感，可出现一系列生理功能的改变，主要表现在：① 体温调节障碍，由于体内蓄热，体温升高。② 大量水盐丧失，可引起水盐代谢平衡紊乱，导致体内酸碱失衡和渗透压失调。③ 心律脉搏加快，皮肤血管扩张及血管紧张度增加，加重心脏负担，血压下降，但重体力劳动时，血压也有可能增加。④ 消化道贫血，唾液、胃液分泌减少，胃液酸度降低，淀粉活性下降，胃肠蠕动减慢，造成消化不良和其他胃肠道疾病增加。⑤ 高温条件下若水盐供应不足可使尿浓缩，增加肾脏负担，有时可见到肾功能不全，尿中出现蛋白、红细胞等。⑥ 神经系统可出现中枢神经抑制，注意力和肌肉的工作能力、动作的准确性和协调性及反应速度的降低等。

预防高温的措施有：① 合理布置热源，把热源放在车间外面或远离工人操作的地点，采用热压为主的自然通风，应布置在天窗下面；采用穿堂风通风的厂房，应布置在主导风向的下风侧。② 隔热，是减少热辐射的一种简便有效方法。③ 加强通风换气，加速空气对流，降低环境温度，以利于机体热量的散发。④ 加强个人防护，合理组织生产，如穿白色、透气性好、导热系数小的帆布工作服；同时调整工作时间，尽可能避开中午酷热，延长午休时间。加强个人保健，供给足够的含盐清凉饮料。

（五）其他生产过程中的职业危害因素

（1）劳动强度过大或劳动安排与劳动者生理状态不适应。

（2）劳动组织不合理，劳动时间过长或休息制度不合理。

（3）长时间处于某种不良体位，长时间重复某一单调动作。

（4）个别器官或系统过度紧张。

（5）作业场所设计不符合有关卫生标准和要求。

（6）安全防护设施不完善，使用个人防护用品方法不当或防护用具本身存在缺陷等。

二、煤矿职业危害分类及健康损害分析

（一）工伤

1. 工伤的概念

工伤亦称职业伤害，即指职业原因导致的健康损失和经济损失，包括因突发性生产事故导致的工伤和因工作环境原因侵害工人健康造成的职业病。

2. 工伤认定范围

《工伤保险条例》第十四条、第十五条明确了应认定工伤的七种情形、视同工伤的三种情形，以及第十六条中不得认定工伤的三种情形。

第十四条　职工有下列情形之一的，应当认定为工伤：① 在工作时间和工作场所内，因工作原因受到事故伤害的；② 工作时间前后在工作场所内，从事与工作有关的预备性或者收尾性工作受到事故伤害的；③ 在工作时间和工作场所内，因履行工作职责受到暴力等意外伤害的；④ 患职业病的；⑤ 因工外出期间，由于工作原因受到伤害或者发生事故下落不明的；⑥ 在上下班途中，受到机动车事故伤害的；⑦ 法律、行政法规规定应当认定为工伤的其他情形。

第十五条 职工有下列情形之一的,视同工伤:① 在工作时间和工作岗位,突发疾病死亡或者在 48 小时之内经抢救无效死亡的;② 在抢险救灾等维护国家利益、公共利益活动中受到伤害的;

职工有前款第(一)项、第(二)项情形的,按照本条例的有关规定享受工伤保险待遇。

第十六条 职工有下列情形之一的,不得认定为工伤或者视同工伤:① 因犯罪或者违反治安管理伤亡的;② 醉酒导致伤亡的;③ 自残或者自杀的。

3. 工伤认定的时限和时效

《工伤保险条例》第二十条规定:劳动保障行政部门应当自受理工伤认定申请之日起 60 日内作出工伤认定的决定。这是工伤认定的时限。

《工伤保险条例》第十七条规定:职工发生事故伤害或者按照职业病防治法规定被诊断、鉴定为职业病,所在单位应当自事故伤害发生之日或者被诊断、鉴定为职业病之日起 30 日内,向统筹地区劳动保障行政部门提出工伤认定申请。遇有特殊情况,经报劳动保障行政部门同意,申请时限可适当延长。

用人单位未按前款规定提出工伤认定申请的,工伤职工或者其直系亲属、工会组织在事故伤害发生之日或者被诊断、鉴定为职业病之日起 1 年内,可以直接向用人单位所在地统筹地区劳动保障行政部门提出工伤认定申请。

4. 工伤保险待遇

工伤保险待遇包括工伤医疗待遇、停工留薪期待遇、护理费、一次性伤残补助金、定期伤残待遇、一次性工伤医疗补助金和伤残就业补助金、职工因工死亡后其直系亲属及供养直系亲属应享受的待遇、停止享受工伤保险待遇八种。

(二)职业病——尘肺病

尘肺病是由于在职业活动中长期吸入生产性粉尘(灰尘),并在肺内滞留而引起的以肺组织弥漫性纤维化(疤痕)为主的全身性疾病。尘肺病是现今我国职业病中对作业人员健康危害非常严重的一类疾病,据统计,尘肺病约占职业病患者总人数的 2/3。

1. 尘肺病发病因素

当粉尘被吸入人体的呼吸道之后,人体可通过咳嗽反射等自身防御清除功能排出 97%～99% 的粉尘,只有 1%～3% 的尘粒沉积在体内,进入肺组织中的尘粒多数在直径 5 μm 以下,其中进入肺泡的主要是 2 μm 以下的尘粒。人体对粉尘的清除作用是有限度的,长期吸入大量粉尘可使人体防御功能失去平衡,清除功能受损,而使粉尘在呼吸道内过量沉积,损伤呼吸道的结构,导致肺组织损伤,造成肺组织纤维化。

2. 尘肺病预防措施

控制尘肺病的发生关键在于预防,减少吸入肺中的粉尘。① 生产经营者、组织者要认真贯彻"预防为主"的方针及国家有关防尘的法规和办法,积极进行工艺改革、革新生产设备;② 作业场所实施湿式作业,减少粉尘产生,如不能采取湿式作业的场所,要对尘源采用密闭抽风除尘办法,防止粉尘飞扬;③ 定期做好接尘工人健康检查,对职业病患者早发现早治疗;④ 加强个人防护,减少粉尘的吸入;⑤ 认真做好防尘知识宣传教育,使职工充分认识防尘的重要性,督促职工加强营养,劳逸结合,养成良好个人卫生习惯,积极配合企业搞好防尘工作。

三、煤矿职业健康监护

《煤矿安全规程》第七百四十四条规定:"煤矿企业必须按国家有关法律、法规的规定,对新入矿工人进行职业健康检查,并建立健康档案;对接尘工人的职业健康检查必须拍照胸大片。""煤矿企业应按照国家法律、法规和卫生行政主管部门的规定定期对接触粉尘、毒物及有害物理因素等的作业人员进行职业健康检查。对检查出的职业病患者,煤矿企业必须按国家规定及时给以治疗、疗养和调离有害作业岗位,并做好健康监护及职业病报告工作。""查体时间间隔必须符合下列要求:① 对在岗接触粉尘作业工人,岩石掘进工种每 2～3 年拍片检查 1 次;混合工种每 3～4 年拍片检查 1 次;纯采煤工种每 4～5 年拍片检查 1 次。② 对离岗工人必须进行离岗的职业性健康检查。③ 对接触毒物、放射线的人员每年检查 1 次。""职业性健康检查、职业病诊断、职业病治疗应由取得相应资格的职业卫生机构承担。"

职业性体检与一般临床疾病的检查有很大的差别,是技术性、特异性、政策性较强的预防医学领域里的临床工作,因此职业性体检、诊断、治疗机构由取得省以上卫生行政部门资质认证的医疗机构担任。职业性健康体检可分为进入有职业危害因素的工作岗位上岗前、在岗期间、离岗时和应急性健康检查。

通过就业前健康检查,可以预先发现职业禁忌症,同时也为今后进行定期体检的连续动态观察提供最基础资料,就业后的在岗工人要按一定的间隔时限进行定期体检,以便及早发现职业病或疑似职业病的亚健康群体,从而做到早期发现、早期治疗、早期处理。

煤矿在岗职工职业性健康体检周期是根据员工所接触职业危害的性质、种类、毒性对身体损害的大小及劳动强度拟将在该作业场所能够引起工人身体健康出现病理改变的最低时限,2002 年国家《职业病健康监护管理办法》规定:接触矽尘、石棉尘作业的工人,每年体检 1 次;接触煤尘、炭黑尘、石墨尘、滑石尘、云母尘、水泥尘、陶土尘、铸尘、铝尘、电焊尘作业的工人每 2 年体检 1 次;接触其他粉尘作业的工人,每 3 年体检 1 次。

四、煤矿职工职业病预防的权利和义务

(一)煤矿职工职业病预防的权利

《中华人民共和国职业病防治法》第三十六条对从业人员职业

卫生保护权利作了明确的规定：

（1）获得职业卫生教育、培训。

（2）获得职业健康检查、职业病诊疗、康复等职业病防治服务。包括上岗前、在岗期间、离岗时和应急时的健康检查。在职业病确诊后，用人单位要承担职业病患者诊疗、康复、护理等费用，直至患者痊愈或者死亡。

（3）了解工作场所产生或者可能产生的职业病危害因素、危害后果和应当采取的职业病防护措施。劳动者应做好有针对性的个人防护措施。

（4）要求用人单位提供符合防治职业病要求的职业病防护设施和个人使用的职业病防护用品，改善工作条件。

（5）对违反职业病防治法律、法规以及危及生命健康的行为提出批评、检举和控告。

（6）拒绝违章指挥和强令进行没有职业病防护措施的作业。

（7）参与用人单位职业卫生工作的民主管理，对职业病防治工作提出意见和建议。

（二）煤矿职工职业病预防的义务

（1）遵守单位有关安全、卫生生产的规章制度和操作规程，服从管理。

（2）正确佩戴和使用劳动安全、卫生防护用品。

（3）接受安全、卫生生产教育和培训，掌握相关知识，提高安全、卫生生产技能。

（4）发现安全、卫生生产隐患，要及时报告。

五、煤矿职业危害的防治措施

（一）预防煤矿职业危害的组织措施

1. 规范管理

煤矿企业应按照《职业病防治法》的规定，完善管理机构，引进专业管理人才和设备,制定切合企业实际的职业危害防治规划措施和方案;组织全员职业卫生培训和教育宣传;定期做好作业场所环境检测,定期对职工进行职业性健康检查,认真做好职业病危害申报工作;严格执行职业危害保护用品发放和使用的规定,督促和教育职工正确佩戴和使用职业危害防护用品;完善职业卫生档案管理,建立职工个人健康档案。

2. 加强监察

各级煤矿安全监察机构将督促煤矿企业落实新建、改建、扩建等工程项目职业危害防治设施"三同时"(职业危害防治设施与主体工程同时设计、同时施工、同时投入生产和使用)工作作为重点,落实对煤矿企业职业危害防治工作的监察。监督煤矿企业设置职业危害防治工作部门、配备相关专业人员和装备、制订职业危害事故应急救援预案;督促煤矿企业做好作业场所职业危害因素尤其是生产性粉尘的日常监测、分析和评价工作,建立健全有效的综合防尘、防毒等措施,加强个体防护,推进安全生产工作从以控制伤亡事故为主向全面做好职业安全健康工作的转变。

2013 年 3 月 18 日国家卫生和计划生育委员会公布了新《职业病诊断与鉴定管理办法》。新办法扩大了劳动者选择职业病诊断机构的范围,规定劳动者要在用人单位所在地、本人户籍所在地或经常居住地的诊断机构进行职业病诊断;规定了职业病诊断机构接诊义务,取消职业病诊断受理环节;强化了用人单位在劳动者职业病诊断与鉴定过程中的举证责任,明确了相关部门和机构协助取证、举证义务等。新办法规定,职业病鉴定办事机构应当自收到申请资料之日起 5 个工作日内完成资料审核,在受理鉴定申请之日起 60 日内组织鉴定、形成鉴定结论,并在鉴定结论形成后 15 日内出具职业病鉴定书。

各级煤矿安全监察机构要督促煤矿企业依法做好职工健康监护工作。① 煤矿企业必须对新入井工人进行职业性安全技能培训和从事职业危害作业的工人进行上岗前体检,技能鉴定合格和身体适合作业才能上岗。② 对接触粉尘等有害因素的作业人员和离职职工按规定进行定期职业健康检查,建立完整的职业健康档案。③ 对被诊断患有职业病的职工,应当进行劳动能力鉴定,并将其调离原工作岗位。④ 对职业危害防治和职业病发病情况,煤矿企业应当按《煤矿职业危害防治报告办法》的规定报煤矿安全监察机构和当地卫生行政部门。⑤ 职业健康检查工作应由取得资质的职业卫生技术服务机构完成。⑥ 要督促煤矿企业开展岗前和工作中的定期职业危害防治知识培训,强化对职工的职业危害防治知识的教育,教育职工自觉遵守职业危害防治规章制度,正确使用职业危害防治设备和个人劳动防护用品。⑦ 各级煤矿安全监察机构要依法对煤矿企业职业危害防治工作实施监督检查,依法查处有关职业危害防治的违法行为,对违反有关法律法规、未有效开展职业危害防治工作的煤矿企业,要依法严肃查处。

煤矿企业发生职业危害事故后,必须及时报告。各级煤矿安全监察机构根据职责组织对事故进行调查,并根据有关规定和"四不放过"原则,严肃查处;督促发生事故企业针对事故发生的原因以及生产设备、防护设施、规章制度、岗位培训、管理等情况,认真吸取事故教训,搞好职业危害防治工作。

3．重视培训

① 对一线工人做好煤矿职业卫生方面的法律法规和防护知识的宣传,提高职工的法律意识。② 提高培训师资素养,改善教学条件和方法,使职工掌握防护技能和知识,增强自我保护能力。③ 企业要做好日常的培训教育工作,组织职工现场体验、现场学习,培养职工发现和解决工作现场安全隐患的能力。通过教育培训,使职工知法守法、知防会防,进而保障自身身体健康。

（二）预防煤矿职业危害的技术措施

1. 革新工艺

煤矿企业积极进行工艺改革、革新生产设备是消除职业危害最根本最有效的途径。煤矿企业采用先进的本质安全型设备和技术，不仅能提高生产效率，增加企业效益，也同时有效地改善了职工的作业环境，减少了职业危害因素，对生产一线的职工健康也起到很好的保护作用。

2. 湿式作业

煤矿企业在井下作业中主要采用湿式碾磨石英及耐火材料、矿山湿式凿岩、井下运输喷雾洒水等湿式作业措施。采用湿式作业，降低了生产性粉尘的浓度，净化空气，降低温度，有效地改善了作业环境，也就降低了工作环境对身体的有害影响。

3. 密闭通风

在对不能采取湿式作业的场所，对生产性粉尘或有毒有害物质采用密闭通风的办法，能够有效防止粉尘飞扬和有毒有害物质四散对人体的伤害。

（三）预防煤矿职业危害的保健措施

1. 健康检查

煤矿企业要依法组织职工进行职业性健康体检，上岗前要掌握职工的身体情况，发现职业禁忌症者要告知其不适合从事此项工作。在岗期间对作业职工的检查内容要有针对性，并及时将检查结果告知职工，对检查的结果要进行总结评价，确诊的职业病要及时治疗。对接触职业危害因素的离岗职工，要进行离岗前的职业性健康检查，按照国家规定安置职业病人。

2. 个人防护

个人防护是整个职业危害预防的最后一道"防线"。职工本人要积极配合企业在职业卫生方面的管理工作，及时佩戴个人劳动防护用品,正确掌握使用防护用品的知识和方法,使个人防护真正起到防护作用,以保证职工在作业环境中不受伤害。

【复习思考题】

1. 防止瓦斯爆炸的主要措施有哪些?
2. 矿井发生突水事故有哪些预兆?
3. 煤矿主要职业危害因素有几大类?
4. 工伤保险待遇包括哪些内容?
5. 煤矿从业人员在职业病预防方面的义务有哪些?
6. 煤矿职业危险的预防措施有哪些?

第七章 煤矿灾害应急救援

第一节 科学施救的重要意义

为推进科学施救,提高事故灾难应急救援能力,进一步减少事故灾难造成的人员伤亡和财产损失,国家安全监管总局于 2012 年 12 月中旬发布了《关于加强科学施救提高生产安全事故灾难应急救援水平的指导意见》。要求以加强科学施救、提高救援能力为目标,以安全生产应急管理信息化建设和队伍装备建设为重点,进一步完善工作机制、夯实基层基础、提升装备水平,切实做到决策科学、指挥有力、组织有序、救援有效。

2007 年 7 月 23 日国家安监总局发出通报,通报了 7 月初以来发生因施救不当造成伤亡扩大的事故,强调防止救援不当扩大伤亡或发生次生事故。

据 2013 年 8 月 7 日《人民日报》报道,国家安监总局向全国通报了 3 起煤矿事故,其中一起是:7 月 23 日,四川省煤炭产业集团芙蓉公司杉木树煤矿 N3022 风巷在排放瓦斯过程中,发生瓦斯爆炸事故,造成 7 人死亡。该矿为国有重点煤矿,属煤与瓦斯突出矿井,煤层具有Ⅰ级自然发火倾向,矿井水文地质复杂。据初步分析,事故原因是供电网络出现故障,造成局部通风机停止运行,风巷瓦斯积聚,在恢复通风过程中发生瓦斯爆炸;在未查清爆炸原因的情况下,矿领导安排排放瓦斯,在排放瓦斯过程中再次发生爆炸,造成 7 名救护队员死亡。总局通报文件强调要科学处置事故,严禁违章指挥和盲目施救。班组长要通过专业学习和实践锻炼，切实提高灾害面前的正确指挥和科学施救能力,从而提高班组安全管理和应急救援水平。

第二节　煤矿灾害事故应急处理原则

一、瓦斯、煤尘爆炸事故的应急处理原则

（1）在矿井通风系统未遭到严重破坏的情况下,原则上保持现有通风系统,保证主要通风机的正常运转。

（2）及时切断灾区及其影响范围内的电源,消除火源,防止再次爆炸。

（3）清点井下人员,控制入井人数。

（4）救援指挥部应根据事故地点、波及范围、通风、瓦斯以及巷道内有无明火、水淹等情况,迅速决定是否采取全矿井或局部反风措施。

（5）采取一切有效措施,及时救助灾区和可能影响区域内的遇险人员,尽量避免或减少人员伤亡。

（6）处理事故时,在保证安全的前提下,应在灾区附近的新鲜风流中选择安全地点设立井下救援基地。

（7）在确认无再次爆炸危险时,及时修复被破坏的巷道和通风设施,以恢复正常通风。

（8）井下基地要设有通往指挥部和灾区的电话,备有必要的装备和救护器材,并由专人经常检查基地风流和气体变化情况。

（9）救护队员除佩戴氧气呼吸器外,必须携带一定数量的隔离式或压缩氧自救器,发现被困人员后,首先将其抢救脱险;发现火源应立即扑灭,防止再次爆炸。

（10）当有爆炸危险时,必须立即将可能受威胁的现场救援人

员全部撤到安全地点,并采取措施,排除爆炸危险性,防止连锁爆炸,扩大事故的影响。

二、煤与瓦斯突出事故的应急处理原则

(1)在矿井通风系统未遭到严重破坏的情况下,原则上保持现有通风系统,保证主要通风机的正常运转。

(2)发生煤(岩)与瓦斯突出时,对充满瓦斯的主要巷道应加强通风管理,防止风流逆转,复建通风系统,恢复正常通风,按规定将高浓度瓦斯直接引入回风道中排出矿井。

(3)根据灾区情况迅速抢救遇险人员,在抢险救援过程中注意突出预兆,防止再次突出造成事故扩大。

(4)要慎重处置灾区和受影响区域的电源,断电作业应在远距离进行,以防止产生电火花引起爆炸。

(5)灾区内不准随意启闭电器开关,不要扭动矿灯和灯盖,严密监视原有的火区,查清突出后是否出现新火源,并加以控制,防止引爆瓦斯。

(6)综掘、综采、炮采工作面发生突出时,施工人员佩戴好隔离式自救器或就近躲入压风自救袋内,打开压风并迅速佩戴好隔离式自救器,按避灾路线撤出灾区后,由当班班组长或瓦斯检查员及时向调度室汇报,矿调度室通知受灾害影响范围内的所有人员撤离。炮掘工作面发生突出时,施工队人员(包括瓦检员)应迅速进入避难硐室并及时向调度室汇报,等待撤退命令。瓦检员在硐室内利用瓦斯检定器辅助管测量巷道的瓦斯浓度,每半小时向调度室汇报一次。待瓦斯浓度下降至 3% 以下,接到调度室通知后,方可组织施工人员佩戴自救器沿着避灾路线撤到安全地带。

(7)制定并严格执行清煤和排放瓦斯措施,以防事故再生和扩大。

三、矿井火灾事故的应急处理原则

（1）在矿井通风系统未遭到严重破坏的情况下,原则上保持现有通风系统,保证主要通风机的正常运转。

（2）采取一切有效措施,尽快组织撤出灾区和受影响区域人员,救助遇险人员,尽量避免或减少人员伤亡。

（3）发生火灾后,密切关注火区有害气体的变化趋势,原则上要先切断火区电源再灭火。

（4）火灾初期,应抓住有利战机,采用直接灭火和有效的通风等措施,控制火灾扩大。采用与火灾类型相应的消防灭火器材进行灭火。发生易燃支护材料和油脂着火时应首先选用灭火器灭火。井下发生煤体燃烧时首先要切断火区电源,然后再采取隔离等措施进行灭火。

（5）应根据火区所在地点、范围、火势和通风、瓦斯等情况,制定通风措施,控制风流,防止火灾有害气体向有人员的巷道蔓延和火风压导致风流逆转,以利救人和灭火。

（6）为防止火灾扩大,需改变矿井通风方法或采用反风时,应先安全撤离灾区和受威胁区域的人员。

（7）采区内直接灭火无效时,应采取隔断灭火法封闭火区。要指定专人连续监测风流方向及风流中瓦斯、煤尘、一氧化碳、二氧化碳、氧气等浓度和温度,以确保抢险救援人员的安全。

（8）当巷道发生坍塌和损坏时,要及时组织抢险队伍修建被破坏的巷道和通风设施,以恢复正常通风。

（9）进风井口建（构）筑物发生火灾时,应立即采取矿井反风或关闭井口防火门等措施,必要时,停止通风机,防止火灾气体及火焰侵入井下。

进风井筒中发生火灾时,必须采取风流短路、反风或停止主要通风机运转等措施,防止火灾产生的有害气体进入井下其他用风地点。

进风井底车场和主要进风大巷发生火灾时,必须进行矿井反风或使风流短路,确保火灾气体不侵入工作区。

回风井井底发生火灾时,应保持正常通风,在有害气体不能达到爆炸条件的前提下,可减少进入火区的风量。

倾斜进风巷道中发生火灾时,可采取风流短路或局部反风。

掘进巷道发生火灾时,应保持正常通风状态,根据现场瓦斯情况,必要时可适当调整风量。

采煤工作面发生火灾时,应保持正常通风,从进风侧进行灭火,如果难以取得效果时,可采取局部反风,从回风侧灭火。

四、矿井停风事故的应急处理原则

(1)所有受停风影响的区域,必须立即切断电源,撤出所有作业人员。

(2)根据事故单位通风系统情况,决定其他主要通风系统生产区域是否停产、撤人。

(3)由一台主要通风机担负全矿井供风的,应立即打开井口防爆盖和有关风门,充分利用自然风压通风。

(4)由多台风机实行全矿井联合供风的,必须正确控制风流,防止风流紊乱。必要时,打开井口防爆盖和有关风门,利用自然风压通风。

(5)根据事故性质,安排救援专业人员对主要通风机供电线路、设备进行抢修。

(6)恢复矿井正常通风后,制定瓦斯排放措施,逐级恢复变电所、机电硐室和掘进工作面的正常通风。

五、矿井大范围停电事故的应急处理原则

(1)抢险救援中安全与生产发生冲突时,安全优先;人员和财

产发生冲突时,救人优先。

（2）电力保证顺序为:先保电网,后保电厂;先高压,后低压;先保矿井,后保地面厂;先保高突瓦斯矿井,后保低瓦斯矿井;先保矿井通风、排水、提升等涉及人身安全的供电,后保生产及服务性供电。

（3）故障排除后,应及时向上级有关领导汇报,通知有关单位按程序恢复正常供电。

六、矿井水灾事故的应急处理原则

（1）发生水灾事故后,应立即组织撤出受灾地区和灾害可能波及区域的全部人员。

（2）迅速查明水灾事故现场和突水情况,组织有关专家和工程技术人员分析形成水灾事故的突水水源、矿井充水条件、过水通道、事故将造成的危害及发展趋势,采取针对性措施,防止事故影响的扩大。

（3）坚持以人为本的原则,在水灾事故中若有人员被困时,应制定并实施抢险救人的办法和措施,矿山救护和医疗卫生部门做好救助准备。

（4）根据水灾事故抢险救援工程的需要,做好抢险救援物资准备和排水设备及配套系统的调配和组织协调工作。

（5）确认水灾已得到控制并无危害后,方可恢复矿井正常生产状态。

七、严重顶板事故的应急处理原则

（1）了解事故位置、范围、冒顶区域的围岩性质和支护情况,现场安全状况及抢险救援安全技术措施的制定情况,查清冒顶区域内人员遇险情况,指导、督促、实施抢险救援工作。

（2）研究制定"以人为本"的救援方案和安全技术措施。

（3）明确现场指挥和救援队伍任务,落实救援所需物资。

（4）巷道冒顶切断通风线路或人员退路时,要首先切断巷道内电源,加强对有害气体的检查,并设法向被堵巷道内供风供氧,保证被困人员和救援人员的安全。

（5）现场处理冒落区时,必须指派有经验人员担任现场总指挥,有关专家要亲临现场指导事故救援工作,严格执行专项安全技术措施。

（6）在处理重大顶板事故时,安全技术措施必须符合现场实际,人员、物资组织必须充足,避免伤害遇险人员和救援人员。

第三节　矿井自救设施与设备

《煤矿安全规程》规定:入井人员必须随身携带自救器。在突出煤层采掘工作面附近、爆破时撤离人员集中地点必须设有直通矿调度室的电话,并设置有供给压缩空气设施的避难硐室。

一、避难硐室

避难硐室是供矿工遇到事故无法撤退而躲避的一种设施。避难硐室有两种:一种是预先设采区工作地点安全出口路线上的避难硐室(也称为永久避难硐室)。另一种是事故发生后因地制宜构筑的临时避难硐室。

永久避难硐室的要求是:设在采掘工作面附近和起爆器启动地点,距采掘工作面的距离应根据具体条件确定,室内净高不得小于 2 m,长度和宽度应根据同时避难的最多人数确定,每人占用面积不得小于 $0.5\ m^2$;室内支护必须良好,并设有与矿(井)调度室直通电话;室内必须设有供给空气的设施,每人供风量不少于 0.3 m^3/min;室内应配备足够数量的隔离式自救器;避难硐室在使用时必须用正压通风。

　　临时避难硐室是利用独头巷道、硐室或两道风门间的巷道,由避难人员临时修建。为此应事先在这些地点备好所需的木板、木桩、黏土、沙子和砖等材料,在有压气条件下还应设置装有带阀门的压气管。若无上述材料时,避难人员可用衣服和身边现有的材料临时构筑,以减少有害气体侵害。

　　进入避难硐室时,应在硐室外留有衣物、矿灯等明显标志,以便救护队寻找。避难时应保持安静,避免不必要的体力和空气消耗。室内只留一盏矿灯照明,其余矿灯关闭,以备再次撤退时使用。在硐室内可间断敲打铁器、岩石等,发出呼救信号。

二、压风自救装置

　　压风自救装置是利用矿井已装备的压风系统,由管路、自救装置、防护罩(急救袋)三部分组成。目前世界上技术比较先进的国家已在煤矿普遍使用,1987 年重庆煤科分院研制了适合我国煤矿的压风自救装置系统,并在江西省英岗岭煤矿试用,效果良好。20 世纪 90 年代以来,我国不少矿井使用了压风自救系统矿区在井下使用的压风自救装置系统安装在硐室、有人工作场所附近、人员流动的井巷等地点。当井下出现煤与瓦斯突出预兆或突出时,避难人员立即赶到自救装置处,解开防护袋,打开通气开关,迅速钻进防护袋内。压气管路的压缩空气经减压阀节流减压后充满防护袋,对袋外空气形成正压力,使其不能进入袋内,从而保护避难人员不受有害气体的侵害。防护袋使用特制塑料经热合而成,具有阻燃和抗静电性能。每组压风自救装置上安装多少开关、减压阀和防护袋,应视工作场所的人数而定。

三、自救器

　　自救器是一种轻便、体积小、便于携带、佩戴迅速、作用时间短的个人呼吸保护装备。当井下发生火灾、爆炸、煤和瓦斯突出等事故时,供人员佩戴,可有效防止中毒或窒息。

表 7-1　　　　　　　　　**自救器种类及其防护特点**

种类	名　称	防护的有害气体	防　护　特　点
过滤式	CO 过滤式 自救器	CO	人员呼吸时所需的 O_2 仍是外界空气中的 O_2
隔离式	化学氧自救器	不限	人员呼吸的 O_2 由自救器本身供给,与外界空气成分无关
	压缩氧自救器	不限	

(一)过滤式自救器使用方法

(1)在井下工作,当发现有火灾或瓦斯爆炸现象时,必须立即佩戴自救器,撤离现场。

(2)佩戴自救器时,当空气中 CO 浓度达到或超过 0.5% 时吸气时会有些干、热的感觉,这是自救器有效工作的正常现象,必须佩戴到安全地带,方能取下自救器,切不可因干、热感觉而取下。

(3)佩戴自救器撤离时,要求匀速行走,保持呼吸均匀。禁止狂奔和取下鼻夹、口具或通过口具讲话。

(4)在佩戴自救器时,若外壳碰瘪,不能取出过滤罐,则带着外壳也能呼吸。为了减轻牙齿的负荷可以用手托住罐体。

(5)平时要避免摔落、碰撞自救器,也不许当坐垫用,防止漏气失效。

(二)化学氧自救器使用方法

(1)携带待用时,不准随意打开自救器外壳,如自救器外壳意外开启,严禁随意拆动内部生氧药罐的任何零部件。

(2)在井下工作时,一旦发现事故征兆,就应立即佩戴自救器,马上撤离现场。佩戴自救器要求操作准确迅速。因此,使用者事前必须经过专门培训和考试。

（3）佩戴好后,呼吸时第一口气应向自救器内呼气,然后夹上鼻夹,正常呼吸。

（4）佩戴自救器撤离灾区时,要冷静、沉着,最好匀速行走。

（5）在整个逃生过程中,要注意把口具、鼻夹戴好,保持不漏气,绝不可以从嘴中拔下口具说话。万一碰掉鼻夹,要控制不用鼻孔吸气,迅速再夹上鼻夹。

（6）吸气时,比吸外界正常大气干、热一点,这表明自救器在正常地工作,对人无害,千万不可取下自救器,有时在佩戴时感到呼吸气体中有轻微的盐味或碱味,也不要取下口具,这是由于少量药粉从药层中被呼吸气流带来而产生的,没有危害。

（7）当呼气时发现气囊瘪而不鼓,并渐渐缩小,表示自救器的使用时间已接近终点。

（8）化学氧自救器只能佩戴使用一次,不能重复佩戴使用。

（9）过期和已经使用过的自救器,不允许修复再用。

（三）压缩氧自救器使用方法

① 携带时挎在肩膀上。② 使用时,先打开外壳封口带扳把。③ 再打开上盖,然后左手抓住氧气瓶,右手用力向上提上盖,此时氧气瓶开关即自动打开,随后将主机从下壳中拖出。④摘下帽子,挎上挎带。⑤ 拔开口具塞,将口具放入嘴内,牙齿咬住牙垫。⑥ 将鼻夹夹在鼻子上,开始呼吸。⑦ 在呼吸的同时,按动补给按钮,大约 $1\sim2$ s,气囊充满后立即停止(使用过程中发现气囊供气不足时,按上述方法操作)。⑧ 挂上腰钩。

注意:① 高压氧气瓶储装有 20 MPa 的氧气,携带过程中要防止撞击磕碰,或当坐垫使用。② 携带过程中严禁开启扳把。③ 佩戴撤离时,严禁摘掉口具、鼻夹或通过口具讲话。

美国矿用救生舱

采矿业是人与自然的博弈,在世界矿业开采史上记载着人类的成功,同样也记载着伤痛。为了安全开采,世界各国采取了各种措施,矿用救生舱就是其中之一。

救生舱产生和发展进程

救生舱是专用于矿井紧急事件的避难场所,矿工在里面避难直到可以安全撤离或等到救援人员。

在煤矿井下设置和使用应急避难救生舱,能为矿井发生事故后幸存的矿工提供一个安全的密闭空间,对外能够抵御事故发生的高温烟气,隔绝有毒有害气体,对内能为被困矿工提供氧气、食物、水,去除有毒有害气体,赢得较长的生存时间。同时,被困人员还能通过舱内通讯监测设备,引导外界救援,为应急救援工作赢得宝贵时间,减少矿难事故中的伤亡人数。

美国救生舱的标准制定和使用开始于 21 世纪,西弗吉尼亚州。

2006 年 1 月:西弗吉尼亚州萨戈矿中 12 名矿工遇难。

2006 年 5 月:西弗吉尼亚矿山安全工作组推荐 48 小时救生舱。

2007 年 2 月:美国联邦矿山安全健康局提出人均 96 小时可呼吸空气的要求。

2007 年 12 月:斯特塔公司最早向美国煤矿企业提供第一批救生舱。

2008 年 12 月:美国联邦矿山安全健康局发布救生舱条例,规定 2009 年 12 月前所有美国煤矿井下必须配备救生舱,入井人员在救生舱中都有位置。

救生舱的性能和技术标准

在美国,救生舱可分为三类:

避难硐室。在井下建造固定硐室,包括防爆的墙壁和防爆门,内部安装有相应的设备。

钢制救生舱:外壳是钢制的,能承受一定强度的压力,内部放置相应的部件,如氧气瓶、空气瓶、二氧化碳洗涤装备、气体探测装备、降温设备、食物、水、急救药品等。可移动。

可充气式救生舱:救生舱工作时张开一个气囊,矿工将在张开的气囊中得到庇护。未工作时,气囊和氧气瓶、空气瓶、二氧化碳洗涤装备、降温设备、食物、水、急救药品等储存在一个防爆的拖撬之中。可移动。

两种可移动式救生舱,分别是钢制步入式和可充气式,都是相对独立和防爆的,不与外界水、电相通。规格为 8 人、16 人、26 人和 36 人几种类型,宽 2.4 米、高 1.8 米,长度因人数而异。内部包括医用氧气、压缩空气和二氧化碳洗涤器,可供 96 小时饮用水和食物、气体探测器等,结构坚固,具有隔热功能。三种结构的救生舱各有特点和优势。钢制救生舱要求比较大的空间来安放,制造成本高;可充气式救生舱在气囊未张开时,体积较小,便于安放和运输,也可以容纳较多人员;避难硐室是固定的,在避难硐室内放上相应的设备,可以容纳更多的矿工,在条件允许的情况下比较容易建造。美国目前在煤矿井下安装配备了1 193台救生舱,其中可充气式救生舱1 000台,钢制救生舱123台,避难硐室70个。

行业标准和管理规定

美国井工煤矿配备救生舱之后,没有发生大的矿难。近年来,美国井工煤矿全年大约死亡15人。但是,美国仍然坚定地强制推行救生舱,并加以严格管理和培训。

美国联邦矿山安全健康局于2008年12月31日出台了最新救生舱行业标准和管理规定,对救生舱和部署救生舱的煤矿企业提出非常具体的要求。如:在矿工30分钟或更短时间内能够到达地面的矿山不需要布置;足以容纳所有地下工作人员,包括经理、供应商、测查员以及联邦监察员;必须能够容纳临近区域工作的最大矿工人数,包括轮班替换人员;放置位置距离最近工作面不超过300米;在距离工作面较远区域,两个救生舱放置间隔应在矿工1个小时行进距离之间,也就是矿工距离其两侧任一救生舱或安全出口的行进时间不超过30分钟;在有两条逃生通道的矿井里,如果矿工采用正常的交通方式无法在1小时内通过两条逃生通道到达地面时,矿工必须在30分钟内能够到达一个救生区域。

在美国联邦矿山安全健康局制定的最新救生舱行业标准和管理规定中,还对救生舱的总体要求、结构、可呼吸空气、气体监测、去除有害气体、舱内部温度和湿度、培训和检查、测试、认证和批准等进行了详细的规定。

管理办法和相关法规

随着使用救生舱需求的增长及其重要性的不断提升,许多国家对救生舱制定了一系列法律法规,强制救生舱的使用,其中美国的制度则最为完善和成熟。西弗吉尼亚州政府率先对救生舱提出了规定,并对救生舱企业的产品进行了认证。西弗吉尼亚州的标准也得到其他州和联邦政府的认可。美国2006年通过修改《矿工法》强调为受困矿工提供必要的生存条件,美国联邦矿山安全健康局在2008年12月31日提出了全面的管理规定,要求美国境内所有煤矿在2009年底以前必须设置救生舱,必须保证容纳井下所有人员。

(摘编自2011年2月17日《中国安全生产报》第7版)

神东建成大型永久避难硐室

近日,国内最大的井下永久避难硐室在神华神东煤炭集团布尔台煤矿建成,硐室可为不能及时撤离的避险人员提供100人、96小时的井下安全生存保障。

布尔台煤矿永久避难硐室处在 2—2 煤辅运大巷，兼顾正在回采的 2 个盘区位置。硐室全长 67.6 米，由 2 个缓冲区和之间的 1 个生存区构成。3 个区域均由 1.5 米以上厚度的混凝土防护墙和防护密闭门隔开。硐室内供氧、制冷除湿、监测监控、通讯、供电、饮水、卫生等设备一应俱全。

当事故发生时，不能升井的避险人员通过携带自救器在避灾路线指引下进入避难硐室，第一个进入的人员将开启硐室入口处的气幕隔绝系统，产生的气幕帘将防止有毒有害气体伴随人体进入硐室。

随即，硐室内的三级供氧系统将被开启。地面钻孔供氧系统、井下压风供氧系统通过钻孔和引入井下的压风管路以及均匀布气系统，实现满足硐室内每人每分钟 0.3 立方米、出口压力不超过 0.2 兆帕的供风需求。

当地面钻孔供氧系统未响应、井下压风供氧系统被破坏时，硐室内独立的生氧净化器供氧系统将启动，通过储存氧气瓶和生氧净化器提供满足避险人员需要的氧气量，同时吸收人体排放的二氧化碳。

为防止室内人员过多、气温过高，硐室内的蓄冰空调将通过热交换原理，降低硐室温度，保证硐室内温度不高于 35 ℃，湿度不在于 85%。

硐室中设置 4 个监测点，可同时监测并显示氧气、一氧化碳、二氧化碳、甲烷、硫化氢、温度和湿度 7 种环境参数，当参数处于危险范围内时，检测器就会发出报警，提醒避险人员进行相应操作。

为保证避险人员生存需要，硐室座椅下储备了至少满足 100 人、96 小时食用的应急食品和水。

近年来，神东煤炭集团不断加强煤矿安全避险"六大系统"的建设完善工作。截至 6 月 11 日，该集团 15 个矿井压风自救系统正式投入使用。此外，各矿井除紧急避险系统以外的检测监控系统、井下人员定位系统、矿井供水施救系统和矿井通信联络系统也都已建成。

2012 年，神东煤炭集团全面启动了永久避难硐室建设项目，7 月底前可完成建设。该集团还在布尔台煤矿和保德煤矿配备了移动救生舱。

第四节　煤矿班组长应急救援工作要领

"自救"，就是矿井发生意外灾变事故时，在灾区或受灾变影响区域的人员避灾和保护自己而采取的措施及方法。"互救"，则是在有效自救前提下，为了妥善地救护他人而采取的措施及方法。

班组长作为煤矿基层第一线的安全生产责任人，当现场发生安全事故时,认真组织好现场应急救援,开展自救与互救,避灾与救灾方法得当,可以避免或最大限度地减轻事故伤害程度。

班组长要组织和指挥好事故现场的应急救援工作,要熟知:

① 所在矿井的灾害预防和处理计划;

② 矿井的避灾路线和安全出口;

③ 掌握避灾方法,会使用自救器;

④ 掌握抢救伤员的基本方法及现场急救的操作技术。

班组长身处生产现场,是班组安全生产的第一责任人,在重大事故发生初期是现场抢险救灾的全权指挥者,所以其责任十分重大。

一、灾害发生时的临场应急指挥

(1) 临场指挥与抢救遇险人员。在灾害发生初期班组长是临时抢救遇险人员的现场指挥者。尤其是在灾害刚刚发生时,人心惶惶,环境险恶,情况瞬息万变,急需有人出来领导指挥,稳定遇险人员的情绪,把握一切有利时机,协助受伤受惊吓人员脱离危险区,只要遇险者还有生命迹象,就要千方百计设法营救,拼命抢救遇险人员,最大限度地减少伤亡。

(2) 查点现场人数,正确判断灾情。危难之时,班组长要保持头脑冷静,要想到灾区范围内哪些地方还可能有人进行生产活动,有无遇险的可能。在事故现场,班组长首先要清点灾区内外的人数,做到无一遗漏,以便采取各种办法帮助其躲避灾难。

班组长要正确判断灾情,其方法如下。

一是靠灾区附近和出事地点人员的直观感觉及可能利用的各种手段,仔细观察事故造成的各种异常变化和迹象(如烟雾、温度、风流状态、空气成分、巷道支护、涌水等),认真分析判断事故的性质和发生原因。

二是查明事故发生的地点,并对灾害可能波及的范围和危害程度做出判断。

三是根据事故性质和发生地点,结合井下巷道布置、通风系统、人员分布等情况,迅速判断有无诱发和伴生其他灾害事故的可能性。

四是分析判断自己所在地点的安全条件,为抢险救灾或安全避灾提供依据,做好准备。

二、向矿调度室及时报告灾情

为了迅速、干净、彻底地扑灭灾害事故,只靠灾区人员的抢救能力是很有限的,必须将灾害事故的确切情况,及时向调度室汇报,以便得到矿山救护队和灾区以外人员的营救和更有效地扑灭灾害。

怎样向矿调度室报告灾情呢?

第一,灾害事故发生后,事故地点及其附近人员应利用电话或派出人员等方法,迅速将事故的性质、发生地点、时间、原因和危害程度向矿调度室报告。井下其他区域人员在发现异常现象后,也应及时汇报。

第二,根据事故性质和蔓延趋势,以最有效的方式,向可能受威胁区域的人员发出警报通知。

第三,现场救援开始后,班组长应随时向调度室汇报灾情状况和抢救工作进展情况(如现有抢救力量、人员的情绪及身体状况、救灾的现有条件、事故发展趋势及后果、所采取的措施及所取得的效果等),也可以对下一步现场救援工作的开展提出意见和建议。

三、积极组织现场救援

在灾害事故发生的初期阶段,灾害所波及的范围和造成的危害一般是比较小的。这时,既是阻止和控制事故的有利时机,也是决定矿井和井下人员安全的关键时刻。大量的事故案例证明,危难情况下,依靠现场有关领导及班组长的正确指挥以及群众的智慧和力量,积极正确地采取避灾措施,根据灾情和现有条件,在保证自身安全的情况下,及时组织现场救援,能将事故消灭在初期阶段或控制在最小范围内,减少伤亡和损失。

在查明灾情确实可抢救后,必须按《煤矿安全规程》和矿井灾害预防与处理计划的规定要求和办法,积极地投入到扑灭灾害工作中。要根据灾情和客观条件,采取合理有效的措施,力求将灾害彻底扑灭。如因灾情严重或条件不足,在短时间内难以消除事故时,则应尽最大努力将事故控制在最小范围和程度,阻止灾情的扩大。在救灾过程中,无论发生什么情况,都必须切实保障救灾人员的安全,避免中毒、窒息、爆炸、触电、二次突水、顶板二次垮落等再生事故的发生。

四、听取指挥组织安全撤离

当灾情发展迅猛已无法再进行现场抢救并可能危及人员安全时,要立即请示救灾指挥部决策将有关人员撤离灾害现场,在接到救灾指挥部下达的撤退命令后,班组长应立即组织和带领灾区职工撤离。安全撤离应做到:

(1)沉着冷静。在撤离灾区时,要保持头脑清醒,做到临危不乱。所有人员都要坚定安全撤出灾区的信心,谨慎稳妥地行动。

(2)认真组织。班组长和老工人要发挥核心骨干作用,组织带领其他职工统一行动。所有遇险人员都必须服从领导、听从指挥,在任何情况下都不准各行其是、独立行动。

(3)团结互助。所有遇险人员都应发扬团结互助精神,主动承担工作任务,照料好伤员和年老体弱的同志,同心协力地撤到安全地点。

(4)加强安全防护。撤退前,应根据《矿井灾害预防和处理计划》的要求及灾变后的具体情况,确定撤退的路线和目的地。应尽量选择安全条件好、距离短的行动路线,切不可图省事、存侥幸心理而冒险行动,更不能犹豫不决而贻误时机。

抢险救灾实践证明,事故现场负责人(区队长、班组长,也包括有经验的老工人、瓦斯检查员等)若能发挥高度政治责任心,勇于承担事故现场救灾职责,正确组织遇险人员救灾与避灾,对减少灾害损失会起到不可估量的作用。

第五节　煤矿事故现场应急救援方法

一、瓦斯与煤尘爆炸事故时的自救与互救

（一）防止瓦斯爆炸伤害的措施

瓦斯爆炸前能感觉到附近空气有颤动的现象发生,有时还发出嘶嘶的空气流动声,一般被认为是瓦斯爆炸前的预兆。井下人员一旦发现这种情况时,要沉着、冷静,采取措施进行自救。具体方法是:背向空气颤动的方向,俯卧倒地,面部贴着地面,以降低身体高度,避开冲击波的强力冲击,并闭住气暂停呼吸,用毛巾捂住口鼻,防止把火焰吸入肺部。最好用衣物盖住身体,尽量减少肉体暴露面积,以防止烧伤。爆炸后,要迅速按规定佩戴好自救器,弄清方向,沿着避灾路线,赶快撤退到新鲜风流中。若巷道破坏严重,不知撤退是否安全时,可到棚子较完整地点躲避等待救护。

（二）掘进工作面瓦斯爆炸后的避灾救灾方法

如发生小型爆炸,掘进巷道和支架基本未遭破坏,遇险矿工未受直接伤害或受伤不重时,应立即打开随身携带的自救器,佩戴好后迅速撤出受灾巷道到达新鲜风流中。对于附近的伤员,要协助其佩戴好自救器,帮助撤出危险区;对于不能行走的伤员,在靠近新鲜风流 30～50m 范围内,要设法将其抬运到新风中;如距离远,

则只能为其佩戴自救器,不可抬运。撤出灾区后,要立即向矿调度室报告。

如发生大型爆炸,掘进巷道遭到破坏,退路被阻,但遇险矿工受伤不重时,应佩戴好自救器,千方百计疏通巷道,尽快撤到新鲜风流中。如巷道难以疏通,应坐在支护良好的棚子下面,或利用一切可能的条件建立临时避难硐室,相互安慰、稳定情绪,等待救助,并有规律地发出呼救信号。对于受伤严重的矿工要为其佩戴好自救器,使其静卧待救。并且要利用压风管道、风筒等改善避难地点的生存条件。

二、煤与瓦斯突出时的自救与互救

(一) 发现突出预兆时的避灾救灾方法

掘进工作面发现有煤与瓦斯突出的预兆时,必须向外迅速撤至防突反向风门之外,之后把防突风门关好,然后继续外撤。如自救器发生故障或佩用自救器不能安全到达新鲜风流时,应在撤出途中到避难所或利用压风自救系统进行自救,等待救护队援救。

(二) 发生突出事故后的避灾救灾方法

在有煤与瓦斯突出危险的矿井,矿工要把自己的隔离式自救器带在身上,一旦发生煤与瓦斯突出事故,立即打开外壳佩戴好,迅速外撤。

矿工在撤退途中,如果退路被堵,或自救器有效时间不够,可到矿井专门设置的井下避难所或压风自救装置处暂避,也可寻找有压缩空气管路的巷道、硐室躲避。这时要把管子的螺丝接头卸开,形成正压通风,延长避难时间,并设法与外界保持联系。

三、矿井火灾事故发生时的自救与互救

(1) 首先要尽最大的可能迅速了解或判明事故的性质、地点、

范围和事故区域的巷道情况、通风系统、风流及火灾烟气蔓延的速度、方向以及与自己所处巷道位置之间的关系,并根据矿井灾害预防和处理计划及现场的实际情况,确定撤退路线和避灾自救的方法。

(2) 撤退时,任何人在任何情况下都不要惊慌,不能狂奔乱跑。应在现场负责人及有经验的老工人带领下有组织地撤退。

(3) 位于火源进风侧的人员,应迎着新鲜风流撤退。

(4) 位于火源回风侧的人员或是在撤退途中遇到烟气有中毒危险时,应迅速戴好自救器,尽快通过捷径绕到新鲜风流中去或在烟气没有到达之前,顺着风流尽快从回风出口撤到安全地点;如果距火源较近而且超过火源没有危险时,也可迅速穿过火区撤到火源的进风侧。

(5) 如果在自救器有效作用时间内不能安全撤出时,应在设有储存备用自救器的硐室换用自救器后再行撤退,或是寻找有压风管路系统的地点,以压缩空气供呼吸之用。

(6) 撤退行动既要迅速果断,又要快而不乱。撤退中应靠巷道有连通出口的一侧行进,避免错过脱离危险区的机会,同时还要随时注意观察巷道和风流的变化情况,谨防火风压可能造成的风流逆转。人与人之间要互相照应,互相帮助,团结友爱。

(7) 如果无论是逆风或顺风撤退,都无法躲避着火巷道或火灾烟气可能造成的危害,则应迅速进入避难硐室;没有避难硐室时应在烟气袭来之前,选择合适的地点就地利用现场条件,快速构筑临时避难硐室,进行避灾自救。

(8) 逆烟撤退具有很大的危险性,在一般情况下不要这样做。除非是在附近有脱离危险区的通道出口,而且又有脱离危险区的把握时,或是只有逆烟撤退才有争取生存的希望时,才采取这种撤退方法。

(9) 撤退途中,如果有平行并列巷道或交叉巷道时,应靠有平行并列巷道和交叉巷口的一侧撤退,并随时注意这些出口的位置,尽快寻找脱险出路。在烟雾大、视线不清的情况下,要摸着巷道壁前进,以免错过连通出口。

（10）当烟雾在巷道里流动时,一般巷道空间的上部烟雾浓度大、温度高、能见度低,对人的危害也严重,而靠近巷道底板情况要好一些,有时巷道底部还有比较新鲜的低温空气流动。为此,在有烟雾的巷道里撤退时,在烟雾不严重的情况下,即使为了加快速度也不应直立奔跑,而应尽量躬身弯腰,低着头快速前进。如烟雾大、视线不清或温度高时,则应尽量贴着巷道底板和巷壁,摸着铁道或管道等爬行撤退。

（11）在高温浓烟的巷道撤退还应注意利用巷道内的水,浸湿毛巾、衣物或向身上淋水等办法进行降温,改善自己的感觉,或是利用随身物件等遮挡头面部,以防高温烟气的刺激等。

（12）在撤退过程中,当发现有发生爆炸的前兆时（当爆炸发生时,巷道内的风流会有短暂的停顿或颤动,应当注意的是,这与火风压可能引起的风流逆转的前兆有些相似）,有可能的话要立即避开爆炸的正面巷道,进入旁侧巷道,或进入巷道内的躲避硐室;如果情况紧急,应迅速背向爆源,靠巷道的一侧就地顺着巷道爬卧,面部朝下紧贴巷道底板、用双臂护住头面部并尽量减少皮肤的外露部分;如果巷道内有水坑或水沟,则应顺势爬入水中。在爆炸发生的瞬间,要尽力屏住呼吸或是闭气将头面浸入水中,防止吸入爆炸火焰及高温有害气体,同时要以最快的动作戴好自救器。爆炸过后,应稍做观察,待没有异常变化迹象,就要辨明情况和方向,沿着安全避灾路线,尽快离开灾区,转入有新鲜风流的安全地带。

四、矿井透水事故时的自救与互救

（一）透水后现场人员如何撤退

（1）透水后,应在可能的情况下迅速观察和判断透水的地点、水源、涌水量、发生原因和危害程度等情况,根据灾害预防和处理计划中规定的撤退路线,迅速撤退到透水地点以上的水平,而不能进入透水点附近及下方的独头巷道。

（2）行进中,应靠近巷道一侧,抓牢支架或其他固定物体,尽量避开压力水头和泄水流,并注意防止被水中滚动的矸石和木料撞伤。

（3）如透水破坏了巷道中的照明和路标,迷失行进方向时,遇险人员应朝着有风流通过的上山巷道方向撤退。

（4）在撤退沿途和所经过的巷道交叉口,应留设指示行进方向的明显标志,以提示救护人员。

（5）人员撤退到竖井,需从梯子间上去时,应遵守秩序,禁止慌乱和争抢。行动中手要抓牢,脚要蹬稳,切实注意自己和他人的安全。

（6）如唯一的出口被水封堵无法撤退时,应有组织地在独头工作面躲避,等待救护人员的营救。严禁盲目潜水逃生等冒险行为。

（二）透水被围困时的避灾救灾方法

（1）当现场人员被涌水围困无法退出时,应迅速进入预先筑好的避难硐室中避灾,或选择合适地点快速建筑临时避难硐室避灾。迫不得已时,可爬上巷道中高冒空间待救。如是老窑透水,则须在避难硐室处建临时挡墙或吊挂风帘,防止被涌出的有毒有害气体伤害。进入避难硐室前,应在硐室外留设明显标志。

（2）在避灾期间,遇险矿工要有良好的精神心理状态,情绪安定、自信乐观、意志坚强。要做好长时间避灾的准备,除轮流担任岗哨观察水情的人员外,其余人员均应静卧,以减少体力和空气消耗。

（3）避灾时,应用敲击的方法有规律、间断地发出呼救信号,向营救人员指示躲避处的位置。

（4）被困期间断绝食物后，即使在饥饿难忍的情况下，也应努力克制自己，决不嚼食杂物充饥。需要饮用井下水时，应选择适宜的水源，并用纱布或衣服过滤。

（5）长时间被困在井下，发觉救护人员到来营救时，避灾人员不可过度兴奋和慌乱，以防发生意外。

五、冒顶事故时的自救与互救

（1）遇险人员要正视已发生的灾害，切忌惊慌失措，坚信矿领导和同志们一定会积极进行抢救；并应迅速组织起来，主动听从灾区中班组长和有经验老工人的指挥，团结协作，尽量减少体力和隔堵区的氧气消耗，有计划地使用饮水、食物和矿灯等；做好较长时间避灾的准备。

（2）如人员被困地点有电话，应立即用电话汇报灾情、遇险人数和计划采取的避灾自救措施；否则，应采用敲击钢轨、管道和岩石等方法，发出有规律的呼救信号，并每隔一定时间敲击一次，不间断地发出信号，以便营救人员了解灾情，组织力量进行抢救。

（3）维护加固冒落地点和人员躲避处的支架，并经常派人检查，以防止冒顶进一步扩大，保障被堵人员避灾时的安全。

（4）如人员被困地点有压风管，应打开压风管给被困人员输送新鲜空气，并稀释被隔堵空间的瓦斯浓度，但要注意保暖。

第六节　现场伤员急救知识

一、对中毒或窒息人员的急救

（1）立即将伤员从危险区抢运到新鲜风流中，并安置在顶板良好、无淋水的地点。

（2）立即将伤员口、鼻内的黏液、血块、泥土、碎煤等除去，并解开其上衣和腰带,脱掉其胶鞋。

（3）用衣服覆盖在伤员身上以保暖。

（4）根据心跳、呼吸、瞳孔等特征和伤员的神志情况,初步判断伤情的轻重。正常人每分钟心跳 60～80 次、呼吸 16～18 次,两眼瞳孔是等大、等圆的,遇到光线能迅速收缩变小,而且神志清醒。休克伤员的两瞳孔不一样大、对光线反应迟钝或不收缩。对呼吸困难或停止呼吸者,应及时进行人工呼吸。当出现心跳停止的现象（心音、脉搏消失,瞳孔完全散大、固定,意志消失）时,除进行人工呼吸外,还应同时进行胸外心脏按压急救。

（5）对 SO_2 和 NO_2 的中毒者只能进行口对口的人工呼吸,不能进行压胸或压背法的人工呼吸,否则会加重伤情。当伤员出现眼红肿、流泪、畏光、喉痛、咳嗽、胸闷现象时,说明是受 SO_2 中毒所致。当出现眼红肿、流泪、喉痛及手指和头发呈黄褐色现象时,说明伤员是受 NO_2 中毒。

（6）人工呼吸持续的时间以恢复自主性呼吸或到伤员真正死亡时为止。当救护队来到现场后,应转由救护队用苏生器苏生。

二、对外伤人员的急救

（一）对烧伤人员的急救

矿工烧伤的急救要点可概括为"灭、查、防、包、送"5 个字。

灭:扑灭伤员身上的火,使伤员尽快脱离热源,缩短烧伤时间。

查:检查伤员呼吸、心跳情况;检查是否有其他外伤或有害气体中毒;对爆炸冲击烧伤伤员,应特别注意有无颅脑或内脏损伤和呼吸道烧伤。

防:要防止休克、窒息、创面污染。伤员因疼痛和恐惧发生休克时或发生急性喉头梗阻而窒息时,可进行人工呼吸等急救。为了减少创面的污染和损伤,在现场检查和搬运伤员时,伤员的衣服可以不脱、不剪开。

包：用较干净的衣服把伤面包裹起来，防止感染。在现场，除化学烧伤可用大量流动的清水持续冲洗外，对创面一般不做处理，尽量不弄破水泡以保持表皮。

送：把严重伤员迅速送往医院。搬运伤员时，动作要轻柔，行进要平稳，并随时观察伤情。

（二）对出血人员的急救

止血的方法随出血种类的不同而不同。出血的种类有：动脉出血、静脉出血和毛细血管出血。对毛细血管和静脉出血，一般用干净布条包扎伤口即可，大的静脉出血可用加压包扎法止血，对于动脉出血应采用指压止血法或加压包扎止血法及止血带止血法。

对于因内伤而咯血的伤员，首先使其取半躺半坐的姿势，以利于呼吸和预防窒息，然后，劝慰伤员平稳呼吸，不要惊慌，以免血压升高，呼吸加快，使出血量增多。最后等待医生下井急救或护送出井就医。

（三）对骨折人员的急救

对骨折者，首先用毛巾或衣服作衬垫，然后就地取用木棍、木板、竹笆片等材料做成临时夹板。将受伤的肢体固定后抬送医院。对受挤压的肢体、不得按摩、热敷或绑电缆皮，以免加重伤情。

三、对触电者的急救

（1）立即切断电源，或使触电者脱离电源。

（2）迅速观察伤员有无呼吸和心跳。如发现已停止呼吸或心音微弱，应立即进行人工呼吸或胸外心脏按压。

（3）若呼吸和心跳都已停止时，应同时进行人工呼吸和胸外心脏按压。

（4）对遭受电击者，如有其他损伤（如跌伤、出血等），应做相应的急救处理。

第七节　科学施救案例介绍

一、案例一：科学施救 58 名被困矿工全部脱险

2012 年 7 月 25 日 18 时 26 分，在贵州安利来煤矿 11806 运输巷综掘工作面距迎头 49 米处发生顶板冒落，造成掘进工作面 5 人被困。矿方未按规定迅速向当地政府及有关部门报告，而是自行组织救援。26 日 14 时 40 分，在距离第一次冒顶点往后 37 米处，再次发生大面积冒顶，导致次生事故发生，下井参与救援的 53 人全部被困。矿方感到已无力进行自救，才于 26 日 15 时向当地政府及相关部门报告请求救援，并一度谎报被困人员仅有 30 人。接到事故报告后，贵州省立即展开紧急救援，为抢救井下 58 名矿工的生命进行了一场生死大营救。

事故发生后，国务院领导迅速作出批示，安排国家安全监管总局立即派精兵强将赶赴贵州进行指导，全力以赴解救被困人员。国家安全监管总局要求，立即启动应急救援预案，进一步核对井下人数，做好通风等工作，严防次生事故发生。贵州省委、省政府领导指示要求在第一时间安排抢险救援工作，尽一切努力营救被困人员。并派副省长孙国强第一时间带领贵州省安监局、贵州煤监局、贵州省公安厅等相关部门负责人赶赴现场指挥救援。要求现场采取钻孔、掘进、通风等组合措施科学施救，认真核查井下人数。并要求抓紧通风，加大通风量；要在最短的时间内打开生命通道；要寻找薄弱环节，寻找突破口。同时，贵州省安监局、贵州煤监局迅速抽调盘江精煤公司救护大队 2 个小队赶往现场，与普安县矿山救护队 40 名救援人员会合，全力救援。

经过 6 小时奋力抢救，终于在 26 日 20 时 40 分将二次冒顶被困的 53 人成功救出，无 1 人受伤。

为抢救第一次顶板冒落被困的 5 名矿工,指挥部从黔西南州、永贵公司糯东煤矿分别调集了矿山救护队员负责井下安全巡查和监护,重点是观察顶板及巷道两帮是否有压力显现,确保施救人员的安全及退路的通畅。

由于封堵巷道面积大,疏通维修困难,经过现场勘查后,指挥部果断决定,沿巷道下帮作小巷道施救,并迅速抽调了 45 名专业人员进行施工。

经现场勘查,11806 运输巷综掘工作面内有 4 处顶板垮落危险点,局部地点支护强度不够。为此,指挥部决定,首先对这 4 处危险点采取打木垛、点柱及加托梁等措施加强支护,同时对局部支护强度不够地点及时补柱。

当时,5 名矿工被困井下已超过 24 小时,为确保他们所在地点巷道内的供风,指挥部决定,在原有一趟压风管供风的基础上,将供水管改为压风管,以增加被困人员所处地点的供风量。

在多方配合下,小巷道终于和原巷道成功贯通。救援人员随即对贯通点前方直至第一冒顶区之间的巷道进行了检查,对有支护不到位或空顶的地方采取了相应措施进行支护。

针对矿方自行施救时对第一冒顶区已施工出的巷道,指挥部要求救援人员在确保自身安全的前提下,尽快打通剩余约 2 米的巷道,同时安排救援人员每 4 小时轮班一次并在现场交接班。指挥部要求,每班指定 1 名矿山救护队员加强对施救区域气体检测。贵州煤监局和盘江监察分局各派 1 人跟班,州、县相关部门参加,随时处理可能出现的异常情况。

在多方共同努力下,29 日 19 时 18 分,第一位被困矿工安全升井……19 时 27 分,经过 97 小时抢险救援,最后 1 名矿工顺利升井。至此,好利来煤矿冒顶事故的 58 名被困人员全部安全脱险。

(摘编自 2012 年 7 月 31 日《中国安全生产报》第 2 版《为拯救 58 条生命而奋战》)

二、案例二:班组科学自救 8 人全部死里逃生

2010 年 12 月 10 日,对于重庆能源集团石壕矿掘进 625 队电钳二班 8 名矿工来说,这一天让他们终生难忘。因为当天,该矿南 1634 回风综掘碛头突如其来的电气自燃事故,把他们堵在了千米井巷深处。

"不好,短路了!"9 时 5 分,副班长姚连祥头顶上方出现一道亮光。接着,火花引燃了可燃物,电路跳闸,井下一片漆黑,报警铃声响起。

"起火了,快跑!"姚连祥招呼最近的 3 名工友朝碛头末端狂奔。此时,正在碛头末端作业的跟班副队长江波和 4 名工友听到报警铃声,江波抓起电话试图询问调度室,却发现线路已中断。1 分钟后,江波看到从 300 米外一路跑来的姚连祥和 3 名工友,才知道井下突发大火。

"戴上装备灭火!"江波向众人呼喊,8 名工友随即戴上压缩氧自救器,提着灭火器冲往火区,但浓烟挡住了他们的去路。

"我们不能坐着等死,要想法自救。"江波告诉大家。20 分钟后,8 名工友在江波的带领下,借助矿灯灯光,手牵着手,俯身沿着巷道中的两根矿车轨道向前爬。

爬行了不到 20 米,压缩氧自救器没氧气了。有 27 年井下工作经验的林子国带领 3 名工友冲在前面,赶紧用随身携带的钥匙在风筒上钻孔,让大家呼吸新鲜空气,继续向前爬,他们穿越了 20 多米的火区,终于成功脱险。"要不是中途两次钻破风筒传送空气,我们肯定坚持不下来。"陈桂均说。

3 小时后,江波带领其他 3 名工友,在自救、互救中穿越 300 米火区,也成功脱险。

42 岁的江波感叹说:"灾难面前,大家发挥集体智慧,利用日常掌握的自救、互救技术,不仅救了自己,还救了工友。"

阜矿集团孙立采取"压风自救"挽救2名受伤工友

2013年1月19日,在辽宁阜矿集团先进集体劳动模范表彰大会上,五龙煤矿准备队直属党支部书记孙立获得安全生产特别重大贡献奖,获奖金人民币10万元,并被破格提拔为安监局副处级监察员。

孙立上台领奖时,台下响起了雷鸣般的掌声。工友们都说:"这个奖,非他莫属。"

1月12日,五龙煤矿3431B运输顺槽掘进工作面,因冲击地压造成了1米直径的风筒损坏,导致瓦斯大量涌出,发生一起伤亡事故。

当时孙立正在皮带机头附近,距离事故地点约800米。他立即用井下电话将情况向矿调度作了汇报,并请求安排风筒工接风筒。孙立又往掌子面打了三次电话,均无人接听。他感到事态严重,一心只想着掌子面作业工友的安危,立即向事故现场跑去。(事后,孙立表示,近年来该矿在安全方面的投入力度很大,自救设备齐全,在当时的情况下迅速采取措施营救受伤工友,胜算很大。)

孙立在巷道前行了700多米,发现一名头朝着地窝已不能动弹的工友,他立即采取"压风自救"措施:打开压风阀门放出风来,将风袋套在这名工友头上,使之逐渐恢复知觉。

暂时安顿好这名工友后,孙立感到有些头晕。为了营救更多的工友,孙立毅然坚持搜索前进。

前行约30米,孙立在帮壁下发现一名被损坏风筒压住的工友。这名工友微弱说出:"这儿……有人",但无力站起来。孙立挪开风筒,将这名工友拖到压风处,与前一名工友一样,实施"压风自救"。

孙立再次前行20余米,因头晕厉害禁不住坐到了地上。他意识到快坚持不住了,便机敏地找到一根铁丝,划破正在供风的直径800毫米的备用风筒。

呼吸了几分钟新鲜气流后,孙立逐渐清醒过来,他意识到,如果自己不能尽快回到刚刚救出的两名工友身边,并将他们带出去,那么之前的营救努力可能会半途而废。

于是,孙立在呼吸困难的情况下坚持往回走。孙立回到两名工友身边后,在右手分别架起两名工友的胳膊,连背带拽,一步一步艰难地往外前行。就这样走了约400米,感到呼吸急促,孙立解下毛巾,用巷道水沟里面的水将毛巾蘸湿,捂住自己和两名工友的口鼻。(后来,孙立才知道,当时巷道内瓦斯浓度已达4%以上,若不尽快走出去,随时都有生命危险。)

孙立在带领两名受伤工友坚持走过瓦斯积聚的上下山巷道接近平巷的安全地带时,看到了前来接应的矿副总工程师和众多参与营救的人员。

盲目施救,死亡人数升 3 倍

案例: 2013 年 1 月 29 日 10 时 30 分,黑龙江省东宁县永盛煤矿 3 名工人入井维护抽水,行至左二路时遇到压气(氧含量低,一氧化碳高,俗称"压气")晕倒。事故发生后,矿上组织人员下井救援,均中毒晕倒。截至 1 月 31 日,救援工作已基本结束,20 名被困人员中,有 8 人经抢救脱离危险,而包括矿长在内的 12 人遇难。

目前,安监、煤监、公安等相关部门已经着手就事故发生原因进行调查。调查人员初步分析认为,这起事故发生后,矿方未及时报告,盲目组织救援,导致伤亡人数增加。

据东宁县副县长张富广介绍,经事后初步调查,1 月 29 日 10 时 30 分许,东宁县永盛煤矿 3 名工人在进入停产矿井进行维护抽水作业时,因一氧化碳中毒晕倒。

矿方未及时向有关部门报告,矿长自行组织附近人员在没有便携式一氧化碳检测仪等必要设备的条件下入井救援,再次遭遇一氧化碳中毒并晕倒,使伤亡范围进一步扩大。

直到当日 13 时 30 分,东宁县有关部门才接到报告,并组织 30 余名专业救护队员到达现场采取科学方法救援,使部分被困人员成功获救。

短评: 一个个逝去的生命让人扼腕叹息,同时也在提醒人们,事故发生后,需要对被困人员紧急施救,更需要科学的方法。否则,不但不能有效救援,反而会"火上浇油",使伤亡进一步扩大,导致次生、衍生事故发生。

从发生的一些因施救不当导致事故扩大的实例中,我们发现一些企业安全教育培训工作不到位,作业人员缺乏基本的安全意识和自救互救知识、技能。

痛定思痛,防止因施救不当或盲目施救造成事故扩大,班组安全培训和安全管理、现场应急救援工作的科学实施十分重要。煤矿基层班组应结合自身的生产特点,为作业人员配备必要的防护装备,组织开展有针对性的全员安全教育和培训,注重提升安全教育和培训的实效,尤其要对应急预案、施救方法进行重点培训使作业人员消除侥幸心理,强化安全意识,掌握必要的安全常识,提高自救互救能力。

【复习思考题】

1. 瓦斯与煤尘爆炸事故时的避灾救灾方法有哪些?

2. 应急救援过程中班组长的职责有哪些?

第八章 煤矿典型事故案例分析

第八章 煤矿典型事故案例分析

第一节 瓦斯和煤尘爆炸事故案例分析

一、案例一:"3·29"特别重大瓦斯爆炸事故

(一)事故基本情况

2013年3月29日21时56分,吉林省吉煤集团通化矿业集团公司八宝煤业公司发生特别重大瓦斯爆炸事故,造成36人遇难(其中1人后因伤不治),通化矿业公司为逃避调查,只上报28人遇难,隐瞒7名遇难人员不报。

有关调查报告指出,3月30日上午,通化矿业公司董事长兼总经理赵显文、常务副总经理王升宇和八宝煤矿总经理韩成录先后得知"3·29"事故实际井下当时死亡人数达到35人的情况,赵显文决定隐瞒事故真实死亡人数,于当日下午宣布"3·29"事故造成28人死亡、13人受伤。

3月30日3时左右,通化矿业公司副总经理李成敏依据已搜寻到的28具遇难者遗体,向随后赶到井下的吉煤集团董事长袁玉清报告共发现28人死亡、13人获救升井的情况。4时30分左右,袁玉清据此向吉林省人民政府领导和国家安全监管总局工作组报告有关情况。6时左右,李成敏在井下经过反复勘察核对,发现前期搜寻到的遇难者遗体中有2具未被统计,确认此时已搜寻到30具遇难者遗体,随后向王升宇作了汇报。同时,韩成录等人经核对

· 263 ·

人数后发现井下应该有 5 人还未找到,向赵显文作了汇报。赵显文随即组织人员再次入井搜寻,至 13 时又找到了 5 具遇难者遗体。

按照赵显文的意见,韩成录等八宝煤矿负责人选择容易做通家属工作的吴非等 7 人作为瞒报对象。30 日 20 时左右,赵显文责成韩成录想办法为瞒报的 7 名遇难人员办理火化手续。韩成录通过中间人张玉莲,委托当地太平间经营者陈毅造假办理了 7 人的死亡证明并火化了尸体。事后,韩成录将有关资料交由该矿财务科与遇难者家属协商私了赔偿等事宜。此外,白山市公安局刑警支队在对遇难者遗体尸检过程中,该局副局长丁倍臣和刑警支队支队长金光军于 4 月 1 日知道了事故真实死亡人数,均未向上级领导和有关部门报告。

4 月 5 日晚,吉林省前期事故调查组接到群众举报电话,提供了被瞒报的 5 名死亡人员名单。同时,国家安全监管总局也接到了举报电话,随即要求吉林省人民政府再次全面核查事故伤亡情况。吉林省人民政府立即组织人员对两起事故的死亡和受伤人员分别进行核对。6 日 11 时 50 分,经吉林省人民政府核对,确认企业在"3·29"事故中瞒报死亡人数 7 人,实际死亡人数为 36 人。

调查报告披露,经进一步调查,八宝煤矿在 2012 年还瞒报了 5 起人员伤亡事故(共死亡 6 人),均通过私下向死者家属赔偿和伪造死亡证明的方式进行火化处理。

调查报告指出,在"3·29"事故发生前,该矿已经发生了 3 次瓦斯爆炸,未造成人员伤亡。该矿不仅没有按规定上报并撤出作业人员,而且继续在相关区域施工密闭。4 月 1 日,该矿不执行吉林省人民政府禁止人员下井作业的指令,擅自违反规定安排人员入井施工密闭,又发生瓦斯爆炸事故,造成 17 人死亡、8 人受伤。

(二)事故原因分析

吉林八宝煤矿"3·29"特别重大瓦斯爆炸事故调查报告认定,

八宝煤业公司"3·29"特别重大瓦斯爆炸事故和"4·1"重大瓦斯爆炸事故均为责任事故。其中,企业对事故发生负有重要责任。

1. **事故直接原因**

八宝煤矿对井下采空区的防灭火措施不落实,管理不得力。① 采空区相通。该矿-416采区急倾斜煤层的区段煤柱预留不合理,开采后即垮落,不能起到有效隔离采空区的作用,导致上下区段采空区相通,向上部的老采空区漏风。② 密闭漏风。由于巷道压力大,造成-250密闭出现石门裂隙,导致漏风。③ 防灭火措施不落实。没有采取灌浆措施,仅在封闭采空区后注过一次氮气,没有根据采空区内气体变化情况再及时补充注氮,导致注氮效果无法满足防火要求。④ 未设置防火门。该矿违反《煤矿安全规程》规定,没有在-416采区预先设置防火门。

此外,八宝煤矿及通化矿业公司在连续3次发生瓦斯爆炸的情况下,违规施工密闭。① 违反规程规定进行应急处置。第一次瓦斯爆炸后,该矿在安全隐患未消除的情况下仍冒险组织生产作业;第二次瓦斯爆炸后,该矿才向通化矿业公司报告。② 处置方案错误,违规施工密闭。通化矿业公司未制定科学安全的封闭方案,而是以少影响生产为前提,尽量缩小封闭区域,在危险区域内施工密闭,且没有充分准备施工材料的情况下,安排大量人员同时施工5处密闭,延长了作业时间,致使人员长时间滞留危险区。③ 施工组织混乱。该矿施工组织混乱无序,未向作业人员告知作业场所的危险性。④ 强令工人冒险作业。第三次瓦斯爆炸后,部分工人已经逃离危险区,但现场指挥人员不仅没有采取措施撤人,而且强令工人返回危险区域继续作业,并从地面再次调人入井参加作业。

在"3·29"特别重大瓦斯爆炸事故发生后,通化矿业公司违抗吉林省人民政府关于严禁一切人员下井作业的指令,擅自决定并组织人员下井冒险作业,再次造成重大人员伤亡事故。

吉煤集团对通化矿业公司的安全管理不力。未认真检查通化矿业公司和八宝煤矿的"一通三防"工作，对该矿未严格执行采空区防灭火技术措施的安全隐患失察，不认真落实防灭火措施，导致了事故的发生；违规申请提高八宝煤矿的生产能力。

2．事故间接原因

一是企业安全生产主体责任不落实，严重违章指挥、违规作业。

二是地方政府的安全生产监管责任不落实，相关部门未认真履行对八宝煤矿的安全生产监管职责。

三是煤矿安全监察机构安全监察工作不到位。

二、案例二：非法违法生产致低瓦斯矿爆炸

2013 年 3 月 26 日，国家安监总局发布了造成 48 人死亡的四川攀枝花肖家湾煤矿"8·29"特别重大瓦斯爆炸事故调查报告。根据报告，攀枝花市安监局监督管理三处处长、市国土局西区分局局长等 31 人已被司法机关采取逮捕等措施。报告建议对攀枝花市副市长，市西区区委书记、区长等 33 人给予党纪、行政处分。

2012 年 8 月 29 日 17 时 38 分，四川省攀枝花市西区正金工贸有限公司肖家湾煤矿发生特别重大瓦斯爆炸事故，井下共有煤矿工人 154 人，造成 48 人死亡、54 人受伤，直接经济损失 4 980 万元。

调查报告显示，事发矿为乡镇煤矿，核定生产能力 9 万吨/年，为低瓦斯矿井，煤层不易自燃，煤尘无爆炸危险性。为什么会发生严重的瓦斯爆炸事故？报告指出其直接原因是：非法违法开采区域无风微风作业，瓦斯积聚达到爆炸浓度；加上提升绞车信号装置失爆，操作时产生电火花，引爆瓦斯；在爆炸冲击波高温作用下，部分采掘作业点积聚的瓦斯发生二次爆炸，造成事故扩大。

非法违法组织生产，越层越界非法采矿，在报告中被列在事故

间接原因的首位。该矿在批复区域外组织 4 个采煤队乱采滥挖、超层越界非法采矿,非法采煤量达 21.14 万吨。

另外,报告还认定事发煤矿为了隐瞒非法违法开采区域的情况,逃避政府及有关部门检查,采取伪造报表、记录等原始资料和在井下巷道打密闭的方式对付检查。该矿采取活动式伪装密闭,伪装外表与巷道形式、形状一致,隐瞒非法违法生产真相,蓄意逃避监管。

同时,超能力、超定员、超强度生产,也是导致事故的重要原因。

经调查认定肖家湾煤矿"8·29"特别重大瓦斯爆炸事故是一起责任事故。

三、案例三:"12·7"特别重大瓦斯煤尘爆炸事故

2005 年 12 月 7 日 15 时 14 分,河北省唐山市恒源实业有限公司(原刘官屯煤矿)发生一起特别重大瓦斯煤尘爆炸事故,造成 108 人死亡,29 人受伤,直接经济损失 2 870.67 万元。

(一)矿井概况

该煤矿为基建矿井。原属国有地方煤矿,几经转让改制,2005年转为民营企业,设计生产能力为 30 万吨/年,原设计为低瓦斯矿井,可是采煤层属高挥发分煤种,均有煤尘爆炸的危险性。矿井无冲击地压威胁。

(二)事故原因

1. 事故直接原因

该煤矿 1193(下)工作面切眼遇到断层,煤层垮落,引起瓦斯涌出量突然增加;9 煤层总回风巷三、四联络巷间风门打开,风流短路,造成切眼瓦斯积聚;在切眼下部用绞车回柱作业时,产生摩擦火花引爆瓦斯,煤尘参与爆炸。

2. 事故主要原因

第一,该煤矿无视国家安全生产管理法律法规,拒不执行停工指令,管理混乱,违规建设,非法生产。① 违规建设。该矿私自找没有设计资质的单位修改设计,《安全专篇》未经批复,擅自施工;煤矿安全监察机构下达停止施工的通知,该矿拒不执行。② 非法生产。该矿在基建阶段,在未竣工验收的情况下,从 2005 年 3 月至 11 月累计出煤 6.33 万吨,存在非法生产行为。③ "一通三防"管理混乱,造成重大安全生产隐患。④ 劳动组织管理混乱,违法承包作业。

第二,有关职能部门履行职责不到位。① 开平区煤矿安监局对该煤矿未认真履行监管职责,多次检查均未发现该矿违规建设、非法生产、"一通三防"管理混乱等问题。② 唐山市安全生产监督管理局履行监管职责不到位,在组织安全生产检查中未发现其违规建设、非法生产、"一通三防"管理混乱等问题。③ 河北煤矿安全监察局冀东监察分局履行煤矿监察职责不到位,对该矿违规建设、非法生产监察不力,对该矿拒不执行停工指令行为,未报请依法吊销其采矿许可证。

第三,开平区、唐山市政府贯彻落实国务院有关煤矿停产整顿的要求不力。① 开平区人民政府未履行职责,对该煤矿违规建设、非法生产、"一通三防"管理混乱等问题失察。② 唐山市人民政府贯彻落实煤矿安全生产方针政策不力,督促有关职能部门依法履行煤矿安全生产监管职责不到位。

四、案例四:"11·10"特别重大煤与瓦斯突出事故

2011 年 11 月 10 日 6 时 19 分,云南省曲靖市师宗县私庄煤矿发生特别重大煤与瓦斯突出事故,造成 43 人死亡,直接经济损失 3 970 万元。

事故发生后,党中央、国务院领导作出重要批示,成立云南省

曲靖市师宗县私庄煤矿"11·10"特别重大煤与瓦斯突出事故调查组(以下简称"事故调查组"),聘请有关专家参与事故调查,邀请最高人民检察院派员参加事故调查工作。

事故调查组通过深入井下勘查事故现场,调查询问有关当事人、查阅有关资料和监控系统记录,综合分析事故抢险救援报告、遇难人员尸检报告和专家组对事故原因的技术分析报告等,查清了事故发生的经过和原因,认定了事故性质和责任,提出了对有关责任人员、责任单位的处理建议和防范措施。

(一)矿井基本情况

私庄煤矿位于云南省曲靖市师宗县雄壁镇,为私营企业,核定生产能力为9万吨/年。事故发生时,该矿除工商营业执照、矿长资格证、矿长安全资格证外,其他相关证照已过期或被暂扣。

该矿为煤与瓦斯突出矿井,但未按设计方案实施瓦斯抽放,瓦斯抽放系统未能正常运行;未按防突专项设计相关要求组织实施,未落实综合防突措施。

发生事故的1747掘进工作面,正在实施揭穿M22突出煤层的掘进作业。但在掘进作业前,未实施综合防突措施,违规只采取工作面瓦斯抽放等局部防突措施且未落实到位,原来应该打28个超前钻孔进行瓦斯抽放,但实际只打抽放孔11个,其中7个见煤钻孔出现喷孔等突出预兆。在未消除突出危险的情况下,该矿仍组织掘进作业。

(二)事故责任认定

1. 事故直接原因

私庄煤矿非法违法组织生产,未执行综合防突措施,在未消除突出危险性的情况下,1747掘进工作面违规使用风镐掘进作业,诱发了煤与瓦斯突出,突出的大量煤粉和瓦斯逆流进入其他巷道,致使井下人员全部因窒息、掩埋死亡。

2. 事故间接原因

① 私庄煤矿非法违法组织生产,防突措施不落实,安全管理混乱;② 地方政府有关职能部门不正确履行职责,一些工作人员失职渎职,对私庄煤矿存在的非法违法行为打击不力;③ 有关地方政府监管不力;④ 云南煤矿安全监察局曲靖监察分局督促落实煤矿停产整顿、隐患排查治理等工作不到位,对私庄煤矿存在的非法违法生产行为失察。其中,师宗县煤炭工业局局长、副局长、执法人员、煤管所负责人、驻矿监管员等收受私庄煤矿钱物,放任私庄煤矿非法违法生产。师宗县委、县政府不重视安全生产工作,在全县煤矿停产整顿、大部分未验收复产的情况下,下达超出生产能力的煤炭生产考核指标。地方政府的有关领导收受私庄煤矿矿主梁××贿赂,放任其非法违法生产。

（三）事故处理意见

私庄煤矿出资人、法定代表人梁××,私庄煤矿实际管理人唐××,私庄煤矿矿长张××、安全副矿长戚××、技术副矿长孙××、机电副矿长严××、班长岳××,以及师宗县地方政府的相关领导、主管部门领导等共计19人,因涉嫌重大责任事故罪或玩忽职守罪或受贿罪等罪名被移送司法机关并已被采取强制措施。

针对私庄煤矿非法违法生产引发特别重大事故,且未执行煤矿领导带班下井制度的情况,建议对该矿罚款500万元,对私庄煤矿矿长张××处上一年年收入80%的罚款。针对私庄煤矿在有关证照过期、暂扣期间,非法违法生产原煤6万多吨,且存在越界生产行为的情况,建议没收其非法违法所得,并处以非法违法所得5倍的罚款。建议责成相关部门依法吊销私庄煤矿有关证照,并由曲靖市政府实施关闭。

（四）事故防范措施

事故调查组提出了五条事故防范措施:一是严厉打击非法违

法行为;二是切实加强煤矿瓦斯防治工作;三是切实加强煤矿企业安全管理;四是认真落实地方政府及有关部门安全生产责任;五是切实加强煤矿领域党风廉政建设。

第二节　矿井顶板事故案例分析

一、案例:"3·20"推垮型冒顶事故

2001年3月20日7时50分,某矿8175采煤工作面发生推垮型冒顶事故,造成5人死亡。

（一）矿井概况

该工作面初始设计为网格式高档放顶煤开采工艺。材料道、刮板输送机道和切眼均沿煤层底板布置,工作面两道采用11#矿用工字钢梯形棚支护,切眼采用锚网梁支护,切眼断层段采用11#矿用工字钢梯形棚支护,切眼处煤厚3.3～3.5 m。工作面两道净高均为2.2 m;切眼锚网支护段为矩形断面,巷道净宽3.5 m、净高2.1 m;切眼工字钢支护段为梯形断面,巷道上净宽3.0 m、下净宽3.8 m、净高2.1 m。由于放顶煤设备原因,工作面生产初期改用高档普采回采工艺;工作面支护采用DZ—22单体液压支柱配合HDJA—1000金属铰接顶梁,主要生产设备为MG—150采煤机和SGZ—630/220刮板运输机。事故发生时工作面推进了2.8 m。

（二）事故发生经过

2001年3月20日夜班共出勤30人,由当天值班的机电队长主持召开了班前会,队长、副队长参加了当班班前会,值班机电队长、副队长分别就8175工作面初采情况强调了相关措施要求,并安排当班生产任务为割本循环的第二刀煤、架棚、回柱。副班长将本班作业人员分成7个现场组,每组平均间隔15 m、每组25棚左

右。作业人员到达 8175 工作面作业现场后,与中班的工长及跟班干部进行交接检查后,即安排割煤。6 时 30 分左右,割煤、推溜、工作面煤壁侧支护工序完毕,开始由下而上回料,矿初次放顶领导小组成员及当班干部在工作面巡视检查工程质量情况,指导监督作业人员规范作业。

3 月 20 日 7 时 50 分,在距下出口 23.5 m 处往上区域即工作面第二、第三作业现场发生推垮型冒顶事故。冒顶范围:倾斜长度 20.4 m,老塘至煤壁宽 5.8 m,冒落顶板高 1.7 m。冒落的矸石将正在该区域作业的 4 名工人和检查的安全科副科长埋住。

7 时 52 分,矿调度室接到 8175 工作面的紧急电话汇报,调度员立即通知矿领导与相关职能部门及矿救护队、井口急救站,同时向公司调度室汇报。随即,矿救护队、矿领导等立即更衣下井,于 8 时 30 分赶到事故现场指挥和参与抢救。

在冒顶区的上下两侧各架设一个木垛,以防止冒顶范围扩大。另外,在冒顶区冒落矸石上自下而上铺设长铁道、半圆木,并在其上架设木垛,支撑稳定顶板;同时从冒顶区下方分两个组,分别沿煤壁侧和老塘侧采取逐步清理、打柱架棚的方法向上推进,查找被埋压人员,并在抢险地点专人观察维护顶板,保证抢险安全。

为尽快救出遇险人员,事故处理抢救指挥部又迅速作出决定,抽调 4 个采掘队的职工参加抢救。抢救工作进行到 21 时 05 分,首先在冒顶区下部 10 m 处,发现被埋压人员 1 人;22 日 1 时 20 分,发现第二名被埋压人员,人员位置位于距冒顶区下方 11 m 处;2 时整,发现的第三人被扒出,12 时、14 时,发现并扒出最后两名被埋人员,5 人均当场死亡,整个抢险过程历时 30 小时。

(三)事故原因分析

1. 事故直接原因

违章作业是诱发事故的直接原因。第二、第三作业现场组同时近距离回柱,两组回柱地点间距只有 4.4 m,严重违反了作业规程中关于"回柱放顶邻近间距不得小于 15 m"的规定,致使作业区顶板活动加剧,造成支架失稳,发生推垮型冒顶。

2. 事故间接原因

① 工作面规章制度、作业规程落实不到位,支护质量差。② 工作面原设计为网格式放顶煤生产工艺,巷道及切眼沿煤层底板布置,由于设备原因,并改用高档普采,形成留顶煤开采,为这起事故埋下隐患。③ 工作面为复合顶板,在冒顶区域有一落差 1.2 m 的断层,没有采取针对性的预防冒顶措施,也是造成这起事故的原因之一。④ 对外包队职工必要的培训、教育不到位,安全管理、检查监督不力,岗位责任制落实不够。

第三节 矿井火灾事故案例分析

案例:矸石摩擦胶带引起胶带燃烧事故

1995 年 12 月 5 日 15 时 55 分,某矿发生一场大火,转瞬间吞噬了 27 名矿工兄弟的生命。给国家、企业带来了巨大的经济损失和不良影响,给 27 个家庭带来深重的灾难和不幸。

(一)矿井概况

该矿设计能力为 120 万 t/a,二期改扩建投产后设计能力为 300 万 t/a。矿井为立井多水平开拓方式,发生事故时为中央边界与单翼对角混合式通风(现为中央边界与两翼对角混合式通风)。当时东翼-400 m 生产水平有东三、东四 2 个采区,1 个综采工作面、1 个综采安装面和 5 个掘进工作面,矿井原煤运输实现胶带化。东翼胶带机大巷全长约 3 730 m,装有 1#、2#、3#、4# 四条胶带(2# 与 3# 胶带通过煤仓连接)。巷道为半圆拱形,分段采用锚喷和砌碹支护。巷道内铺设一趟直径 150 mm 的压风管、一趟直径 100 mm 的消防供水管（每隔 40 m 设一个三通并配有消防软管）、一趟直径 100 mm 的注浆管及通往东翼的高压电缆、控制电缆和通讯电缆。胶带着火点在－400 m 水平东翼胶带机大巷 1# 胶带距机尾约 133 m 处，事故影响范围为着火点以东－400 m 东大巷、东三、东四采区，该区域内共有各类作业人员 171 人。

（二）事故发生经过

1#、2# 胶带机担负着东翼采区的运煤任务。12 月 5 日，2# 胶带机头早班司机于 7 时 16 分下井，12 时左右开机，14 时 50 分停机，15 时 10 分左右提前离岗升井。该日早班清理班班长孙某协助东翼 1# 胶带三岔门至变电所段（事故发生段）时，当班没有全面进行清理，两人即于上午 11 时 56 分升井，班中回家吃饭、休息，直到下午 2 时 30 分以后才重新回矿穿上下井服到井口投卡考勤。中班 1# 胶带司机曹某 15 时 40 分左右到岗接班。

1# 胶带司机 15 时 55 分左右发现 1# 胶带机巷有烟雾，立即向井下胶带集控室作了汇报，集控室司机随即向矿调度室汇报。这时在集控室的胶带科运转队跟班队长等两人闻讯后立即去 1# 胶带机尾察看，当他们到达大巷给煤机附近听到有人说 1# 胶带着火时，便迅速与该区段作业的掘进准备队几名工人一起拿着灭火器进入现场灭火，同时掘进准备队现场作业人员向矿调度室作了汇报。16 时 20 分，调度员向矿长作了汇报。矿长马上终止正在召开的办公会，到调度室询问火情，迅速成立了灭火救灾领导小组，并下达指令：一是由调度员立即向井下发出撤人命令，将灾区人员全部撤至新东四下口新鲜风流中。二是由矿总工程师、生产副矿长、机电副矿长立即赶赴火灾现场，组织灭火工作。三是通知矿救护队立即赶赴现场救灾。四是及时向公司调度室汇报，并请公司救护大队援助。

16 时 46 分,矿调度室向公司调度室汇报。17 时 02 公司领导及有关人员赶到指挥抢险救灾,成立领导小组,安排部分救护人员进入灾区营救被困人员,部分救护队员由 2# 联络巷进去割断 2# 胶带,以切断火源后路,但未获成功。随后实施另一方案,即打开 8301 风门使烟雾短路,解放东三灾区,也由于烟雾过大,气温太高,救护队员冲至 2# 机尾处,被迫返回。接着领导小组再次研究灭火营救方案,决定兵分两路,一路加强灭火,一路由救护队员从东二新风井营救灾区人员。经过约 4 小时的营救,144 人从新风井梯子间安全升井。此时,还有 27 名矿工被困井下,下落不明,由于火势较大,灭火和营救工作一再受阻,直到 6 日中班 22 时 18 分,27 名矿工找到,但全部遇难身亡。

(三)事故原因分析

1. 事故直接原因

胶带清理不到位,未及时清除与胶带相接触的矸石,造成胶带与矸石摩擦起火。

2. 事故间接原因

① 胶带管理不善,损坏严重,更换不及时;胶带质量低劣,为非阻燃胶带;② 安全管理制度执行不力,少数职工劳动纪律松弛,胶带清理工孙某、张某未完成清理任务并提前升井,2# 胶带早班司机提前离岗,中班司机未按时到岗,没有现场交接班;③ 对安全生产方针贯彻不认真、不得力,安全生产责任制不落实;④ 安全培训质量不高,针对性不强;⑤ 当日掘进六队跟班队长在知道灾情和避灾路线的情况下,未组织本队人员自救互救而只身撤离灾区;⑥ 胶带机道存放的 4 车新胶带着火,延长了救火时间,使胶带着火事故扩大;⑦ 事故部分伤亡人员接到命令后,只想着从副井升井而跑错了方向,导致事故扩大。

第四节 矿井水灾事故案例分析

一、案例一："5·18"特别重大透水事故

2006年5月18日19时36分,山西某市某煤矿发生一起特别重大透水事故,造成56人死亡,直接经济损失5 312万元。

(一)矿井概况

该煤矿始建于1992年,批准开采4号煤层,设计生产能力为9万 t/a。该矿采用一对斜井开拓,主斜井主要用来运煤、进风,副斜井主要用来行人、下料、回风。采用非正规的采煤法,以掘代采,爆破落煤,人工装煤,木支护。

该矿矿井通风方式为中央并列式,通风方法为抽出式,使用局部通风机进行局部通风。矿井总进风量为1 600~1 700 m³/min,总回风量为2 400~2 500 m³/min。该矿在批准的4号煤层进行过瓦斯等级、煤尘爆炸性等鉴定,瓦斯相对涌出量为2.1 m³/t,绝对涌出量为0.39 m³/min,为低瓦斯矿井,煤尘具有爆炸性,属容易自燃煤层。该矿仅在4号煤层设有瓦斯监测系统。

该矿主要充水水源为四周老窑和采空区积水及断层导通的砂岩裂隙含水层地下水,地下水补给来源有限。矿井总排水量约1 200 m³/d。

该矿采用两趟供电线路供电,供电电压为10 kV。在地面设容积为200 m³的静压水池1个,矿井只在4号煤层设有防尘洒水系统。

(二)事故发生经过

2006年5月18日14时,该矿266名工人自行入井,到达各自岗位工作。19时30分,某队跟班队长许某到离工作面约70 m

处的临时水仓排水,大约排了 20 min。积水排完后,许某与前来找他的支护工孟某一起往工作面返回,往工作面方向走了大约 20 m,突然听到嗡嗡的声响,有一股风迎面扑来,忽见前方 4～5 m 处有大量的水迎面涌来,两人赶快往出井的方向奔跑,并将沿途遇到的工人拦住,一同往出井方向跑。20 时 5 分左右,许某跑至 14—1 号煤层溜煤眼处,将东巷透水的消息告诉记煤工薛某,薛某马上给地面上的副矿长打电话,报告井下 14-1 号煤层东巷发生透水事故。19 日凌晨,当地县政府负责人接到报告后赶到现场,成立抢险指挥部,启动应急救援预案。10 时 30 分,副井第一台水泵开始往地面排水。

截至 6 月 28 日 13 时,共排出井下积水 42.2 万 m^2,56 名遇难矿工遗体全部找到,事故抢险工作结束。

（三）事故原因分析

1. **事故直接原因**

新井煤矿在 14-1 号煤层多条巷道透水征兆十分明显的情况下,未采取有效的防治水措施,仍违法在燕西 1 号井靠近采空区处组织生产,冒险作业。由于受爆破震动、水压浸泡以及采掘活动带来的矿山压力变化的影响,破坏了燕西 1 号井采空积水区的有限煤岩柱,最终导致了这起特别重大透水事故。

2. **事故间接原因**

第一,新井煤矿违法、违规开采,安全管理混乱。① 非法超层越界开采。新井煤矿的《采矿许可证》、《煤炭生产许可证》、《安全生产许可证》均批准该矿开采 4 号煤层,但是,该矿违法开采了 8、11、14—1、14—2 号煤层。有关部门虽曾责令该矿停止违法超层越界开采活动,但该矿无视法律法规,无视政府监管,长期违法开采。② 严重超能力、超强度和超定员组织生产。该煤矿的核定生产能力为 9 万 t/a,而该矿在 2004 年 7 月至 12 月期间,产煤 12.7 万 t,销售 16.6 万 t（含外购煤,下同）;2005 年,产煤

60.5万t,销售74.0万t;2006年1月至5月17日期间,产煤23.3万t,销售32.4万t。按照山西省有关规定,该矿最多只能布置两个采煤工作面和两个掘进工作面,当班井下作业人数最多为29人。而该矿同时开采了4、8、14—1、14—2号4层煤,以掘代采,多头掘进,共布置了82个掘进工作面。日常每班下井人数为250～300人,事故发生当班下井人数达266人,2006年4月29日夜班下井人数多达413人。③ 安全生产管理极其混乱。其主要表现为:管理制度、技术资料不健全,已有的制度也形同虚设;层层转包,以包代管;火工品管理混乱;井下大量使用非防爆设备;违章指挥、作业,冒险蛮干。

第二,有关职能部门及工作人员执法不力。有关职能部门不正确执行国家有关法律法规,对该煤矿安全生产监管和跟踪整改不力;有的工作人员失职渎职、玩忽职守。

二、案例二:"7·21"特别重大透水事故

2008年7月21日,广西右江矿务局那读煤矿发生特别重大透水事故,遇难36人,直接经济损失989.8万元。

(一)事故原因

(1)该矿安全生产主体责任不落实。自2008年3月以来,那读煤矿矿长一直缺位,安全管理混乱,没有按照要求开展安全生产百日督查专项行动。

(2)该矿探放水措施不落实。违规使用煤电钻代替专用探水钻进行探水。

(3)现场管理混乱。该矿在4304工作面3个切眼先后发现透水征兆的情况下,未按规定撤出受水威胁区域的作业人员;事故发生前,盲目通知撤到安全地点的人员返回作业地点恢复生产。

(4)该矿水文资料不清,水患排查治理不到位。该矿没有查清老空区积水和废弃小煤矿的积水情况,没有排查出重大透水安

全隐患;多次发现透水征兆后,未采取有效措施进行根治。

（5）右江矿务局对那读煤矿安全生产管理不到位,落实责任不到位;没有按照要求组织全局开展安全生产百日督查专项行动;对那读煤矿监督检查不到位、生产技术指导不力,安全检查走过场,对那读煤矿存在重大安全隐患的问题失察。

（6）百色市安监局对那读煤矿长期存在的水问题失察;对右江矿务局及那读煤矿安全生产和技术管理混乱状况失察;对百色市煤矿防治水工作重视不够,安全监管未采取有针对性的措施。

（7）百色市有关管理部门对安全生产工作重视不够,未正确履行行业管理职责。未组织开展煤矿安全生产百日督查专项行动,致使未排查出那读煤矿重大水患问题;未督促煤矿按规定提取安全费用。

（8）地方政府对安全生产工作重视不够,贯彻落实国家安全生产方针和法律法规不到位;对安全生产隐患排查治理和百日督查专项行动工作督促不够,安全生产主体责任落实不到位;对安全生产监督管理部门及有关领导未认真履行职责的情况失察。

（二）事故性质

经调查认定此次事故是一起责任事故。

第五节　矿井机运事故案例分析

案例：斜巷跑车事故

2003 年 5 月 17 日 10 时 10 分,某矿－50 m 水平斜巷发生运输跑车事故,造成 2 人死亡、2 人重伤。

（一）事故发生经过

某矿掘进二区在－50 m 水平副下山改棚,分两处作业点,一处在－84 m 水平处,第二处作业地点距离第一处作业地点约 100 m。2003 年 5 月 17 日 10 时左右,二号作业地点当班工作就要结束,只剩下最后一修护时换下来的铁料要运到上部车场,该作业组组长陈某为图省事,违反规定,一次要了两辆车,一辆叉车、一辆矿车,到作业地点,叉车在上方,矿车在下方。组长陈某等人将铁料直接装到叉车上,没有捆扎,上运时利用矿车车帮抵住叉车上的铁料防止下滑。铁料装车后,组长陈某给绞车房发提升信号。车辆到达上部车场时,把钩工张某、王某晃动矿灯给绞车房发停车信号,绞车司机李某看到信号后立即停车。由于斜巷度数较大,车辆上提时,叉车上的铁料向下窜,抵住矿车车帮,致使连接两车的三环链绷紧,不能拔出连接销。为了便于拔出连接销,两人在摘下主钩头后违章反向推车,用重车撞击阻车器以便松动连接两车的三环链。但是阻车器、安全门处于常开状态,车辆没有撞到阻车器,而是被直接推入斜巷,发生跑车事故,将副下山作业人员张某、高某二人当场撞死,将王某、陈某二人撞成重伤。

(二)事故原因分析

1. 事故直接原因

斜巷把钩工王某、张某无证上岗、违章操作是引起这起事故的直接原因。

2. 事故间接原因

① 矿井运输管理混乱,无证上岗,违章作业等现象随处可见。② 现场管理不到位,斜巷安全设施没有专人管理,该矿多处斜巷没有安全设施或安全设施不齐全。③ 职工安全培训工作不到位,现场调查发现很多职工不清楚斜巷安全设施的安装、使用,还有不少职工图省事,将安全设施弃之不用。④ 没有按照规定对现场作业规程进行学习、传达。事后调查发现,跟班副区长、班组长、现场工人均没有学习过作业规程,不知道作业规程对安全设施的要求。⑤ 生产科科长、安全科科长、跟班副区长责任心不强;没有按照规

定认真检查、落实安全措施；发现事故隐患没有按照"四不放过"原则落实整改，致使隐患长期存在。

（三）事故评述

（1）此次事故的发生反映了该矿安全管理体系不健全。矿安监科、生产科等现场管理人员早已经发现该矿多处斜巷安全设施不齐全、不完好，但是没有按照规定下达现场整改或停止作业通知书，也没有及时向上级汇报，只是口头要求现场工人整改。对整改情况也没有及时落实。现场作业规程没有针对性，编制前矿有关领导没有组织有关人员开现场会，对作业地点存在的没有躲避硐室、斜巷上口没有联络信号、斜巷安全设施不齐全等隐患排查整治不力。

（2）把钩工没有经过培训，无证上岗、违章作业是这起事故的直接原因。工人李某、张某因为没有经过岗前培训，不知道如何正确使用斜巷安全设施。要实现安全生产，企业必须经常对职工进行安全法规、安全知识、安全技术、安全意识等培训，使职工熟悉与本岗位有关的各项法规制度和操作技能。

（3）此次事故发生的一个重要原因，是安全设施不齐全，整个斜巷只在上口安装了阻车器和安全门，而且没有投入正常使用。

第六节　矿井爆破事故案例分析

案例："6·9"爆破死亡事故

2003 年 6 月 8 日深夜，某煤矿－260 m 水平 21112 工作面爆破未清点人数，造成 1 人死亡事故。

（一）矿井概况

21112 工作面位于某煤矿－260 m 水平的北一采区，开采屯头系 21 煤,工作面设计走向长 500 m,面长 120 m,采高 1.1 m,采用爆破落煤、单体液压支柱带帽点柱支护、全部垮落法管理顶板。因工作面中部有断层,形成 1 m 左右的台阶,故工作面安装了 2 台刮板运输机。工作面上部因断层影响,有 20 多米是全岩,由于岩石较硬,回采困难,工作面推进速度较慢。

(二)事故发生经过

2003 年 6 月 8 日中班,某煤矿 21112 工作面安排 8 个现场组到采煤工作面,上下各 4 个组。第一次炮放完并出完炭,因上部第四组处于断层处,岩石硬没放够宽,班长安排在该处补打眼再放,共打 4 个眼。23 时 20 分左右,补打的炮眼完工后准备爆破,爆破前班长喊"人都下去,准备爆破,向下方撤人"。爆破点处现场组一名正在本组下头擂煤的工人随班长向下撤,另一名工人在本组上头加固支柱,随后班长在下方设警戒。爆破员联好炮后就开始向上拉线,到安全位置后开始爆破。

放完第一炮,准备再连接第二炮时,听到爆破点下方有人喊叫,随即顺着声音到下方查看,发现爆破点处现场组上头加固支柱的那名工人躺倒在爆破点下方 6 m 处老塘侧并已受伤,于是立即向班长汇报。班长察看情况后在安排进行现场急救的同时立即向调度室作了汇报。

矿调度室接到汇报后,立即安排值班医生和救护队员下井,并通知有关矿领导。矿领导、救护队和值班医生立即赶赴事故现场。经现场和转送矿医院临时抢救后,1 时 43 分转公司中心医院,后经抢救无效于 3 时 30 分死亡。

(三)事故原因分析

1. 事故直接原因

现场工作人员未能全部撤离现场即爆破,导致爆破崩人。

2. 事故间接原因

① 班长没有履行现场管理职责,爆破前没有清点人数,未检

查现场人员是否全部撤离就下达爆破指令是造成事故的主要原因。

② 爆破员没有认真执行有关爆破管理规定,爆破前没有认真进行现场检查是事故发生的重要原因。

③ 工区干部对职工安全教育不到位,现场管理混乱,爆破安全措施不落实是造成事故的又一重要原因。

(四)事故评述

(1)井下爆破工作是每个矿井的日常工作,每天都在重复进行,可能对许多管理干部和工人来说早已习以为常,但往往就在这日常重复的工作中,因为在某些方面没有严格按照《煤矿安全规程》和有关措施执行,图省事,怕麻烦,或者赶时间,一点小小的疏忽就可能造成人员的伤亡,甚至导致重大事故的发生。

(2)这起爆破事故与其他爆破事故的共同点:① 现场管理混乱,爆破制度不落实;② 事故发生在临近交接班时间,存在赶时间、图省事的因素;③ 现场操作人员责任心差,安全意识薄弱。

(3)违反《煤矿安全规程》:① 违反《煤矿安全规程》第三百三十九条中"爆破前,班组长必须清点人数,确认无误后,方准下达起爆命令"的规定;② 违反《煤矿安全规程》第三百三十七条中"爆破工必须最后离开爆破地点"的规定;③ 违反《煤矿安全规程》第三百三十三条中"爆破前,班组长必须布置专人在警戒线和可能进入爆破地点的所有通道上担任警戒工作"的规定。

(4)事故引人思考:现场有那么多作业人员,对没有按照《煤矿安全规程》规定爆破的行为为什么没有人提出异议或阻止?为什么人员没有全部撤离爆破地点而没有人警觉?这是否与临近交接班为赶时间而匆忙爆破有关?① 井下爆破工作每天都在重复进行,简单的重复极易产生松懈情绪,在有关人员责任心不强和安全监督不力的情况下,容易发生图省事、怕麻烦的行为,从而导致违章爆破现象的出现。② 有关人员责任心不强,现场人员安全意识薄弱,存在侥幸心理,认为违章作业不一定会发生事故,总觉得爆破前人员应该全部撤出,而不是按规定要求认真细致地去具体落实清楚。那么如果班长和爆破员有一个人能严格按照《煤矿安全规程》来执行,那么就有能够避免这起事故的发生。

【复习思考题】

1. 阅读本书中的煤矿事故案例,认真学习反思其原因,结合煤矿班组安全管理要求,谈谈你的心得体会。

2. 你所在单位工作面的生产环境如何,有哪些安全隐患,应如何强化管理?

第九章　煤矿班组建设与管理经验

第一节　煤矿班组建设基本内容

一、煤矿班组建设的原则与目标

（1）煤矿班组建设要牢固树立"安全发展"理念，认真贯彻落实"安全第一、预防为主、综合治理"方针，把班组建设作为加强煤矿安全生产基层和基础管理的重要工作，加强现场安全管理和隐患排查治理，提高煤矿企业现场安全管理水平。

（2）煤矿企业要持续、有效地加强和改进煤矿班组建设，提高防范事故、保证安全的五种能力。

一是抓好班组长选拔使用，提高班组安全生产的组织管理能力；

二是加强安全生产教育，提高煤矿班组职工自觉抵制"三违"行为的能力；

三是强化班组安全生产应知应会的技能培训，提高业务保安能力；

四是严格班组现场安全管理，提高隐患排查治理的能力；

五是搞好班组应急救援预案演练，提高防灾、避灾和自救等应急处置的能力。

通过扎扎实实地班组建设，夯实煤矿安全基础，不断提高煤矿班组安全生产能力，使班组员工增强安全意识，人人互联保，真正做到不伤害自己、不伤害别人、不被别人伤害,从而实现班组安全生产,为煤矿安全生产奠定坚实的基础。

二、煤矿班组建设的基本内容

(一)建立完善班组安全生产管理体系

(1)煤矿要建立区队、班组建制,严格班组安全生产定员管理。

(2)建立完善班组安全生产管理规章制度,健全落实安全生产责任制。

(3)推行班组安全生产风险预控管理,完善班组安全生产目标控制考核激励约束机制。

(4)健全落实安全生产责任制。班组长是现场安全生产责任主体,实行班组长现场安全生产责任制,有生产与停产的决定权。

(5)实施班组安全生产风险预控管理,做好现场事故隐患排查与治理工作,做到无隐患、无事故、无伤害、无死亡。

(6)执行班组安全生产目标控制考核激励约束机制,调动职工积极性,增强凝聚力,保障班组安全生产。

(7)加强班组安全信息管理,做好班组各种会议、活动记录及安全档案管理工作。

(8)以制度、机制、体制创新促进班组建设,提高安全基础管理水平。

(二)规范班组长管理制度

① 完善班组长任用机制;② 规范班组长管理方式;③ 健全班组长人才激励机制。

(三)加强班组现场安全管理

现场安全管理是班组建设工作的重中之重,小班组成就大安全、实际工作充分证明了这一点。班组长切记:煤矿的生产事故发生地就在生产现场,班组既是现场生产的主体,也是事故直接侵害的客体,是安全生产的第一道防线。作为前沿阵地,班组处在现场,直面隐患,而实际工作中,班组也是"三违"的主要发生地。同时,班组又是及时发现并处理隐患的最为重要的单位,是从根本上杜绝"三违"的行动者。因此,只有不断推进煤矿班组建设,前沿阵地才不会轻易有失,第一道防线才能牢不可破。

煤矿班组建设的现场安全管理主要做到:① 严格落实班前会制度;② 严格执行交接班制度;③ 充分发挥煤矿安全监督员的作用;④ 搞好安全生产标准化动态达标;⑤ 加强隐患排查治理;⑥ 落实班组安全生产权益。

（四）推进班组安全管理标准化建设

让标准成为职工习惯,让职工行为习惯符合安全标准。

（五）加强班组安全文化建设

① 强化安全教育培训工作;② 积极开展班组安全技术革新。

第二节　煤矿班组建设管理经验

一、塔山煤矿"人人都是班组长"班组管理经验

近日,国家安全监管总局、国家煤矿安监局、中国煤炭工业协会、中国能源化学工会联合印发了国投塔山煤矿班组建设经验材料,号召各地各有关部门认真学习借鉴,切实加强班组管理,夯实安全生产基础,进一步提高安全管理水平。

国投塔山煤矿从 2011 年开始,大胆变革传统班组管理方式,学习借鉴国内外先进的班组建设理念和管理方法,创新建立班组轮值管理体系,探索实践"人人都是班组长"班组管理模式。该矿2011 年以来杜绝了死亡事故,综合绩效达全国煤炭行业一流

水平。

国投塔山煤矿是隶属于国投大同能源有限责任公司的一座现代化高效矿井,由原来 30 万吨/年的地方小煤矿改扩建而成,2008年 8 月投产,设计生产能力 240 万吨/年,现有员工 608 人,其中班组 28 个、班组长 98 名。

(一)找准源头寻突破

国投塔山煤矿虽然机械化、信息化、现代化程度很高,但投产后小事故一直不断。通过分析发现,事故的主要原因在于新组建的职工队伍人员素质参差不齐,特别是班组执行力不够强,严重制约了企业的健康发展。

2011 年 1 月,国投塔山煤矿开展了"班组建设抓什么"、"员工积极性怎么调动"等班组建设大讨论,得出的结论是:职工的积极性没有得到充分发挥,班组的凝聚力、创造力没有得到充分调动。为此,国投大同能源公司及塔山煤矿决定,摒弃传统的班组管理模式,引入实行民主管理的轮值管理体系,创新实施了"人人都是班组长"的班组管理模式。

"人人都是班组长"的班组管理模式,就是采取轮值制度,班组每位成员都有担任班组长和班委参与班组管理的机会,实现民主决策、民主管理和安全生产,其核心是建立一套班组轮值管理体系,即"一个体制"、"两大平台"、"四项机制"。

(二)班组"工头"变"教练"

班组轮值管理的组织体制是在保留原有班组长的基础上,设立 1 名轮值班组长、若干个轮值班委和管理小组,全体成员按一定周期进行轮流任职,并赋予班组管理职责和权利的组织架构。轮值周期和轮值班委、管理小组的组成,由各区队和班组结合工作实际自行规定,形式各具特色,不搞"一刀切"。

轮值班组长的主要职责是协助班组长做好当班日常工作,

具有安全管理权、生产组织权和考核分配权。经评议合格的轮值班组长，享受正式班组长薪酬待遇。实行班组长轮值后，原班组长扮演的角色不再是班组的"工头"角色，而更多的是"教练"角色。

班委会可谓麻雀虽小、五脏俱全，一般由安全委员、学习委员、活力委员、和谐委员等组成。安全委员负责组织安全技能学习、风险预控讲习、现场安全提醒。学习委员负责组织每日学习，采取朗诵操作规程、图纸展示、课堂讲解等方式，带动大家学习风险预控、操作规程等内容。活力委员通过讲故事、安全宣誓、唱班歌或开展班组集体活动等方式，提振士气，活跃气氛。和谐委员负责加强班组内部沟通、工作协调，营造团结和谐氛围。

轮值管理小组则根据轮值班委设置的数量，将班组人员平均划分为若干小组，如安全小组、学习小组、士气小组、宣传小组等，在各自班委带领下参与班组事务管理、制度制定和现场安全生产组织，做到人人负责、人人管理。

（三）两大平台展才华

"人人都是班组长"管理模式为员工搭建了两大平台。

（1）例会平台。该模式为员工搭建了借助班组每日班前会、班后会，在轮值班组长的主持下，组织班委有针对性地开展班组日常管理的例会平台。班前会主要是开展安全学习，风险隐患排查和预控，明确工作任务，责任到人，提振士气，营造和谐气氛。班后会主要是对当班工作进行总结、分析、评议、评优，对下班工作作出安排等。通过轮值管理，班前会、班后会从区队长和班组长唱主角到轮值班组长和班委唱主角，从一言堂模式到全员互动模式，会议内容、形式和效果都发生了质的改观。

（2）看板平台。看板平台是员工交流的有效载体，班组日常管理以看板为载体和表现形式，实现班组管理公开化、透明化。每个区队和班组结合实际设计制作看板，通过每日一星，工分上板，实现激励评价透明化;通过制度、流程上板,实现组织职责目视化;通过问题分析上板,实现资源分享公开化,做到了制度、管理、考勤、问题、绩效等公开透明,促进了班组自主管理。如综采区将事故案例贴在班组管理看板上,其他人员用五颜六色的小纸条"跟帖",发表感言。2011年以来,该区由班组员工自行编写、讨论的安全案例已达到600余份,起到了"一人讲案例、众人受教育"的作用。

(四) 四项机制亮点多

(1) 分享评议机制。利用召开班前会、班后会等机会,员工轮流讲案例、讲技术、讲绝活、讲经验,大家进行谈看法、谈体会、谈收获等评议。轮值班组长评议每位员工当班工作情况和所得工分,员工对轮值班组长和班委的履职情况进行评议,吸取教训,总结经验,达到资源分享、共同提高的功效。分享评议机制是学习、分享、评议的有机结合,不同于一般的学习培训,也不是一般的评价考核,强调的是培养主动学、动脑筋的习惯,突出"议"、重在"悟"。

(2) 竞争激励机制。即由轮值班组长、轮值班委和班组长等共同组织,在班组内开展赛安全、赛学习、赛技术、赛创新、赛节约等活动,采取物质奖励、精神激励、提拔重用等手段,在班组评选出安全之星、质量之星、学习之星、创新之星和优秀班组、班组长、轮值班组长,在此基础上评选出区队、矿井、公司等层级的优秀班组、班组长、轮值班组长,在竞争中激励,通过激励促竞争,形成良性循环,创造比、学、赶、帮、超的良好氛围。

(3) 责任连锁机制。为落实班组安全生产责任制,该矿建立了"自保、互保、联保"三位一体的安全责任连锁机制,采取"三违"责任共担、事故责任共担、危险区域作业共同监护等形式,一人违章或发生安全事故,与其相联结的组织和组员要与其共同承担责任,人人都是安全监督员。

(4) 制度公约机制。就是在遵守有关法律法规、标准规范等制度规定的前提下,人人起草自己岗位的工作制度,人人参与制度的讨论修订,每项制度都要经过班组成员共同协商研究、全员签字确认。目前,该矿共建立安全生产类公约 5 项、班组管理类公约 11 项,并编写了"人人都是班组长"的班组长建设指导手册、案例汇编、制度汇编等,实现了制度由被动执行到主动执行、"软执行"到"硬执行"的根本转变。

（五）"火车头"变"动车组"

"人人都是班组长"的班组管理模式,创立了人人给力、人人负责、人人管理的"动车组式"管理模式,改变了传统班组"靠车头带"的单一管理模式,实现了班组全员、全方位、全过程安全管理,安全生产基层、基础、基本功建设显著加强,极大提高了煤矿人员素质,加强了队伍建设,提升了管理水平和综合实力。2011 年以来,有 5 名一线员工被提拔为区队长,80 多名农民工成为技术能手和业务骨干,涌现出"王山富材料架"和"梁过兵托管架、吊架"等一批以员工命名的创新成果。

该矿安全生产形势持续好转,"三违"数量由 2010 年的 363 例减少到 2012 年的 35 例,2011 年以来杜绝了死亡事故。经济效益稳步提升,2011 年煤炭产量、销售收入、利润总额分别比 2010 年增长 6％、10％、26％。生产效率逐年递增,从 2010 年的 18 吨/工增至 2012 年的 24 吨/工。班组文化活动丰富,员工受到尊重,生活体面,幸福和谐,从 2010 年人员流失 100 多人到 2012 年以来无 1 人流失,促进了队伍稳定。

（摘编自 2013 年 1 月 26 日《中国安全生产报》,作者:李仑,谢思东）

二、神华集团班组现场安全管理经验

现场管理需要制度化,更需要精细化。神华能源股份公司针对不同班组、不同作业地点存在的安全隐患、危险源,逐一进行确认和识别,按照重大、较大、一般三个层次,分成 A、B、C 三个级别,制定整改措施,把不安全因素消除在萌芽状态,最大限度地杜绝事故。在现场安全管理中,制定了"五个不去做":① 这项工作有哪些风险?不知道不去做。② 是否具备做此项工作的技能?不具备不去做。③ 做此项工作所处环境是否安全?不安全不去做。④ 做此项工作是否有适当工具?不适当不去做。⑤ 做此项工作是否已佩带了个人防护用品?不合适不去做。

班组长在现场管理中注重控制人的行为,同时注意控制基础设施的安全性、有效性、可靠性等物的不安全性。

生产一线劳动力密集、职工素质不高,是很多煤炭企业都面临的问题。要想提高安全水平,加强班组职工素质建设是关键。神华集团开展培训的原则是:干什么,学什么,缺什么,补什么。至今该集团已建成15个煤矿安全培训基地,形成了300多人的教职队伍,编制了56种安全培训教材。在培训上,神华集团采用"走出去、请进来"的方式,将脱产培训方式与经常性教育结合起来,巩固了培训效果。现在,神华集团已实现了重要岗位的职工100%持证上岗。

三、中平能化集团强化班组长素质管理经验

近年来,中平能化集团就班组建设制定了《关于加强班组建设的指导意见》,并在企业内部实施了"双151"工程计划,其中有一项计划是,用2年到3年时间培养出1 000名明星班组长、5 000名优秀班组长、1万名"愿干事、会干事、能干事"的后备班组长。

该集团为每名班组长做好了职业生涯设计,对班组长的身份定位、任职条件、选拔培训、管理使用等进行了明确规定。在中平能化集团,新分配来的大中专毕业生没有直接成为班组长的机会,一般都要经过基层工作岗位的锻炼。通常,班组长要经过职工选举产生。由于该集团高度重视班组队伍建设,一大批班组长迅速成长,仅2008年就有100多名班组长走上矿中层以上领导岗位,其中300多名班组长成为专业技术带头人。

四、太原煤气化集团倾力打造"六型班组"

太原煤气化集团公司按照"11756"班组建设模式,即"围绕一个目标,突出一条主线,抓住七个方面,把握五个关键,实现六个提高",夯实基础,狠抓培训,强化管理,倾力打造"六型班组"。

一个目标:通过区队(车间)班组建设,把煤气化班组打造成"管理规范、安全高效、学习进取、团结和谐"的基层组织。

一条主线:以系统化观点、精细化理念、标准化流程为主线,持续深入推进区队(车间)班组建设,全面提高班组管理水平。

七个方面:基础管理、安全管理、生产管理、现场管理、经济核算、培训管理、团队文化。

五个关键:强化组织体系与制度建设;强化激励与考核机制;强化科学系统性的培训;强化稳定高效的专业管理队伍建设;强化区队长(车间主任)、班组长选拔任用机制。

六个提高:提高班组安全保障能力;提高班组创新能力;提高班组学习能力;提高班组团队凝聚力;提高班组长管理能力;提高班组员工操作技术水平。

五、龙煤新安矿系统推进班组建设经验

"佘洪海班组"先进典型在全国推广后,引起全煤系统的高度重视。来自黑龙江龙煤集团双鸭山分公司新安煤矿发源地的这个典型,在当地是如何推广的?

新安煤矿是 20 世纪 80 年代初建立的矿井,采用斜井多水平的开采方式,年设计能力为 150 万吨,是双鸭山分公司的主力矿井。该矿党委十分重视基层班组建设工作,从规范个人行为到班组建设细则等,制定出一系列措施,推动班组建设深入、实效开展。

据介绍,全矿 72 个采掘班组中,在 48 个班组实现了安全生产 20 年以上,其中 9 个班组实现安全生产 27 年,21 个班组实现安全

生产 25 年,18 个班组实现安全生产 21 年。

（一）系统推进班组建设

班组建设是一项系统工程,必须建立完善的管理体系,才能实现规范、有序发展。该矿党委制定了《班组建设管理制度汇编》,包括质量标准化、隐患排查等 26 项管理制度,形成了班组分配、小班评估等 7 项班组管理机制。在此基础上,该矿党委坚持实施安全效果工资、安全有功人员、安全激励、隐患自查自改、本质安全型员工和本质安全型班组 6 项奖励办法,全部达到考核标准的员工,每人每月可增加 1 500 元奖励工资。

班组建设需要文化的支撑。新安煤矿党委经过总结提炼,培育了具有本矿特色的班组安全文化、精细文化、创优文化、学习文化、亲情文化和诚信文化。他们广泛开展安全家书诵读、讲述身边危险事等活动,相继编印了《随口小诗话安全》等 11 本安全文化系列丛书作为班组安全教材;建立了考勤定额管控、以量计资管控、设备材料管控 3 个体系,把各项指标细化分解到班组。他们还严格执行"安全质量占 60%,生产任务占 40%"的工资分配制度;坚持月月开展安全质量竞赛活动,广泛开展班前培训、班前考问、现场培训、岗位练兵、技术比武、知识竞赛等活动。

同时,为所有段队设立了员工心声簿和员工生日庆贺栏,为井下所有班中餐房安装了防爆热水器,结束了井下员工喝凉水、吃冷饭的历史。

该矿党委为每名员工建立了诚信档案,从安全培训、工程质量、安全思想、安全职责、隐患排查及整改、工伤及责任事故、工作任务、遵纪守法等方面进行诚信量化考核。

提高全员素质和班组长能力,是班组建设的核心。该矿提高班组长岗位的准入门槛,要求必须具备高中以上文化程度、有 3 年以上现场工作经历的员工才有被提拔为班组长的资格。同时,该矿建立了后备班组长队伍,做到每月对班组长和后备班组长进行

1天至2天的脱产培训。

在员工培训上，他们开办了"一职多能"培训班。员工在持有本岗位资格证的基础上，每增加一个岗位资格证，每人每月就可多获得30元工资补贴。把培训从井上教室延伸到井下现场。由专业教师和技术人员组成现场培训组，每周3次深入井下采掘工作面，对员工进行指导。

在"本质安全型、经济创效型、质量创优型、管理精细型、亲和聚力型"为内涵的"五型"班组建设中，他们不断创新活动载体，坚持开展"四员保安"活动，并制定了严格的考核方案，做到每日考核、每周通报、每月兑现奖罚；坚持开展"和谐平安家庭"评选活动，制定了融安全行为、工作表现等为一体的综合考评方案，每年评选出40户"和谐平安家庭"，每户每月奖励200元；坚持开展创新"佘洪海式"班组长活动，对获得"佘洪海式"班组的班组员工，每人每月奖500元，班组长每月奖励1 000元。

（二）扎实工作带来累累硕果

班组建设的扎实推进，给新安煤矿带来了累累硕果，引起其他行业的重视，大庆油田还专门派人到新安煤矿专题学习"五型"班组建设经验。钻探工程公司钻井二公司1205（铁人）钻井队副队长谢春龙深有感触地说："没想到煤矿班组建设工作这么实，尤其是'佘洪海式'班组的工作方法这么管用，回去后我也要把这种做法用到工作中。"

新安煤矿井下采掘工有1 100人，分为72个采掘班组，其中有48个班组实现了安全生产20年以上。在双鸭山分公司采掘班组安全生产典型集锦《基石》这本书中看到，第一页光荣榜上全部是新安煤矿的班组。双鸭山分公司党委书记姚宝柱说，新安煤矿班组建设效果明显，目前在全公司进行了推广。同时，该矿以"五型"班组建设为载体，以学习推广"佘洪海式"班组为重点，将班组建设列入公司党委"六大工程"建设之一，重点推进，促进企业安全发展。如今,在全公司组建 20 年以上的 373 个采掘班组中,共有 102 个班组实现了安全生产。

第三节 煤矿班组长经典工作法

班组长是煤矿安全生产管理的第一线指挥员,多年来,各级政府、各煤矿企业高度重视班组建设和班组长选拔培养和素质提高,生产实践中涌现出了成千上万优秀班组长,他们在生产实践中创新了许许多多工作方法。现摘要介绍如下:

一、十步工作法

(一)第一步:开好班前会

(1)主持宣誓。带领班组员工起立进行安全宣誓。

(2)点名和排查。点名时排查当班员工有无班前饮酒、身体不适或思想情绪不稳定现象。

(3)对上一班工作进行点评。点评工作任务完成情况,安全管理、材料和设备使用等方面取得的成绩和存在的不足,对照工作标准点评优秀员工和末位员工,要求末位员工表态。

(4)分工和责任落实。分工要具体到人,逐项向职工讲清工作标准、安全措施和安全注意事项,着重强调关键岗位操作要领、要害部位安全防范重点,逐项落实整改措施和责任人,填写班前隐患预排查落实表。

注意事项:做好各个环节的记录存档工作,班前会时间控制在 20 分钟以内,发言要简明扼要。

(二)第二步:带班入井

(1)入井前,清点班组人数,仔细检查员工安全装备,清查当班工具准备情况;详细填写带班入井情况,维持好员工队伍秩序。

(2)入井后,在行进过程中,遵守乘车规定,注意观察矿车行进前方安全状况,及时提醒员工注意安全,做好安全保护工作。

（三）第三步:交接验收

（1）对安全设施、安全设备、安全隐患进行交接验收。

① 安全设施交接时,要重点做好斜巷设施验收,做好工作面安全防护设施交接验收,做好"一通三防"设施交接验收,做好风水管、排水设施交接验收,做好责任牌交接验收等。

② 工作面在用设备、备用设备均应仔细交接验收,特别要关注易损部位、易损部件,必要时进行试机,不能放过任何可疑点。

③ 对于上一班遗留下来的安全隐患要重点交接验收,注意了解详细情况,包括在安全设施、设备交接验收过程中发现的安全隐患。

（2）生产任务及工程质量交接验收。重点是对工程质量进行交接验收,质量验收时,主要进行掘进巷道尺寸、中腰线、迎头余煤的验收和采煤工作面情况及两巷超前管理的验收。

（3）文明生产交接验收。工作面环境卫生应符合井下 6S 标准,材料和设备指定位置、地点、数量、标准摆放。

（4）材料、工具数量和质量交接验收。要交接验收清楚,这些关系到本班经营核算、员工利益。

注意事项:① 交接验收应由交接双方班长、安全质量验收员共同对交接验收项目进行逐项验收交接。关键岗位员工同时要参与交接。② 交接时必须按照班末工程质量验收制度进行验收交接。交班完毕后,交班人、接班人、安全质量验收员联合签字,存档备案。③ 认真填写验收单。④ 对于验收中发现的问题,交接班人员必须现场交代清楚,协商处理。重大安全隐患要及时向上级汇报。

（5）交接班完成后,交接双方班组长要在交接现场向区值班人员电话汇报交接情况。

（四）第四步：生产施工

施工阶段，班组长需要组织员工生产并完成一定的生产任务。在生产施工过程中必须严格按照班前会分工和井下现场分工要求，按照《生产作业规程》进行施工，不应随便调整，不应打乱原有部署，不应扰乱正常生产。

要求：① 严格执行开工前敲帮问顶制度；② 明确工程质量标准和责任人员；③ 严格控制工程质量，督促员工注意安全和提高工程质量；④ 合理安排劳动组织，杜绝窝工、待工等现象的发生；⑤ 正确使用材料、工具，正确操作设备，杜绝材料浪费；⑥ 坚持安全隐患自查制度，实行隐患闭合管理制度；⑦ 及时处理各级人员检查中发现的安全隐患。

（五）第五步：沟通协调

生产施工阶段，需要大量的沟通协调工作：

（1）与运输部门沟通协调矿车供应、材料供应、斜巷运输、出矸等问题；

（2）与通风部门沟通协调工作面通风、防瓦斯、防尘、放炮等问题；

（3）与保运部门沟通协调供风、供水、出煤等问题；

（4）与机电部门沟通协调供电、设备供应等问题；

（5）与坑代部门沟通协调大型支护用品投放、转运、回收等问题；

（6）与技术部门沟通协调工作面技术措施、技术参数、水文地质等方面问题；

（7）与安全监督部门沟通协调安全质量等方面的问题；

（8）与上一班、下一班沟通协调交接验收过程中出现的各种问题；

（9）与直接上级领导沟通协调安全生产过程中自身无法解决的问题；

（10）与员工沟通协调生产过程中出现的各种施工问题等。

（六）第六步：班中汇报

重点汇报本班无法解决的问题，特别需要说明下一班应提前做好的准备工作。

（七）第七步：交接验收

班组长应严格执行交接班制度，对本班工作任务和工程质量完成情况进行全面检验；把安全生产中遗留的问题向下一班接班人员交代清楚。

（八）第八步：点评记分

对本班员工进行工分核算和绩效考核，并认真填写二三级核算单。填写时应做到公开、公平、公正。

（九）第九步：带班升井

班组长在升井时，须最后一个离开生产现场，要在现场清点人数。在升井途中，班组长应组织好本班职工按规定路线安全集中返回。升井后，班组长要在井口信息站如实填写本班生产情况。

（十）第十步：班后汇报

（1）向值班人员汇报当班安全生产情况，记录生产过程中出现的各种问题和处理结果；

（2）向值班人员汇报当班人员上井情况；

（3）向核算人员汇报当班员工核算和考核结果。

二、走动巡查法

（1）查隐患。通过现场走动，巡查足迹所到之处的安全隐患，并及时督促解决，做到问题得不到落实不离开现场。遇到重大安全隐患及时果断下令停产撤人，并按照程序进行汇报。

（2）查"三违"。严格查处"三违"，并进行现场帮教。

（3）查质量。检查质量是否按标准落实到位，对不符合质量标准化、精细化要求的工程及时纠错。

（4）查"岗标"。按照岗位标准和职工操作行为规范，注意观察职工的不安全行为，当场及时进行沟通和纠错。

（5）查证件。对特殊工种（岗位），检查职工是否持证上岗；对没有持证上岗的，要进行纠错。

（6）查措施落实。检查作业现场是否按照本单位生产规程要求贯彻到施工的每个环节；对没有按本单位生产规程施工的，要进行制止或纠错。

三、精细管理法

实施精细管理要做到"四化"，即工程质量标准化、设备设施标识化、材料堆放定置化、质量责任档案化，为安全生产夯实基础。

（1）工程质量标准化。施工区域内的各专业质量标准化工作，属本班组职责范围的，必须抓好；不属于本单位职责范围的，要主动配合抓好，不推诿扯皮。

考核执行标准。采煤、掘进、运输、地测防治水、调度专业考核标准为《安全生产标准化标准及考核评分细则》；煤质、选煤等其他专业考核标准为行业标准。

（2）设备设施标识化。对设备设施进行规范编码，方便职工快捷识别，便于信息化管理和安全责任的落实。

标识化范围：井下巷道（包括开拓巷道、掘进巷道、回采巷道）、机电硐室、管路（闸阀）、高压电缆、通风设施（设备）（包括风门、抽放管路、雷管、监控设备等）、机电运输设备设施、选煤厂设备设施等。

（3）材料堆放定置化。对井上下材料配件实行定置化堆放，营造规范有序的作业环境。

定置化范围：实行定置化堆放的材料配件包括回采、掘进、开拓、机电、运输、通风等生产过程中所用的支护材料、设备及备品备件、大型材料、油脂、专用工具、五小材料和其他材料等。

定置化目标:井上下所有施工场所(特别是采掘工作面)责任区域内材料及备件实行定点堆放,实现"无浪费、无丢弃、有秩序、无杂物"。

(4)质量责任档案化。完善各项记录,明确施工责任。建立《班组工程质量精细管理记录》,修订完善《综采工作面安全质量班组评估表》等,把每道工序的施工班组和施工责任人都记录在册。

四、以人为本法

管理重点从管事向管人转变;充分体现自主管理,发挥人的主观能动性;在安全管理上从注重"物的状态"向注重"人的行为"转变,体现了员工的利益高于一切。

(一)把握四个原则

(1)尊重平等的原则。尊重员工的生命权、健康权、发展权,关心员工,诚恳待人,在人格和尊严上平等,在法纪和矿规矿纪面前平等,做到干群之间相互尊重、和谐相处。

(2)刚柔适度的原则。以规范的标准和刚性的规矩为基础,严格教育,从严管理,教育和引导员工遵章守纪,做到管而有度、管而有为,既有情操作,又不放任自流。

(3)简洁有效的原则。管理制度和方法要简捷有效,管理要出效果,员工要乐于接受。

(4)规范精细的原则。引导员工规范操作行为,上标准岗,干标准活,做到工作质量和工程质量精细化。

(二)掌握五种方式

(1)教练式。既讲又教,讲给员工听,示范给员工看,纠正员工不正确的行为和安全质量隐患,把工人技能培训、纪律作风培养和职业道德教育融入管理中。

（2）咨询式。认真准确地解释员工的咨询。

（3）服务式。尽力帮助员工解决安全生产中遇到的困难和问题，为员工创造良好的工作条件。

（4）沟通式。定期与员工一起讨论安全生产中的问题，注意了解员工生活、工作中的问题。

（5）走动式。学会观察，勤跑工作现场，提高盯班、跟班质量，对看到的、讲到的问题要跟踪审核，及时整改，保证工作到位，质量精细。

（三）解决五个问题

（1）大：架子大。自以为"官"，大大咧咧，大而化之，到现场走马观花，对安全生产和员工思想上的问题发现不了，看不到本质的东西，心思没有完全用在解决问题上，没有完全用在领着员工搞好安全生产、完成任务上。

（2）硬：态度硬。工作简单粗暴，批评不分场合、时间，不尊重员工，不注意倾听员工的意见，不关心员工的生产环境和工作条件。只关注安全生产中的事和物，很少关注人的思想和行为，靠罚款、扣工资管理。

（3）偏：偏心眼。搞低级的庸俗关系，不能正确运用岗位权力。派活上对与自己关系好的人往往派轻活、好干的活，对与自己关系不好的人派苦、脏、累、险的活。分配上不公道，不能一碗水端平。

（4）乱：乱扣分。把扣分当成最省事、最管用的管理手段，动不动就扣分。扣分没有严格的标准和尺度，随意性大，扣多少怎么扣往往个人说了算。工作计划性差，想到哪干到哪，往往手忙脚乱，经常出现错误和漏洞。

（5）糊：糊弄人。对上面糊，工作漂浮马虎，耍小聪明，糊弄上级检查；对下面糊，有时连自己也糊，工作中的问题不敢抓、不敢管，当老好人；对本班组的"三违"现象，睁一只眼闭一只眼，甚至庇护。

（四）念好"五字诀"

1. 看——要勤于观察、善于发现问题

① 看员工的精神状态——班前是否喝酒、精神是否正常、身体是否健康。② 看员工的操作行为——操作准备是否充分、操作方法是否规范、自保互保是否到位。③ 看现场物的状态——设施是否齐全、设备是否完好、质量是否合格、环境是否安全。

2. 谈——与员工面对面双向沟通

① 谈思想——谈工友间的和谐关系、谈工作生活上的困惑、谈分配奖惩上的意见。② 谈问题——谈学习培训问题，谈关于班组管理上的意见。③ 谈办法——谈克服困难的办法，谈对工作生活的信心。

3. 讲——对员工进行正面灌输和引导

① 讲安全健康——宣传安全理念、传授安全知识、讲解健康保护。② 讲形势任务——讲企业发展前景、讲班队奋斗目标、讲当前形势任务。③ 讲职业道德——讲社会主义道德观、荣辱观等。

4. 纠——班组长要及时纠偏

① 纠不良思想倾向——纠正错误的思想认识，纠正不和谐的苗头，纠正不健康文化的影响。② 纠不规范行为——纠正不规范的操作行为，纠正不良的管理行为。③ 纠不安全状态——整改安全隐患，包括系统、设施、设备、质量、环境等存在的隐患。

5. 管——要履行好监管和服务的职责

① 管学习——管培训、管员工操作技能的提高。② 管业绩——管安全、管生产、管质量、管优化劳动组合。③ 管奖惩——管工资分配、管"推优""评先"、管行政处罚。

五、过程控制法

（1）思想心理控制法。员工的不安全思想因素是安全管理的最大隐患,作为班组长要及时摸清和洞察每位员工的思想动态。通过班前强调、班中提醒和班后谈心沟通的方式,来消除员工在思想上的不安全因素。

(2)操作行为控制法。要求职工熟记"手指口述"内容的同时,还要求职工理解每句话的内涵,在现场管理中,要一道工序一道工序地抓职工操作规范,力求实效,养成规范操作习惯。

(3)隐患会诊法。对现场存在的安全隐患,班组长要同班组内操作能力强、经验丰富的骨干共同商讨,制定最佳方案。

(4)点教示范法。班组长若发现员工在实际操作过程中的某一环节不按"手指口述"要领操作或操作不当,应现场示范对其进行及时纠正。

(5)重点监控法。对班组内的个别安全末端人员进行监控管理,因为这些人员操作素质差,通过手把手、口对口、全方位、全过程的施教和重点监控,逐步提高其操作技能及安全防范意识。

(6)奖罚激励法。结合矿和区队制定的标杆员工评选方法,制定标杆员工责任承包书,内容包括劳动纪律、工程质量、操作行为标准、手指口述规范操作、"三不伤害"等考核标准,收工前班组长进行验收,根据员工的工程质量、操作行为等,对员工进行绩效评定,确定工作干得好的为本班的"标杆员工",提出奖励,最后推荐参加上级的月度标杆员工的评定。

六、特殊管理法

(1)特殊环节的管理。不同的企业,由于生产项目、生产条件和生产工艺的不同,对安全管理的要求也不尽相同,如在易燃易爆生产场所进行动火作业,必须严格执行报告审批制度,按程序办理作业票。

(2)特殊时期的管理。如节日期间,由于部分人员休假,在岗人员少,技术力量相对薄弱。因此,要认真细致地做好节前安全检查工作,把事故隐患消灭在节前,为节日期间安全生产创造条件。

（3）特殊人员的管理。以下几类特殊人员是需要特别关注的：

① 技能水平较低的人员。要通过离岗培训、师带徒等方式使其尽快提高素质和生产操作能力。

② 安全意识淡薄的人员。要通过法律法规、规章制度和事故案例等对其进行教育,促其警醒,按规程规范作业。

③ 受到批评、处罚或感情上遇到挫折的人员。这些人员有于上述原因,产生心理包袱,对此班组长要通过做思想工作,使其卸下包袱,专心工作,保证作业规范。

④ 生活上暂时遇到困难的人员。要设法为其解除后顾之忧。

⑤ 即将退休、离岗的人员。要鼓励其站好最后一班岗。

⑥ 身体状况不佳的人员。要为其调整合适的岗位。

⑦ 新上岗、转岗和关键要害岗位的人员。要在严格培训考核合格后,方可安排其上岗操作。

七、三看两听法

（1）班前会上看情绪,严把安全关。班前会上注意观察每个职工的表情和神态,把心不在焉、表现异常的职工留下来,详细了解情况后再安排他们的具体工作,做到生产操作前把住安全的第一关。

（2）接受任务看态度,严把质量操作关。班组长安排班组每个人的具体工作时,要求职工讲解当班操作的详细过程和注意事项,并通过仔细观察员工在接受当班任务时的态度,来预见其当班工作的操作质量和安全状况,以便及时发现不放心的职工,从而把住质量关口。

（3）困难面前看表现,严把评先关。年终评先公正与否,直接影响到职工的生产积极性。为确保年终评先的公正性,在日常工作中遇有特殊任务或生产难题时,要对表现好的职工进行详细记录,并作为年终评先的主要依据之一,做到评先有事实、有依据,使评出来的先进真正能让人信服。

(4)学习会上听发言,增强处理问题的科学性和准确性。班组学习除学习安全规程和作业规程外,还要留出一段时间让职工发表议论。班组长对他们提出的问题和建议,要仔细倾听并做好记录。当班组遇到生产上的难题时,让职工共同分析、讨论,这样做既加快了处理问题的速度,又提高了职工的思维能力。

(5)谈心家访听意见,增强班组凝聚力。班组长不仅要懂管理,更要学会关心、理解、尊重职工。做思想工作要"五清楚"、"五必访":即本班职工的家庭人口清楚、家庭地址清楚、家庭经济收入清楚、贫困原因清楚、联系方式清楚;新进职工必访、生病受伤住院的职工必访、家庭贫困的职工必访、思想上有情绪的职工必访、受到"三违"或事故责任处理的职工必访。

八、四强化管理法

2013年以来,山西大同煤矿集团积极推进安全生产"四强化",提升了安全管理水平。

① 强化安委会管理。该集团安委会设立4个煤矿专业安全委员会和15个非煤行业、领域专业安全委员会,抓好安全监管和量化考核,重新修订安全生产责任制。② 强化安全"双基"建设。重新制定了采、掘、机、运、通、地质防治水等井下各专业《基础设施、基础管理建设标准》和《人员行为规范标准》。③ 强化安全监测监控。所有矿井全部建立了安全监控系统网络平台,执行24小时值班制度。④ 强化安全专项整治。从上至下层层成立工作领导组,将各生产经营单位列为治理对象,采取严格有效的措施集中进行安全专项整治。

第四节　煤矿班组长领导艺术

一、抓细节领导艺术

班组和谐与否直接关系到煤矿的发展,建立和谐班组必须从大处着眼、小处着手。

一是定出"小规矩"。根据煤矿经营方针和各项规章制度,联系班组实际制定出相应的制度和管理措施,以此规范班组内员工的思想和行动。

二是树立"小楷模"。在班组内树立素质好、能力强、文化高、业务精、能团结助人的员工作为"小楷模",用他们的事迹影响人、鼓舞人,在班组管理和生产作业中起表率作用。

三是开辟"小园地"。让企业精神深入班组,使企业决策变成员工的具体行动,需开垦出一块能武装员工思想、美化员工心灵的"小园地"。这个园地应是宣传阵地、教育阵地和文化娱乐阵地,通过一系列的活动,让员工在轻松愉快的文化氛围中加深对和谐班组建设的认识,凝聚智慧和力量。

四是从"小事做起"。班组长要密切关注员工在生产作业中出现的"小问题",如劳保防护用品的穿戴、生产环境的改善、员工思想的微小波动、人际关系的细微变化等。关心员工生活中的"小事",如员工家庭中的婚丧嫁娶、生老病等。这些事往往影响员工的情绪,只有把这些"小问题"解决好了,班组才会有强大的凝聚力和战斗力。

五是征集"小点子"。在班组内成立"智囊团"为煤矿发展献计献策、提合理化建议,鼓励员工搞小改革、小发明、小创造,并对"金点子"进行必要的奖励。

六是执行"小惩罚"。对在安全、质量、任务等方面总是出问题的员工，不妨给予一定的惩罚，促其提高责任心、增强责任感，把工作搞好。

二、柔性管理领导艺术

在基层班组建设中要注意实施柔性管理，以情感投入为切入点，凝聚人心，形成合力，创造具有亲和力的班组人文环境。

一是让职工有"满意感"。班组长要积极融入职工队伍之中，强化"设计师"角色，淡化"指挥家"角色，营造具有"人情味"的工作环境。对班组员工提出的问题，条件成熟的尽快解决，决不拖延；对情况尚不清楚的问题抓紧调研，尽快拿出解决的意见；对暂时因条件所限无法解决的问题，要向班组员工解释清楚，取得员工的理解和支持。

二是让职工有"归属感"。没有归属感，则班组形不成合力，所以应运用情感内化机制进行班组管理，班组长要以身作则，目中有人，心中有数，经常与职工交流思想，融洽关系，确保优秀职工进得来、留得住、用得上。

三是让职工有"成就感"。管理大师马斯洛把人生需求分为五个层次，即生理的需求、安全的需求、社交的需求、受到尊重的需求和自我实现的需求。在班组，员工的这五个方面需求也应该受到尊重和重视。班组长应积极创造条件，为员工搭建发挥特长的平台，满足员工成就事业、提升素质的愿望，鼓励员工创新、拔尖、成才。当班组员工有高尚理想追求时，班组就会呈现出和谐团结的生动局面。

三、"四字法"领导艺术

"真"：真心关心下属不在说，而在做。比如有些员工家在农村有困难，可帮助申请困难补助，让员工感受到班组长在关心他们。

"度"：关心员工要适度。每一位员工都有不同的需求，对员工提出的加薪、晋升要求,自己不能完全做主的,千万不要轻易许诺。可根据员工的需求,从提高技术业务水平和文化素质上加以引导,在上级领导面前支持员工,放手让员工挑重担,为员工展露才华搭建平台。

"公":公正,一碗水端平。对待班组职工要一视同仁,客观公正地处理问题,使职工心悦诚服。

"敢":敢于承担责任。如果员工工作出现失误而受到批评和处罚、心中产生烦恼和牢骚时,班组长要勇敢承担管理不力之责,不能把全部责任推给员工,这样才能赢得员工的爱戴。

俗话说"带兵要带心",一个优秀的班组长只有真正关心员工,才能赢得众多职工的信任,才能带领班组高效、高质量地完成上级下达的各项工作。

四、表扬与批评艺术

一个人的工作无论是其主观的还是客观的原因,难免会出现一些失误和差错;反之个别后进的职工,也绝不会一无是处。作为班组长,一定要讲究表扬与批评的艺术,做到批评要耐心,帮助要诚恳,不扣帽子,不打棍子,贯彻以表扬为主的方法。

一是要善于发现每一位员工的优点和缺点、成绩与失误,与人为善,开展表扬和批评。

二是该表扬的,可以采用多种形式进行表扬,在表扬的同时还可以进行物质奖励。要注意表扬和奖励的时效性,充分发挥奖励的激励作用。

三是要直接点名,不要含糊其辞。要指明其事,不要无的放矢;要讲明利害,不要以叙代议;要找准教训,不要以罚代教;要深挖实质,不要虎头蛇尾;要注意场合,不要随意"放炮"。批评要准确,言语要有分寸,不要过头(火);要注意批评的时机和场所,方式要适合被批评者的个性心理。可采用直接式批评、间接式批评、暗示式批评、商讨式批评等方式,使被批评者心悦诚服。

第五节 煤矿班组长先进典型介绍

一、金牌班组长白国周和他的班组管理九法

白国周是中国平煤神马能源集团公司七星公司开拓四队班长,他从事煤矿开拓生产22年来下了8 000多次井,经历了8 000多次安全大考,交出了8 000多张安全生产的合格答卷。他不仅做到了个人安全生产,而且当班长21年间,在他班里先后工作过的230多名职工,也没出现一个工伤。同时,他还带出了13名班组长,这些班组长所带的班组也都像他一样,做到了安全自保、互保、联保。他带领全班打造出一个又一个安全生产的"样板工程"。

白国周通过自学系统掌握了井下10余个工种的工作原理和操作事项,成为井下安全生产的多面手。他一人持有班组长岗位证、电车操作证、绞车操作证、耙斗机司机证、刮板运输机司机证等多个证书。在2005年和2007年七星公司组织的技术比武中,他两次获得锚喷第一名,于2008年被该公司聘为锚喷首席技师。

正是因为有着较强的安全意识和不断学习提升素质的精神,白国周才创造了安全生产的奇迹。白国周潜心研究和实践班组安全管理方法,成为领导最放心、职工最信任的班组长。他创造的"白国周班组管理法",成为煤矿基层班组长的"安全指南"。

"白国周班组管理法"包括:理念引领法、班前礼仪法、指令处理法、"三不少"排患排查法、"三必谈"身心调适法、"三快三勤"现场管理法、互助联保法、手指口述交班法、亲情和谐法。

理念引领法 主要包括提炼理念、宣灌理念和践行理念。

班前礼仪法 主要包括领导点名、布置工作、班长讲评、职工讲评、安全宣誓和更衣下井。

指令处理法 包括指令、处理和督察。

"三不少"隐患排查法　即班前检查不能少,班中排查不能少,班后复查不能少。

"三必谈"身心调适法　即发现情绪不正常的人必谈,对受到批评的人必谈,每月必须召开一次谈心会。

"三快三勤"现场管理法　"三快"即嘴快、腿快、手快;"三勤"即勤动脑、勤汇报、勤沟通。

互助联保法　主要包括集体上下班、相互观察和师徒连带。

手指口述交班法　是指当班工作结束时,班长要向下一班班长进行手指口述交接班,将当班任务完成情况、未处理完的隐患和需要注意的问题,向下一班班长交代清楚。

亲情和谐法　主要包括亲情、文明、民主及和谐。

白国周和他的"白国周班组管理法"为煤矿班组安全文化建设提供了很好的经验和总结,时任国务院副总理张德江及国家安全监管总局、煤矿安监局的领导对其充分肯定和高度评价,先后作出批示,要求全国煤矿企业学习推广白国周班组管理法。

二、兖矿集团涌现一大批"王牌"班组长

山东兖州矿业集团是全球进入 21 世纪以来安全生产搞得最好的煤炭企业之一,班组安全建设成为全国的一个样板。兖矿集团实现安全生产靠的是管理、装备、培训三者并重。但是,为什么煤矿自然灾害在复杂地层开采的兖矿集团会变得那么温顺? 为什么同样的装备技术在兖矿集团的保安效能格外显著? 兖矿集团生产一线的 1 266 名区队长、班组长的安全记录是最好的回答,其答案令人振奋:这些区队、班组长中有 489 人所带领的区队班组 10 年以上无轻伤以上事故,有 104 人所带班组 20 年以上无事故。事实告诉我们,兖矿集团有一大批"白国周式"的人物。

在拥有 10 万名职工的兖矿集团,一个班、一个组显得渺小。但是在一个安全生产成绩卓著的单位,必然有一个功力非凡的班

组长群体。

（1）将强兵威坚守安全信念。南屯矿开采已36年了，目前是复杂深地层、复杂散采场，可一线队伍连续安全生产2 000多天，其中17个月杜绝轻伤以上事故。携工人10年以上无轻伤以上事故的班组长恰好是一百单八将，其中有22位班组长所带班组20年以上无事故。131掘进队队长肖方喜自己31年无事故，所带队伍已连续安全生产19年。

（2）勤学苦练始成才。兴隆庄矿综掘一队南风良班连续26年消灭了轻伤及以上人身事故。在这个班的作业现场，几乎让人忘了是在艰苦的井下。迎头作业、截割、上网、打钻、煤流运输，工人分工协作、环环相扣，几乎没有多余的动作；生产工具、安全设施整齐有序，巷道无积尘、无浮煤、无积水、无杂物，就连小小的连网丝也摆放得整整齐齐。班长南风良带队伍摸索出一条事半功倍的经验：在提升能征善战基本素质上下功夫。班委坚持每星期开一次"诸葛亮"会，每月开一次学习碰头会，分析存在问题，交流管理和操作技能等方面的心得体会。利用安全质量座谈会、工伤家属座谈会、反思事故分析会和学报读报讨论会等活动，经常排查职工在安全自保上的"思想隐患"。班委在生产管理上引导职工勤学苦练。班组长与各岗位工种按合同联保、风险抵押，实行"重奖重罚、奖罚对等、层次考核"；实行"精神自振法"，开展"实名操作"、"名师带高徒"等竞赛活动，每月评选出获得金、银、铜牌的技术能手，从而使全班"重安全、学技术、比效率、出成绩"的氛围经久不衰，多年保持"十佳班组"、"优秀学习型班组"等荣誉称号，连续3年获得综掘一队技术比武团体第一名的好成绩，先后有6名表现突出的职工被抽调到其他班组任班委成员。

（3）细节决定安全。在济宁二号矿，王仁河28年的掘进生涯实现自我本质安全；任23年掘进班组长实现班组本质安全；如今任综掘二区区长又实现了区队本质安全。

　　王仁河注重抓细节问题,他认为给职工营造一个好的工作环境,比什么都重要。一次,王仁河下井到迎头检查,发现前探梁固定、护网吊挂、锚杆支护有问题。他二话没讲当场责令工人停工整改。当班的验收员和安全班长被责令脱产学习,一个星期,天天上午学、下午考,直到把作业细节标准全部学会弄通为止。他多次对班组长讲:"这么多工人跟着你干是相信你,咱们自己都不懂标准,如何去指导工人按标准进行施工、保证安全呢?"

　　为强调管理人员抓细节的责任,王仁河规定:井下跟班人员 8 小时以内可以行使区长的权力;井上值班人员 24 小时内可以行使区长的权力。工人"三违",先查管理人员,如果管理有问题就要自罚。

　　王仁河言传身带,全区上下精细作业蔚然成风。今年初以来,综掘二区三个小队平均每个月保持两个精品掘进头,721 队连续 11 个月保持了精品掘进头,722 队连续 6 个月保持了精品掘进头。截至 6 月 8 日,综掘二区实现安全生产 2292 天,创出全矿最长安全周期。

　　(4) 制度管理保安全。班组长身处生产第一线,什么工作都靠实干,长期的实践积累了不少经验。鲍店矿将这些经验提炼升华制定出有效管理法,保证了安全生产和高产高效。

　　机电安装班组长工作要求"四个做到":熟知每个工艺流程、准确开关每个阀门、正确启停每台设备、果断处理每项故障;"四到现场":心里想着现场、眼睛盯着现场、脚步走在现场、功夫下在现场;"三个一":严格每一次操作、遵守每一项纪律、尽到每一份责任。综采安装公司在安装 5306 工作面时,严守章法,从优化每一个螺丝的紧固、每一根电缆的敷设、每一项技术革新的研讨、每一处安全环节的超前预防开始,不合格的进尺一米不要,不合规程的工序坚决杜绝,原本两个月的工作量仅用 40 天就一次性试车成功。

　　管理的规范化有效地消除了班组管理中的盲点和薄弱点。综采队生产一班实行"新、细、学、严、情"五字管理法，全班34名职工不是亲兄弟胜似亲兄弟，连续多年被矿上评为"思想道德十佳集体"，被集团评为"优秀红旗班组"。

(5) 班组长是安全生产的榜样。要问班组长的职责是什么，济三矿综掘二区班长张道国认为，班组长的职责是做榜样。他1993年刚参加工作时啥也不懂，老班长、老师傅言传身教，使他很快成为"多面手"。张道国认定一个理：安全好不好，班组长是关键。为此，他当班长抓安全时处处为人师表：抓质量追求高标准，为确保巷道成型质量，每个循环都上轮廓线，让掘进机像裁衣一样沿线切割；抓安全不放过每一个细节，有时工人违章但没出事故，受到处罚心里不服气，每每碰上这种情况，他都是下了班主动找人谈心。十几年来，在他的传、帮、带下，班里的"违章大王"变成"安全标兵"，他培养输送出十几名班组长。

在该矿的提升队大筒班，29岁的李传庆以他6年的班长"从政"经验诠释"管理经"：班长的模范作用是带动严细作风的养成。为严格标准化作业，保障矿井提升运输咽喉万无一失，他响亮地提出"在岗一分钟、安全六十秒"的口号。一次，他观察箕斗运行时感觉钢丝绳有异常，当即确定"有疑必查"，结果发现钢丝绳附着的煤泥油污掩盖着4根断丝。在他的带动下，经验丰富的工人在导师带徒活动中积极献艺，传授高深井筒作业操作行走的安全小窍门，使年轻职工迅速练就了一身在井筒"飞檐走壁"、明察秋毫的过硬功夫，10名职工全部达到中级工以上水平，其中4人是高级工。全班以8年多零故障、零事故被评为矿区"首批创新示范岗"和"五好班组"，被集团赞为"机电领头军"。

(6) 行为佐证煤矿可成为安全行业。据统计，在厚薄煤层参半的杨村矿，井下72名区队班组长，有40人携工人10年以上无轻伤以上事故，有16人带领班组20年以上无重伤以上事故。全为薄煤层的北宿矿的班组长，有72人携工人10年以上无轻伤以上事故,有 41 人带领班组 20 年以上无重伤以上事故,安全生产优秀班组占井下班组总数的 58.9%。

在不足一米高的采煤面爬一趟就要出一身汗,采煤工一年至少要蹲走爬行 1 600 公里。为此,北宿矿区队班组长现场安全"十多"管理法中专门有一条独特规定:多爬一趟面。条件越是艰苦越要从严从细。该矿坚持将安全生产管理重心前移到班组,认真执行隐患预测预报制度,建立班组自保、互保、联保的三道安全防线。规定井下班组长佩戴红色安全帽,安全示范和督查"阳光操作",交接班严格实行"四不走"制度,即安全质量、隐患处理、现场面貌、上岗人员达不到标准不离开现场。他们以"特别能吃苦、特别能战斗"的精神锻造成全集团质量标准化建设示范单位,成为兖矿集团安全生产长期稳定发展的中坚力量。

(摘编自 2009 年 7 月 13 日《中国煤炭报》,作者罗锡亮等)

三、安全"猎手"班长刘国芳的五项必修课

薄煤层开采被比喻为"骨头缝里剔肉",是世界性开采难题。河北冀中能源邯矿集团郭二庄矿综采二区采煤一班班长刘国芳,在当班长的 500 个日日夜夜里,带领班组职工在平均煤厚只有 1.2 米的工作面生产原煤 35.4 万吨,杜绝了重伤及二级以上非伤亡事故,被干部、职工亲切地称为安全"猎手"。

（一）必修课之一:巡视

顶板是否有活矸,立柱是否有漏液,两帮是否有片帮现象,溜子是否飘链,机电设备是否完好? 这是刘国芳安全巡视的主要内容。刘国芳眼勤、手勤、口勤、腿勤,练就了除隐患保安全的"火眼金睛"。308 工作面高不足 1.3 米,安装了 124 个支架,每个班他至少弯腰在低矮的工作面来回检查巡视 6 遍。

（二）必修课之二:质量

"质量是安全之本,我们要始终保持工作面动态达标。"这是刘

· 315 ·

国芳经常讲的一句话。在当上这个 60 多人的"领导"前，刘国芳有 10 年质量验收员的经历。他创新的质量管理方式，对达标任务进行了区域管理，层层分工。每个小组划分一片责任区，组长负责责任区的日常检查，任务细分到人头，一组抓机头，二组抓机尾，三组抓采面运输，并明确任务职责。

（三）必修课之三：培训

开展"五个一"活动：① 每天班前会，由技术员讲解一道安全或设备操作方面的难题；② 组织职工参加每周五的安全教育大会，加强对安全生产法律法规和煤矿三大规程的学习；③ 每月组织一次安全知识应知应会综合考核，了解职工学习情况，及时查漏补缺；④ 每季度开展一次岗位练兵活动；⑤ 开展"一帮一、师带徒"活动，不断提高职工业务水平。

（四）必修课之四：创新

薄煤层开采的难度在于煤层赋存不稳定，高低起伏变化大，断层多，工作面行走困难等。2010 年 5 月，刘国芳和他的团队在 22210 综采工作面产煤 76 800 吨，刷新了冀中能源集团同类薄煤层采煤面月度开采最高纪录。该面平均煤层厚度仅有 1.3 米，且风巷、运输巷断面均为梯形，底鼓严重，顶板压力大。在开采过程中，刘国芳班班紧盯现场，对开采工艺不断摸索、不断改进。① 由于煤质硬，不易切割，他采取提前放炮松动煤壁的方法，减少了煤机事故；② 在遇到断层时，采取护架挡矸措施，避免机组强行硬割；③ 当工作面断层矸石厚度超过 1.2 米时，将炮眼由单排布置变为双排三角布置；④ 在顶板周期来压期间，他采取降支架等措施，使压力转移到煤壁，降低了煤壁强度。同时，针对风巷和运输巷底鼓严重的地质条件，他每班安排专人卧底，保证了通风、行人和运输断面达到要求。

（五）必修课之五：聚力

刘国芳班有职工 60 人，80％是劳务派遣工，职工素质参差不齐。他不等不靠，从了解职工心理状态入手，建立了班组职工信息档案，档案除登记职工个人信息外，还对职工家庭成员基本情况、职工家庭生活等情况登记在案，便于沟通。他还经常深入职工家庭走访谈心，谁的身体状况不好，谁家有难事，哪个职工有情绪等，他都了如指掌，职工有困难他都及时伸出援助之手。他用真心换来了职工的团结，换来了安全生产。

（摘编自 2011 年 9 月 2 日《中国煤炭报》）

四、全国十佳班组长周义明和班组自主管理"蒲白模式"

周义明是陕西煤业化工集团蒲白矿业公司白水矿采煤二队的一名班长，他曾获得全国五一劳动奖章、全国煤矿十佳班组长等诸多荣誉。他在白水矿的 15 年里，他和他所在的班组没有发生过一起轻伤以上事故。他说："安全掌握在自己手里，只要生产中按照师傅教的、相关规定要求的、安全培训中强调的老老实实去做，就不会出大问题。"

读过高中的周义明凭着他认真踏实的劲头儿，两年时间就掌握了支护、机电设备维修等多个工种的技能，而且操作熟练，成为白水矿采煤二队的多面手。因为熟悉多方面业务，工作又认真，他不仅在矿上入了党，还当上了班长。

周义明当班长后，他知道自己的肩上多了一份责任。为了工友的安全，周义明将班组每个职工的岗位职责、作业标准、操作程序都制作成牌板，悬挂在工作现场醒目的位置，让大伙儿一到现场就能看到。他还经常在班中休息的时候领着大家一遍一遍地读牌板上的内容。

在工作现场，周义明只认制度。他给自己定了个原则，要求他人做到的，自己必须首先做到。2009 年 3 月，白水矿 17509 工作面初采初放期间,工作面出现顶板来压,连续 30 多米出现支架歪扭,支柱下沉,造成工作面停产。为迅速改变这种局面,他站在危险区,逐棚调整,整整干了 20 个小时才处理完隐患。一次,在班后复查过程中,他发现一架支柱打得不合格,要求返工,工友们着急下班,说一点儿的偏差不要紧,可他说一点儿的偏差就有可能出现安全问题,硬是不让工友们走,他带领大家重新打好支柱后,才同大家一起升井。

周义明把自己当班长这几年的经验总结为:"一目"、"二严"、"二心"、"三勤"管理法(一目,目视管理;二严,严格制度、严以律己;二心,细心、交心;三勤,勤思考、勤学习、勤检查)。蒲白矿业公司组织人将他的管理法进行了提炼和完善,并与该公司的政研成果 131 班组自主管理机制相融合,在公司全面推广,收到了很好的效果,他们的这种做法被陕西煤业化工集团领导誉为班组自主管理的"蒲白模式"。2011 年 7 月,周义明所带领的班组被全国总工会授予"全国安康杯竞赛优胜班组"称号。

【复习思考题】

1. 试谈班组安全建设的重要意义。

2. 就某一个班组工作方法谈谈自己的学习体会。

3. 就班组长某一管理经验,结合本单位的实际谈谈如何加强班组安全建设和提高班组长素质。

第十章 煤矿班组长安全管理实务

第一节 煤矿班组长识图知识

一、采煤掘进类图例（见表10-1）

表 10-1

序号	名　称	图　例	说　明
1	铁路		图黑色,线条 0.15 mm
2	公路		图黑色,线条 0.15 mm
3	变电所(室)		图黑色,线条 0.15 mm
4	高压线		图黑色,线条 0.15 mm
5	低压线		图黑色,线条 0.15 mm
6	永久导线点		图红色,外直径 1.5 mm,内直径 0.8 mm

序号	名　称	图　例	说　明
7	临时导线点		图黑色,直径 1 mm
8	竖井		图黑色,外直径 4 mm,内直径 3 mm
9	暗小竖井		图黑色,半径 3 mm
10	斜井		图黑色,线条 0.15 mm
11	平硐		图黑色,高 1.2 mm
12	报废井筒		叉用红色
13	生产小窑		图黑色,高 2.5 mm
14	废弃小窑		图红色,高 2.5 mm
15	岩巷		图橘黄色,线条 0.3 mm
16	煤巷		图黑色,线条 0.3 mm
17	水仓		图橘黄色,线条 0.3 mm,内涂浅绿色

序号	名　称	图　例	说　明
18	水闸门		图橘黄色,线条 0.3 mm,符号由宽到窄为水流方向,内涂绿色
19	水闸墙		图线条橘黄色,线条 0.3 mm,方块内涂绿色
20	永久风门		图黑色,线条 0.3 mm,竖线用红色
21	防火密闭墙		图线条黑色,线条 0.3 mm,方块内涂红色
22	瓦斯突出或喷出地点		图红色,直径 3 mm
23	瓦斯抽放站		图红色,直径 3 mm
24	煤层自然发火区与发火点		图红色,直径 3 mm
25	井田边界		图黑色,线条 0.6 mm,线段长 20 mm
26	可采边界		图黑色,线条 0.25 mm,线段长 40 mm

序号	名　　称	图　　例	说　　明
27	煤厚为零边界线		图黑色,线条 0.15 mm,线段长 30 mm
28	保安煤柱和地面受保护边界		图红色,线条 0.3 mm
29	地层产状		图黑色,长线 4 mm,短线 2 mm
30	粗砂岩		图黑色,点直径 0.6 mm
31	细砂岩		图黑色,点直径 0.3 mm
32	中砂岩		图黑色,点直径 0.4 mm
33	粉砂岩		图黑色,点直径 0.3 mm
34	泥岩		图黑色,线条 0.15 mm,线段长 2.5 mm
35	煤及夹石		图黑色
36	碳质泥岩		图黑色,线条0.15 mm,线段长 2.5 mm

序号	名　称	图　例	说　明
37	石灰岩		图黑色,线条0.15 mm
38	见煤钻孔		图黑色,外直径 3.5 mm,内直径 2.0 mm,内涂黑色
39	井下探放水钻孔		图黑色,直径 3.5 mm,箭头表示实际钻孔方向
40	向斜轴		图红色,线条1.0 mm,线段长 20 mm,5 节为一组,组与组间距 10 mm
41	背斜轴		图红色,线条1.0 mm,线段长 20 mm,5 节为一组,组与组间距 10 mm
42	实测正断层		图红色,线条 1.0 mm,线段长 20 mm,5 节为一组,组与组间距 10 mm
43	实测逆断层		图红色,线条 1.0 mm,线段长 20 mm,5 节为一组,组与组间距 10 mm
44	断层破碎带		图红色,线条 0.3 mm,中间表示破碎地带
45	剖面断层		图红色,线条 0.5 mm,箭头10 mm

序号	名　称	图　例	说　明
46	实测陷落柱		图红色,线条 0.5 mm
47	煤层地板等高线	—600	图黑色,线条 0.15 mm
48	等水压线	— · — ·	图浅蓝色,线条 0.2 mm,线段 5 mm,间隔 2 mm
49	排水能力	11|80 10|80 7300	图黑色,左上:水泵台数,右上:排水量,左中:排水管路(趟),右中:管路排水量,下中:水仓容量

二、机电运输类图例(见表 10-2)

表 10-2

序号	名　称	图　例	说明
1	直流电	——	
2	交流电	～	
3	正极性	+	
4	负极性	—	
5	中性(中性线)	N	
6	电阻	▭	
7	电压表	Ⓥ	
8	电流表	Ⓐ	

序号	名　　称	图　　例	说明
9	电动机	Ⓜ	
10	接地		
11	电容		
12	三极管		
13	二极管		
14	电感		
15	连接点	●	
16	端子	○	
17	端子板		
18	阳接触件		
19	插头和插座		
20	可调电阻		
21	带铁芯电感		
22	电压互感器		
23	接触器		

序号	名　　称	图　　例	说明
24	开关		
25	继电器		
26	扬声器		
27	电压源		
28	电流源		
29	接线盒		
30	PT		
31	开关		
32	刮板输送机		

序号	名　称	图　例	说明
33	带式输送机		
34	调度绞车		
35	煤机		
36	电抗		

三、通防类图例(见表 10-3)

表 10-3

序号	名　称	图　例	说　明
1	进风井		图黑色,直径 5 mm
2	进风风流		图黑色,箭头表示风流方向
3	回风风流		图黑色,箭头表示风流方向
4	串联风流		图黑色,箭头表示风流方向
5	测风站		图黑色

序号	名 称	图 例	说 明
6	永久风门		图黑色,门扇迎向风流
7	临时风门		图黑色,门扇迎向风流
8	永久调节风门		图黑色,门扇迎向风流
9	临时调节风门		图黑色,门扇迎向风流
10	反风门		图黑色,门扇相向设置
11	离心式通风机	75kW	图黑色,75 kW 表示功率
12	轴流式通风机	200kW	图黑色,20 kW 表示功率
13	防爆门		图黑色
14	局部通风机	F 11kW	图黑色,11 kW 表示功率

序号	名　称	图　例	说　明
15	风筒		图黑色
16	密闭		图黑色
17	永久挡风墙		图黑色
18	临时挡风墙		图黑色
19	风帘(风障)		图黑色
20	栅栏		图黑色
21	防尘水泵	尘	图黑色
22	防尘水池		图蓝色
23	防尘喷嘴		图蓝色
24	防尘水幕		图蓝色
25	岩粉棚	20	图黑色,数字系岩粉棚列的长度,图例标在岩粉棚列中间

序号	名 称	图 例	说 明
26	水棚	30	图黑色边,中心涂蓝色,数字系水棚列的长度,图例标在水棚列中间
27	防尘水管		图蓝色
28	压风管		图黄色
29	灌浆站		图黑色
30	注浆管		图棕色
31	瓦斯抽放泵站	CH_4	图红色,字黑色
32	抽放钻场钻孔		图黑色
33	瓦斯抽放管		图红色
34	瓦斯抽放阀门		图蓝色
35	井下火区	72-07-07 火	图外圈红色,直径 5 mm,右上角数字为发火日期
36	已处理火区	72-07-07 72-09-02	图外圆圈及十字为红色,直径 5 mm,右上角数字为发火日期,二排数字为处理日期

序号	名　称	图　例	说　明
37	瓦斯突出	突 66.1.5 2400	外圆圈及横直径为红色,直径 8 mm,下部数字为突出时间,右下角为突出强度
38	瓦斯爆炸	CH₄ 66.1.5	外圆圈及横直径为红色,直径 8 mm,下部数字为爆炸时间
39	煤尘爆炸	尘 66.1.5	外圆圈及横直径为红色,直径 8 mm,下部数字为爆炸时间
40	通讯电话		图黑色
41	监控分站	地点:××××××× 型号:×××编号:××	图蓝色框,字黑色
42	瓦斯传感器	CH₄	图红色圆形,黑色
43	一氧化碳传感器	CO	图红色圆形,外文字母黑色
44	风速传感器	V	图红色圆形,外文字母黑色
45	负压传感器	P	图红色圆形,外文字母黑色
46	温度传感器	T	图红色圆形,外文字母黑色

序号	名　称	图　例	说　明
47	流量传感器	Ⓠ	图红色圆形,外文字母黑色
48	风桥		图黑色
49	井下变电所		图黑色,直径 5 mm
50	井下充电硐室		图黑色,直径 5 mm
51	避难硐室	难	图红色框,方框 6 mm×5 mm,字黑色
52	消防器材库	非	图红色框,方框 6 mm×5 mm,字黑色
53	井下火药库	药	图红色框,方框 6 mm×5 mm,字黑色
54	采煤工作面推进方向	➡9365工作面	图黑色框,方框 4 mm×12 mm,红箭头
55	掘进工作面	9360	图黑色,直径 6 mm

第二节　煤矿班组长常用图表认知

一、采煤类工作主要图表认知

（一）炮眼布置图（见图 10-1）

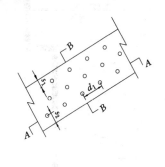

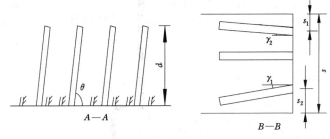

图 10-1　炮眼布置图

说明：

s_1——顶眼距顶板距离；s_2——底眼距底板距离；

d_1——相邻两炮眼间距；γ_1——底眼的俯角；

γ_2——顶眼的仰角；θ——炮眼的偏角；

d——炮眼的深度。

（二）高档普采工作面支架布置平面图（见图 10-2）

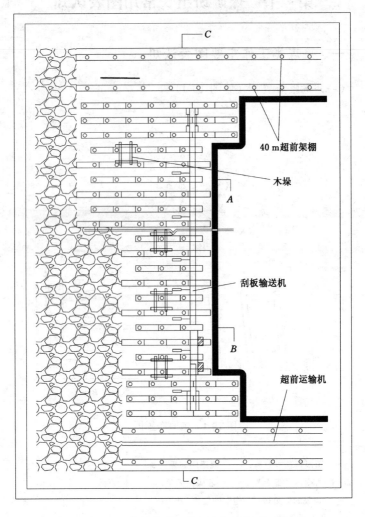

图 10-2　高档普采工作面支架布置平面图

（三）工作面支架剖面图（见图 10-3）

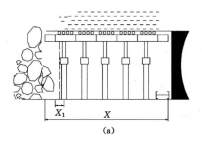

(a)

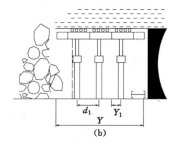

(b)

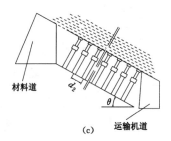

(c)

图 10-3　工作面支架剖面图

说明：

X——最大控顶距离；X_1——正悬臂支柱中距梁头距离；Y——最小控顶距离；

Y_1——倒悬臂支柱中距梁头距离；θ——煤层倾角；d_1——排距；d_2——柱距。

（四）地质说明书（见表10-4）

表 10-4　　　　　　　　　地质说明书

<table>
<tr><td rowspan="5">概
况</td><td>煤层名称</td><td></td><td>水平名称</td><td></td><td>采区名称</td><td></td></tr>
<tr><td>工作面</td><td></td><td>地面标高
（m）</td><td></td><td>工作面标高
（m）</td><td></td></tr>
<tr><td>地面位置</td><td colspan="5"></td></tr>
<tr><td>井下位置
及四邻采
掘情况</td><td colspan="5"></td></tr>
<tr><td>回采对地
面设施的
影响</td><td colspan="5"></td></tr>
<tr><td rowspan="4">煤
层</td><td>走向长
（m）</td><td></td><td>倾斜长
（m）</td><td></td><td>平面积
斜面积
（m²）</td><td></td></tr>
<tr><td>煤层总厚
（m）</td><td></td><td>煤层结构</td><td></td><td>煤层倾角
（°）</td><td></td></tr>
<tr><td>可采指数</td><td></td><td>变异系数</td><td></td><td>稳定程度</td><td></td></tr>
</table>

<table>
<tr><td rowspan="2">煤
质</td><td>M_{ad}（%）</td><td>A_d（%）</td><td>V_{daf}（%）</td><td>$S_{t.d}$（%）</td><td>$Q_{net.d}$</td><td>煤岩类型</td><td>煤质牌号</td></tr>
<tr><td></td><td></td><td></td><td></td><td></td><td></td><td></td></tr>
</table>

<table>
<tr><td rowspan="6">煤
层
顶
底
板</td><td>类　别</td><td>岩石名称</td><td>厚　度
（m）</td><td>岩　性　特　征</td></tr>
<tr><td>伪　顶</td><td></td><td></td><td></td></tr>
<tr><td>直接顶</td><td></td><td></td><td></td></tr>
<tr><td>基本顶</td><td></td><td></td><td></td></tr>
<tr><td>直接底</td><td></td><td></td><td></td></tr>
<tr><td>基本底</td><td></td><td></td><td></td></tr>
</table>

续表 10-4

地质构造	构造名称	性质	产状（褶曲轴面）				对回采的影响程度
			走向	倾向	倾角	落差	

水文地质	正常涌水量			m³/min	最大涌水量		m³/min
	防治措施						

影响回采的其他因素	地温						
	地压						
	瓦斯						
	煤尘						
	煤的自燃						
	普氏硬度	煤层		夹矸		直接顶	直接底

储量计算	煤层	块段编号	平面积（m²）	倾角（°）	函数 sec	斜面积（m²）	平均厚度	容重（t/m³）	工业量（万 t）	回收率（%）	可采量（万 t）	备注

问题及建议	

附图	1.工作面煤层底板等高线图 2.工作面综合柱状图 3.工作面两平巷、切眼实测剖面图

（五）劳动组织配备表（见表 10-5）

表 10-5　　　　　　　　劳动组织配备表

序号	工种	劳动组织				
		班 次			总 计	在册
		1	2	3		
1						
2						
3						
⋮						
合 计						
备 注						

（六）设备负荷统计表（见表 10-6）

表 10-6　　　　　　　　设备负荷统计表

序号	使用地点	设备名称	台数	电 机		总容量（kW）	备注
				型 号	额定功率		
1							
2							
3							
⋮							
合 计							

（七）主要技术经济指标（见表 10-7）

表 10-7　　　　主要技术经济指标

序　号	名　　称	单　位	数　量	备　注
1	工作面走向长度	m		
2	工作面倾斜长度	m		
3	煤层倾角	(°)		
4	煤层厚度（分层厚度）	m		
5	循环进尺	m		
6	循环产量	t		
7	昼夜循环数	个		
8	日循环进尺	m		
9	日循环产量	t		
10	生产方式			
11	循环率	％		
12	平均日进尺	m		
13	平均日产量	t		
14	月产量	t		
15	可采日期	天		
16	日出勤数	个		
17	回采效率	t/工		
18	坑木消耗	$m^3/$万 t		
19	电力消耗	度/万 t		
20	乳化液消耗	kg/万 t		
21	油脂消耗	kg/万 t		
22	截齿消耗	个/万 t		
23	炸药消耗	kg/t		
24	雷管消耗	个/万 t		
25	含矸率	％		
26	灰分	％		
27	吨煤成本	元/t		

（八）工作面循环材料统计台账（见表 10-8）

表 10-8　　　　　　　　工作面循环材料统计台账

名　称	规　格	单位用量	循环用量	回收复用率	备用量
枇　子					
小　笆					
大　笆					
支　柱					
顶　梁					
木垛料					
架棚料					
挡　板					
铁　鞋					
刚性联轴器					

（九）工作面材料统计台账（见表 10-9）

表 10-9　　　　　　　　工作面材料统计台账

名　称	规　格	用　量	备用量
枇　子			
小　笆			
大　笆			
支　柱			
顶　梁			
木垛料			
架棚料			
挡　板			
铁　鞋			
刚性联轴器			

（十）工作面机电设备台账（见表10-10）

表 10-10　　　　　　工作面机电设备台账

序 号	设备名称	设备型号	单 位	安装地点	使用数量
1	采煤机				
2	刮板输送机				
3	带式输送机				
4	调度绞车				
5	乳化泵				
6	回柱绞车				
7	水泵				
8	移变				

二、掘进类工作主要图表认知

（一）掘进图（见图10-4）

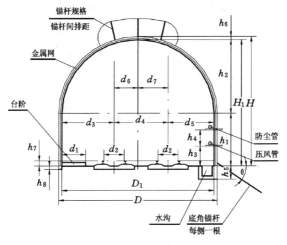

图 10-4　掘进图

说明:

D——巷道毛宽;D_1——巷道净宽;

d_1——人行台阶宽度;d_2——巷道轨道间距;

d_3——左轨道中心线到人行道一帮的距离;

d_4——左轨道中心线到右轨道中心线的间距;

d_5——右轨道中心线到水沟一帮的距离;

d_6——左轨道到巷道中心线的距离;

d_7——右轨道到巷道中心线的距离;

H——巷道毛高;H_1——巷道净高;h_1——巷道拱基高度;

h_2——巷道半圆高度;h_3——压风管到巷道底板距离;

h_4——防尘管到压风管的距离;h_5——水沟深度;

h_6——巷道喷浆层厚度;h_7——墙体的底脚高度;

h_8——巷道底板到轨道面距离;θ——巷帮底脚锚杆的偏角。

(二)架棚巷道支护断面图(见图 10-5)

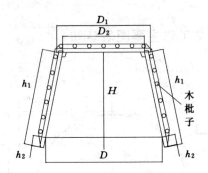

图 10-5 架棚巷道支护断面图

说明:

D——巷道下宽;D_1——巷道棚梁全长;

D_2——巷道棚梁牙壳之间的距离;

H——巷道中高;h_1——巷道棚腿全长;

h_2——巷道棚腿腿窝的深度。

（三）掘进爆破炮眼布置图（见图10-6）

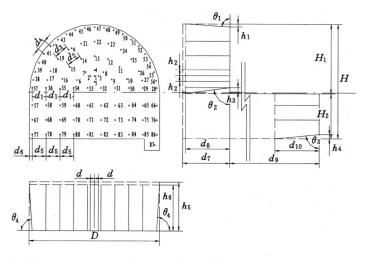

图 10-6 掘进爆破炮眼布置图

说明：

D——巷道毛宽；d——槽眼到巷道中心线的水平距离；

d_1——上台阶底眼的间距；d_2——二圈眼间距；

d_3——三圈眼的间距；d_4——周边眼的间距；

d_5——下台阶底眼的间距；d_6——周边眼到巷帮的距离；

d_7——上台阶槽眼的深度；d_8——上台阶炮眼的深度；

d_9——下台阶滞后上台阶的距离；d_{10}——下台阶炮眼的深度；

H——巷道毛高；H_1——上台阶高度；H_2——下台阶高度；

h_1——巷道顶部炮眼到顶板的距离；h_2——槽眼的上下距离；

h_3——上台阶底层炮眼到下台阶的距离；

h_4——下台阶底层炮眼到底板的距离；

h_5——槽眼的深度；h_6——其他炮眼的深度；

θ_1——上台阶顶部炮眼的上偏角；

θ_2——上台阶底层炮眼的下偏角；

θ_3——下台阶底层炮眼的下偏角；θ_4——周边眼向巷帮的偏角。

（四）掘进工作表格（见表 10-11～表 10-13）

表 10-11　　　　**架棚巷道工程质量班组验收表**

巷道名称：　　　　　　　　　　　年　　月　　日　　班

	检验项目	设计尺寸	第一棚	第二棚	第三棚	第四棚	质量情况
基本项目	巷道净宽	上宽					
		下宽					
	巷道净高						
	迎山角						
	撑杆位置、数量						
	柱窝深度						
允许偏差项目	检验项目	允许偏差					
	支架梁水平	40 mm					
	支架梁扭矩	80 mm					
	支架间距	−50～50 mm					
	棚梁接口	0					
保证项目	工字钢、枇子、网规格、结构、强度符合设计、规程						
净断面		实出勤		计划进尺		实际进尺	

存在问题及隐患	现场处理结果	施工单位领导意见：
	班长签字：	单位领导签字：

隐患未处理完毕的处罚意见：

　　　　　　　　　　　　　　　　　矿有关部门领导签字：

评定等级：　　　　　得分：　　　　　验收员：

表 10-12 工程质量、文明生产、进度及隐蔽工程考核表

单位: 施工地点: 等级: 总排号: 班次: 年 月 日

排号	中线								锚杆间排距														施工人员
	左			右			三角线			左帮				右帮				顶部					
	上	中	下	上	中	下	左	右	间排距	1	2	3	4	1	2	3	4	1	2	3	4	5	
									间距														
									排距														
									间距														
									排距														
									间距														
									排距														

扣上班进尺说明					共扣尺					
通尺	减尺	当班进尺	处理上班折尺	当班应得进尺	余炭扣尺	联网扣尺	质量扣尺	掉顶扣尺	片帮扣尺	超欠挖扣尺	实际进尺

其他加尺说明	本班共得尺		本班应得报酬	
交接班考核说明				

跟班干部: 班长: 验收员:

表 10-13 　　　 **光爆锚喷巷道工程质量班组验收表**

巷道名称：　　　　　　　　　　　　　　　　　　　　年　　月　　日

		检验项目	设计要求	巷道类别	检验部位		第一点		第二点		合格点数	优良点数	等级
基本项目	1	巷道宽度		有中线巷道	中线	左							
						右							
	2	巷道高度		有腰线巷道	腰线	上							
						下							
	3	喷层厚度											
	4	锚杆安装质量	托盘紧贴岩面										
	5	铺网联网质量	≥200										

		检验项目	设计尺寸	测点实测值									
				第一排									
允许偏差项目	1	锚杆间排距											
	2	螺母扭矩											
	3	锚杆角度											
	4	锚杆深度											
	5	锚杆外露情况											
		检验项目	设计尺寸	测点实测值									
				第二排									
	1	锚杆间排距											
	2	螺母扭矩											
	3	锚杆角度											
	4	锚杆深度											
	5	锚杆外露情况											
	6	基础深度											
	7	表面平整度											
	8	水沟情况											

		检验项目		质量情况	
保证项目	1	锚杆、网、材质、规格			
	2	锚固剂的材质、规格、性能			
	3	水泥、水、骨料、外加剂质量			
	4	喷射混凝土的配合比、外加剂掺量			

净断面	煤岩别	在册	定员	实出勤	直接工	计划进尺	实际进尺

存在问题	现场处理结果班长签字	施工单位领导意见单位领导意见

隐患未处理完毕的处罚意见
矿或有关部门领导意见

评定等级：　　　　　　得分：　　　　　　　　验收员：

三、机电类工作主要图表认知（见表 10-14～表 10-34）

表 10-14

井 筒 设 备 检 查 检 修 记 录

检查项目	检查要求	检查周期	检查结果	处理方法	备注
井架	无松动，开焊现象，发现问题及时解决	每周一次			
装卸载设备	要求各部件完好无损	每周一次			
罐道绳	密封钢丝绳最外层钢丝磨损量不超过50%，普通钢丝绳磨损量不超过原绳直径的10%	每周一次			
制动绳	每个链距内的断丝不超过总丝数的10%，磨损量不超过原绳直径的10%	每周一次			
天轮	达到完好标准，磨损不超限每年换油一次	每周一次			
井筒	要求容器与容器之间≥500 mm，容器与井壁、井梁之间≥350 mm	每周一次			
罐道梁	无变形，无损伤，无严重锈蚀现象	每周一次			

检查人：

注：检查结果栏内完好打"√"，否则打"×"

表 10-15　　　　高压开关柜预防性试验报告

变电所		设备名称及编号			投运时间		
型号		制造厂			出厂序号		
试验日期				天气	温度		湿度
试验仪器	绝阻：		耐压：		接阻：	直阻：	
	直泄：		特性测试仪：		继电保护校验仪：		
断路器	型号：		制造厂：		出厂日期：		
	额定电压：　kV　　额定电流：　　kA　　额定开断电流：　　kA						

绝缘电阻（MΩ）	相别	
	A	
	B	
	C	

接触电阻（μΩ）	相别	
	A	
	B	
	C	

工频耐压（kV）	相别	
	A	
	B	
	C	

继保整定	继电器型号	变比	计算值（A）			动作值	返回值	返回系数	动作时间
			I_1	I_2	$T(s)$				
过流 A									
过流 B									
过流 C									
速切 A									
速切 C									

相关检查、试验	直流电阻（Ω）	绝缘电阻（MΩ）	最低动作电压
合闸接触器			
分合闸电磁铁线圈			
测量辅助和控制回路绝阻不应低于 2 MΩ			
进行辅助和控制回路 1 分 2 kV 的工频耐压			
C.T 二次接线检查			
高压开关柜"五防"性能检查			

表 10-16　　　　　　　　**互感器预防性试验报告**

互感器	型号：　　　　制造厂：　　　　　　　　出厂日期： 额定电压：　kV 额定电流：　　A　变比：			
	相别	A	B	C
绝缘电阻 （MΩ）	一次			
	二次			
直流电阻 （MΩ）	K_1			
	K_2			
氧化锌 避雷器	型号：　　　制造厂：　　　　　　额定电压： 持续运行电压有效值：　　　　kV　　出厂日期：			
	相别	绝缘电阻 ≥1 000 MΩ	直流 1 MA 电压 U_{1MA}	0.75U_{1MA} 下的泄漏 电流≤50 μA
	A	MΩ	kV	μA
	B	MΩ	kV	μA
	C	MΩ	kV	μA
隔离 开关	型号：　　　制造厂：　　　　　出厂日期： 额定电压：　　　kV　额定电流：　　　A			
	项目	接触电阻（μΩ）		绝缘电阻（MΩ）
	相别	上隔离　　　下隔离		上隔离　　下隔离
	A			
	B			
	C			
电力 电缆	电缆型式：　　　规格：　　长度：　　m　芯电缆 额定电压：　　/　　kV 制造厂家：　　出厂日期：			

绝缘 电阻 （MΩ）	相别	R15	R60	吸收比	耐后绝阻
	A—BCE				
	B—ACE				
	C—ABE				

泄漏 电流 （μA）	相别	kV	kV	kV	kV	不平衡系数	互感器检查
	A—BCE						
	B—ACE						
	C—ABE						

直流耐压 （kV）	相别	1 min	2 min	3 min	4 min	5 min	相序检查
	A—BCE						
	B—ACE						
	C—ABE						

试验负责人：　　　　　　　　依据标准：
试验人员：　　　　　　　　　结　　论：

表 10-17　　　　　电抗器预防性试验报告

变电所			设备编号	
试验日期			环境条件	
试验仪器		绝阻：		工频耐压：
电抗器	型号：	制造厂：	出厂日期：	
	额定电压：	kV	额定电流：	kA

绝缘电阻（MΩ）	相别	R15″	R60″	耐后绝阻
	A—BCE			
	B—ACE			
	C—ABE			

工频耐压	相别	试验电压（kV）	时间（min）	试验结果
	A—BCE			
	B—ACE			
	C—ABE			

隔离开关	型号：	制造厂：	出厂日期：	
	额定电压：	kV	额定电流：	kA
	相别	接触电阻	绝阻/耐后绝阻（MΩ）	工频耐压
	A		/	
	B		/	
	C		/	

检查电抗器各接头情况	
检查电抗器各相支柱绝缘子情况	

试验负责人：　　　　　　　　　　依据标准：

试验人员：　　　　　　　　　　　结论：

表 10-18   **电容器柜预防性试验报告**

变电所	名称及编号			投运时间			
型号		制造厂		出厂序号			
试验日期		环境条件					
实验仪器	绝阻：			电阻：			
	工频耐压：			电容值：			
电压互感器	型号：		制造厂：		出厂日期：		
	额定耐压：		kV		额定电流：		A
	项目	绝缘电阻（MΩ）			直流电阻（Ω）		
	项别	一次	二次		AX		Ax
	A						
	C						
电容器	型号：		制造厂：		温度类别： − / + ℃		
	额定容量： kVA		额定电压：kV		额定电流： A		

序号	绝缘电阻（MΩ）	标称电容（μF）	实测电容值（μF）	序号	绝缘电阻（MΩ）	标称电容（μF）	实测电容值（μF）
1				16			
2				17			
3				18			
4				19			
5				20			
6				21			
7				22			
8				23			
9				24			
10				25			
11				26			
12				27			
13				28			
14				29			
15				30			
检查	渗漏油						
	熔断器						

试验负责人：   试验人员：   审核：

表10-19　　　　　　　　　主副井绞车运转日志

绞车型号						电机容量及型号			安装地点			
班别	电枢电流(A)	电枢电压(V)	励磁电流(A)	励磁电压(V)	运行速度(m/s)	钩数及时间	预防检修时间	故障处理时间	检查项目	正常○　不正常×		
										夜班	早班	中班
夜班									主电机声音			
									炭刷及滑环			
									液压站			
早班									盘形器			
									测速发电机			
									反馈测速器			
中班									行程控制器			
									主导轮			
									操作台按钮及开关			
									显示台仪表			
									电控室			
									安全保护装置			
记事栏									主司机签名	夜班	早班	中班

表 10-20 压风机保护日检查试验记录

年 月 日

序号	保护名称	检查结果					存在问题及处理方法	备注
		1#	2#	3#	4#	5#		
1	断油保护							
2	润滑油超温保护							
3	断水保护							
4	自动载荷装置							
5	压风机安全阀							
6	风包超温保护							
7	风包安全阀							
8	释压阀							
9	电动机速流保护							
10	电动机欠压保护							
11	电机设备接地保护							
12	转动及电器裸露部位保护罩及栅栏							三个月检查一次

检查栏内：灵敏可靠打 √ 否则 ×

检查实验人：

表10-21

抽 风 机 运 转 日 记

年 月 日

风机型号		电机容量及型号				安装地点	

班别	编号	电压(V)	电流(A)	风压	电机温度(℃)	轴承温度(℃)	材料消耗		连续运转启停时间(h)		预防检修时间	故障检修时间
							油脂(kg/次)	其他	合计	起止时间		
夜班												
早班												
中班												

正常○ 不正常×

检查项目	夜班	早班	中班
机器声音			
电机声音			
开关及仪表			
各部螺丝键销			
传动装置			
风门开关			
接地线			
主司机签名			

记事栏

表10-22

水 泵 运 转 日 记

水泵型号＿＿＿＿＿　安装地点＿＿＿＿＿　年　月　日

电机容量及型号＿＿＿＿＿

班别	编号	电压 (V)	电流 (A)	出水压力 (kg/cm²)	电机温度 (℃)	轴承温度 (℃)	材料消耗 油脂(kg/次)	材料消耗 其他	连续运转启停时间 合计(h)	连续运转启停时间 起止时间	预防检修时间	故障检修时间	检查项目 正常○ 不正常×	夜班	早班	中班
夜班													轴承润滑			
													机器声音			
													电机声音			
早班													各部螺丝键销			
													进出水盘根			
													串水管及放气管			
中班													开关及仪表			
													靠背轮			
													接地线			

表 10-23

通 风 机 机 巡 回 检 查 记 录

| 班次 | 设备编号 | 运转时间 | 停运时间 | 本班运转情况 | 电 动 机 | | | | | 通 风 机 | | | 检查人 |
					电压(V)	电流(A)	温度(℃)	响声	轴承温度(℃)	动压(mmH$_2$O)	静压(mmH$_2$O)	响声	
夜班													
早班													
中班													

表 10-24　　　　　**主排水泵巡回检查记录**

班次								
运行设备编号								
值 班 司 机								
开停泵时间	开							
	停							
主水泵	压力表读数(kg/cm^2)							
	真空表读数(mmH$_2$O)							
	轴承温度(℃)							
	各部螺栓							
主电机	电 流(A)							
	电压(kV)							
	温升(℃)							
	轴承温度(℃)							
安全保护	过流							
	失压							
	接地							
	递止阀							
	防护罩							
真空泵与小电机								
检查人								
备注								

表 10-25　　　　　　主、副绞车巡回检查记录

年　　月　　日

序号	部　位	检 查 时 间 班 次							
1	高压室开关柜								
2	高压室开关柜								
3	电控室控制柜								
4	主直流电动机								
5	电控室调节柜								
6	电控室整流柜								
7	测速发电机								
8	显示台及操作台								
9	监控器								
10	液压站(换向阀)								
11	主导轮								
12	主电机风机								
13	盘形闸								
14									
15									
16									
17									
18									
19									
20									
21									
22									

检查人　　　　　　　　　　　　　　　　注:每小时检查一次

表 10-26　　　　　　　提升系统日检记录表

检查部位		检查结果	处理措施
绞车房	滚筒		
	衬垫		
	钢丝绳		
	液压站		
	盘形闸		
	电控系统		
	风机		
	电机		
	仪器仪表		
	安全保护系统		
	制度牌板		
	各种纪录		
井筒	提升容器		
	尾绳		
	组合钢罐道		
	井架		
	罐道梁		
	连接装置		
	上下口四角罐道		
	罐位		
	井筒管路		
	井筒电缆		
天轮	轴承		
	铜套		
	本体		
	衬垫		
	测速装置		
	回柱机		

检查人：　　　　审核人：　　　　　　　年　月　日

表 10-27　　　　　　　　设 备 检 修 记 录

设备名称		检修日期		检修负责人		开工时间		完工时间	

检修前存在问题：

检修中处理了哪些问题：

检修后还存在的问题及采取的措施：

记 录 人：

表 10-28 　　　　　　　机 电 事 故 记 录

事故时间	地点	事故类型	发生事故的设备名称	汇报人和汇报时间	当班司机现场人员	恢复生产时间	影响时间

事故详细情况：

发生事故原因：

处理措施：

　　　　　　　　　　　　　　　　　　　　　　　　　　　　填写人：

表 10-29　　　　　　交 接 班 纪 录

年____月____日

班次	交班事项	交班人意见	接班人意见	交班人	接班人
夜班				主司机： 副司机：	主司机： 副司机：
早班				主司机： 副司机：	主司机： 副司机：
中班				主司机： 副司机：	主司机： 副司机：

注：交接班人员必须按照交接班制度认真纪录，严格交接。

表 10-30　　　　　隐 患 通 知 单 回 执 单

单位	地点	检查人	处理日期	处理人

表 10-31　　　　　机电设备下井许可证

合 格 证 No

单位	领取人姓名	设备名称	容量	使用地点	绝缘	电压	备注

表 10-32 **机电设备检查表**

设备名称： 规格型号：

检查人	检查日期	检查人	检查日期

表 10-33 **电气事故(开关跳闸、继电保护装置)记录**

编号(No)：

故障单位及地点		故障发生时间	年 月 日	
动作开关及负荷名称				
继电保护装置保护动作	过流 速切 差动 重瓦	重合闸动作 (开关号)	成 否	
停电时间	时 分	恢复送电时间	时 分	影响时间	(min)
影响范围		当值值班员		
汇报人		汇报时间	时 分	接受人	
事故主要原因				
处理时间				
处理措施				
处理结果		施工负责人签字：		
验收意见		验收负责人签字：		

表 10-34　　　　　设 备 巡 视 检 查 记 录

年　　　月　　　日

班次	时间	巡视内容 主变、支配变、油开关、电压互感器、电流互感器、避雷器（针）、硅整流跌落保险、母线、继电保护动变、高压板、低压板、电容器等其他设备	温度 （℃）	巡视人	回报单位人员
夜班	2点		主变　℃ 室内　℃ 室外　℃ 电容室　℃		
	6点		主变　℃ 室内　℃ 室外　℃ 电容室　℃		
早班	10点		主变　℃ 室内　℃ 室外　℃ 电容室　℃		
	14点		主变　℃ 室内　℃ 室外　℃ 电容室　℃		
中班	18点		主变　℃ 室内　℃ 室外　℃ 电容室　℃		
	22点		主变　℃ 室内　℃ 室外　℃ 电容室　℃		

四、运输类工作主要图表认知（见表10-35～表10-43）

表 10-35 设备检查维修台账

设备名称：

检查日期	检查存在问题	维修日期	处理办法	检修人

表 10-36 安全隐患排查记录

时间		主持人	
地点		参加人	

排查问题

完成情况		跟踪落实人	

表 10-37 矿井储煤井统计表

序号	名 称	深度(m)	容积(m³)	给煤机功率(kW)	储煤井状况

表 10-38　　带式输送机事故登记及追查分析记录

年　　月　　日

追查负责人		参加追查人员	
事故责任者			
事故名称		事故类别	
事故时间			

事故发生地点及影响范围

事故损失	
事故发生经过	
事故原因分析	
事故吸取教训	
处理结果	
防范措施	

表 10-39　　带式输送机司机交接班和综合保护试验记录

年　　月　　日　　　　班次

当班司机	当班带式输送机运行状况		接班司机意见
试验人	当班综合保护试验记录		
	堆煤保护		
	低速保护		
	超温洒水		
	烟雾保护		

表 10-40　　　安全生产关键问题处理意见书

第　　号

送交单位 （或个人）		
		年　　月　　日
存在问题		
改进意见及 解决期限	负责人：　　　　月　　　日	
业务单位 处理意见		
复查意见		月　　　日
填写单位 （或个人）		月　　　日

表 10-41　斜巷轨道运输设备、设施轨道检查检修记录

斜巷名称：　　　　　　　　　　　日期：　　年　月　日

序号	检查项目	存在问题及处理记录	检修人员
1	电绞安装及完好情况		
2	钢丝绳及保险绳		
3	安全设施		
4	信号系统及声光语言系统		
5	地辊		
6	轨道		
7	其他		

表 10-42   **轨道运输事故追查分析记录**

年   月   日

追查负责人		参加追查人员	
事故责任者			
事故名称		事故类别	
事故时间			
事故发生地点及影响范围			
事故损失			
事故发生经过			
事故原因分析			
事故吸取教训			
处理结果			
防范措施			

表 10-43

轨道运输隐患整改情况登记表

序号	来文名称	编号	来文单位	收文人	收文日期	责任班组	责任人	整改期限	整改情况	落实人
来文粘贴处										

五、通防类工作主要图表认知（见表 10-44～表 10-53）

表 10-44　　　　局部通风管理台账

掘进名称	煤岩类别	断面（m²）	通风方式	局部通风机功率（kW）	风电闭锁	风筒长度（m）	风量（m³/min）		风速（m/s）
							全负压	迎头	

表 10-45　　　　局部通风机自动切换记录

地点	风机型号	风机功率（kW）	切换开始时间	切换结束时间	是否自动切换	操作人员

表 10-46　　　　风道检查记录

巷道名称	支护方式	断面（m²）	风量（m³/min）	失修情况			检查日期	检查人
				长度（m）	断面（m²）	风速（m/s）		

表 10-47 　　　　　矿 井 测 风 记 录

测风时间	测风地点	测风断面（m²）	表速（m³/min）	校正风速（m³/min）	实测风量（m³/min）	瓦斯浓度		温度（℃）	测风员	风量分布及风情况说明漏
						CH₄（%）	CO₂（%）			

表 10-48 　　　　矿 井 反 风 设 施 检 查 记 录

地　　点	检查时间	主要问题	采取措施	负责人	解决时间	检查人员签字	备注

表 10-49 　　　　　盲 巷 检 查 记 录

盲巷名称：_____　　　　　　　　　　　编号：_____

检查时间	瓦斯浓度（%）		温度（℃）	栅栏情况	墙体质量	支护情况	巷道整洁	检查人	备注
	CH₄	CO₂							

表 10-50 　　　　　瓦 斯 积 聚 记 录

地　点	浓度（%）	积聚原因	处理	备注

表 10-51 　　　　　瓦 斯 检 查 原 始 记 录

巡检次数		第一次（　时　分）			第二次（　时　分）			第三次（　时　分）		
检查时间 "一炮三检"	人数	CH_4 （%）	CO_2 （%）	t （℃）	CH_4 （%）	CO_2 （%）	t （℃）	CH_4 （%）	CO_2 （%）	t （℃）

表 10-52 　　　　**现场通防设施及其他硐室检查情况**

	瓦 斯 传 感 器 校 验						硐室及其他地点检查			
传感器地点	第一次		第二次		第三次		地　点	CH_4 （%）	CO_2 （%）	t （℃）
	显示	检查	显示	检查	显示	检查				

本班主要问题及下班注意事项：

交班人：_____　　接班人：_____　　交接班时间：_____

表 10-53 　　　　　瓦 斯 抽 放 工 程 验 收 记 录

施工地点：

钻场 编号	钻孔 编号	钻孔长 度（m）	钻孔仰 角（°）	钻孔末端 距顶板距离 （m）	钻孔末端距 材料道距离 （m）	验收人	钻机组 负责人	验收 日期

第三节　煤矿班组长安全生产应知名词术语

一、采煤类安全生产应知名词术语

薄煤层　地下开采时厚度 1.3 m 以下的煤层;露天开采时厚度 3.5 m 以下的煤层。

中厚煤层　地下开采时厚度 1.3～3.5 m 的煤层;露天开采时厚度 3.5～10 m 的煤层。

厚煤层　地下开采时厚度 3.5 m 以上的煤层;露天开采时厚度 10 m 以上的煤层。

近水平煤层　地下开采时倾角 8°以下的煤层;露天开采时倾角 5°以下的煤层。

缓倾斜煤层　地下开采时倾角 8°～25°的煤层;露天开采时倾角 5°～10°的煤层。

倾斜煤层　地下开采时倾角 25°～45°的煤层;露天开采时倾角 10°～45°的煤层。

急倾斜煤层　地下或露天开采时倾角在 45°以上的煤层。

近距离煤层　煤层群层间距离较小,开采时相互有较大影响的煤层。

井巷　为进行采掘工作在煤层或岩层内所开凿的一切空硐。

水平　沿煤层走向某一标高布置运输大巷或总回风巷的水平面。

阶段　沿一定标高划分的一部分井田。

区段(分阶段、小阶段)　在阶段内沿倾斜方向划分的开采块段。

主要运输巷　运输大巷、运输石门和主要绞车道的总称。

运输大巷(阶段大巷、水平大巷或主要平巷)　为整个开采水平或阶段运输服务的水平巷道。开凿在岩层中的称岩石运输大巷;为几个煤层服务的称集中运输大巷。

石门　与煤层走向正交或斜交的岩石水平巷道。

主要绞车道(中央上、下山或集中上、下山)　不直接通到地面，为一个水平或几个采区服务并装有绞车的倾斜巷道。

上山　在运输大巷向上,沿煤岩层开凿,为 1 个采区服务的倾斜巷道。按用途和装备分为:输送机上山、轨道上山、通风上山和人行上山等。

下山　在运输大巷向下,沿煤岩层开凿,为 1 个采区服务的倾斜巷道。按用途和装备分为:输送机下山、轨道下山、通风下山和人行下山等。

采掘工作面　采煤工作面和掘进工作面的总称。

阶檐　台阶工作面中台阶的错距。

老空　采空区、老窑和已经报废的井巷的总称。

采空区　回采以后不再维护的空间。

二、掘进类安全生产应知名词术语

系统图　矿井的各个生产系统用图纸来表达,就叫系统图。一般以矿井巷道平面图做底,再用特殊符号画出所要表达的。

断层　由地壳运动而使煤岩层的完整性遭到破坏,发生断裂而形成的。

褶曲构造　煤岩层受地壳运动作用力,被挤得弯弯曲曲,但仍保持煤岩层的连续性和完整性的构造形态。

开拓巷道　指为井田开拓而开掘的基本巷道,如运输大巷、回风大巷等。

准备巷道　指为准备采区而掘进的主要巷道,如采区上、下山等。

回采巷道　形成采煤工作面及为其服务的巷道,如工作面运输巷、材料巷、切眼等。

普氏系数　区分岩石坚固程度的系数,其值等于岩石的单向抗压强度(MPa)除以 10,符号是 f。

巷道中线　掌握巷道掘进的方向线。

腰线　巷道的坡度线。

毫秒爆破　相邻炮眼或药包群之间的起爆时间间隔以毫秒计的延期爆破。

最小抵抗线　从装药重心到自由面的最短距离。

正向起爆　起爆药包位于柱状装药的外端,靠近炮眼口,雷管底部朝向眼底的起爆方法。

反向起爆　起爆药包位于柱状装药的里端,靠近或在眼底,雷管底部朝向眼口的起爆方法。

树脂锚杆　用树脂药卷锚固对煤岩体起支护作用的一套构件的统称。

杆体破断力　杆体能承受的极限拉力(kN)。

杆体额定破断力　等于杆体材质的标准极限强度乘以杆体的截面积(kN)。

破坏性抗拔力　拉拔锚杆时,锚杆或锚固剂所能承受的最大拉力(kN)。

一般抗拔力　设计规定的锚杆或锚固体应能承受的拉力(kN)。

锚固力　锚杆对围岩所产生的约束力(kN)。

端头锚固　锚杆锚固长度小于 700 mm 或小于钻孔长度的三分之一。

全长锚固　锚杆锚固长度大于钻孔长度的 90%。

加长锚固　锚杆锚固长度介于端锚与全锚之间。

桁架锚杆　采用拉杆连接两根倾斜锚杆,能在巷道水平和铅垂方向同时提供压应力的支护结构。

顶板离层临界值　锚杆支护巷道正常情况下所容许的顶板离层和松动的最大值。

最大控顶距　掘进迎头爆破后,永久支护锚杆离迎头最大控顶距离,一般规定为一个循环进尺加 300 mm 的距离。

最小控顶距　每个循环支护工作完成后,紧靠迎头一排顶部锚杆距迎头工作面不得小于2。

三、机电类安全生产应知名词术语

机车、电机车、单轨吊车、卡轨车、凿轮机车、主要提升装置、跑车防护装置、最大内外偏角、常用闸、保险闸、罐道、罐座、摇台、矿用防爆特殊型电机车等在运输类主要名词术语中介绍。

承力索　用多股铜、铁或高强度合金线绞制成的缆索。

轨道线路　一种以钢轨做导线的电气回路。

电力牵引　用电能作为铁路运输动力能源的牵引方式。

安全系数　指钢丝绳所有钢丝破断拉力总和与最大静载荷之比。

最大静张力　指钢丝绳所承受的最大静载荷,包括提升容器自重、载荷量和钢丝绳最大悬垂长度的垂力。

捻距　钢丝围绕股芯成股围绕绝芯旋转一周(360°)相应两点间的距离。

涌水量　单位时间内涌入矿井的水量。

扬程　单位质量的水流过水泵时,所获得的能量。

流量　水泵在单位时间内排出水的数量。

允许吸上真空高度　离心式水泵在工作时,能够吸上水的最大吸水扬程。

工况点　水泵的流量—扬程曲线与管路的性能曲线的交点。

矿井正常涌水量　矿井开采期间,单位时间内流入矿井的水量。

矿井最大涌水量　矿井开采期间,正常情况下矿井涌水量的高峰值,主要与人为条件和降雨量有关。

安全水头值　隔水层能承受含水层的最大水头压力值。

液压支架作用　利用液压传动,靠一些金属构件的组合,支护和控制顶板,配合采煤机进行落煤、装煤、输送机的运煤。

液压支架工序　能进行降架、够架、升架和推移输送机等。

液压支架组成　主要由承载部件、动力油缸、液压元件及辅助装置四部分组成。

液压支架工作介质 大都由乳化液作为介质来进行能量的传递。乳化液是以95％的水和5％的乳化油溶解在一起,形成乳化状的"水包油"型液体。

支柱 是液压支架的主要动力元件,可分为单伸缩和双伸缩两种,支持在顶梁(或掩护梁)和底座之间直接或间接承受顶板载荷。调节支护高度的液压缸成为立柱。

千斤顶 液压支架中除立柱外的液压缸均称为千斤顶。

千斤顶划分 按其结构不同,可分为柱塞式和活塞式千斤顶,活塞式千斤顶又可分为固定活塞式和浮动活塞式;按其进液方式不同,可分为内进液式和外进液式;按其在支架中的用途不同,又可分为推移千斤顶、护帮千斤顶、侧推千斤顶、平衡千斤顶和防倒防滑千斤顶等。

安全阀 是支架液压控制系统中限定液体压力的元件。它的作用是保证液压支架具有可缩性和恒阻性。

液控单向阀 是支架的重要液压元件之一。它的作用是闭锁立柱或千斤顶的某一腔中的液体,使之承受外载产生的增加阻力,使立柱或千斤顶获得额定的工作阻力。液控单向阀往往和安全阀组合在一起,组成控制阀。

操纵阀 在支架液压控制系统中用来操作立柱或各种千斤顶的动作而设置操作阀。操作阀的类型有转阀和滑阀两种类型,当前使用较多的为滑阀或操纵阀。

液压支架工作原理 指支架与顶板之间的相互作用关系,包括支架的初撑、增阻、恒阻和卸载四个阶段。

四连杆机构 前后连杆与掩护梁、底座组成的四连杆机构。既可承受支架的水平分力,又可使顶梁与掩护梁的铰接点在支架调高范围内作近似的直线运动,使支架的梁端距基本保持不变,从而提高支架控制顶板的可靠性。

液压支架的辅助装置 有推移装置、保护装置、侧护装置、复位装置、调架装置、防倒防滑装置和挡矸装置等。

活塞密封　是立柱和千斤顶能否保证密封性能的关键之一,而密封的主要元件是密封圈。密封圈除有 O 形、Y 形、V 形、U 形密封圈外,还有鼓形和蕾形密封圈。

液压支架液压控制系统　由主备路和控制回路两大部分组合而成。

乳化液泵站　主要用于普采、高档普采及综采系工作面向液压支柱或液压支架提供乳化液。

乳化液泵站组成　由两台乳化液泵和一台泵箱及附属装置组成。

乳化液箱作用　它起到乳化液储存、配比乳化液、回收支架回液、过滤、沉淀的作用。

泵的液力端结构　主要由阀体、缸套、吸排液阀组及出液板组成。

泵的压力控制部　由自动卸载阀和安全阀组成。

蓄能器的作用　用来稳定系统中的压力。当充气压力过低时,应补充氮气,否则会使泵站产生噪声,振动增大,影响使用寿命。

滚筒式采煤机工作原理　利用螺旋滚筒作为截割机构,依靠滚筒的旋转和安装在滚筒上的截齿截入煤壁,将煤体落下破碎,又通过滚筒上的螺旋叶片将破碎的煤装到工作面输送机上。

螺旋滚筒结构　主要由轮毂、螺旋叶片、端盘、截齿等组成。

滚筒螺旋叶片升角　升角的大小直接影响装煤效果,一般来说,升角越大排煤的能力越大,但过大时会将煤抛出很远,以致甩出溜槽,升角过小,排煤能力差,因此叶片升角在 8°～24°范围内较好。

采煤机组成　主要由液压传动箱、电动机、左右固定箱、左右摇臂、左右滚筒、左右行走箱、底托架等组成。

液压传动箱　由机械传动和液压传动两部分组成。

液压系统　包括主油路系统、控制保护系统和操作系统。

主油路系统　由主回路、补油和热交换回路组成。

补油和热交换回路　在闭式系统中，由于泄漏损失，马达排出的油量少于主泵所需的吸入量，主泵会吸空；由于液压损失和机械损失，系统中的油温升高，液压系统的工况将恶化，所以要增加补油和热交换回路。

控制保护系统　控制保护系统包括电机功率控制、恒压控制、高压保护、低压保护、回零保护和零件保护，

回零保护　如果油泵大摆角启动，容易因瞬时吸空引起损坏，利用低压保护回路，可以实现停机油泵自动回零，简称回零保护。

手压泵　一种结构简便的手动式柱塞泵，由泵壳、柱塞、球式吸油阀和排油弹簧组成。

阀块　组成主油路系统的三大部件之一，它由阀组和集成块组成。

低压溢流阀　一种直动型锥阀，其作用是维持系统的背压，故又称背压阀。

单向阀　一个密封性能很好的锥阀，用来实现对系统补油。其工作原理与一般单向阀相似。

梭型阀　一种液控动作，弹簧复位的三位五通滑阀。由阀芯、圈、弹簧等组成。

高压安全阀　由阀套、阀芯、弹簧、先导阀芯、先导阀弹簧、垫片、弹簧等组成。

操纵机构　控制采煤机实现牵引的开停、调速和换向的主要部件，由手柄、开关圆盘、轴小齿轮、油缸、传动齿轮、副导向块、传动轴和丝母等组成。

调速机构　由推动油缸、伺服阀、失压控制阀及杠杆系统等组成。

电压　电场两端电势大小的差值即为电压。

电流　即在电场的作用下，电荷作有规则的定向运动。

直流　电流的大小和方向不随时间变化而变化，这种电流称直流电流。

电阻　是任何导体对电流阻碍作用大小的一个物理量。

交流电　指大小和方向随时间按正弦规律变化的电流（含电压电动势）。

"三无"　无"鸡爪子"、无"羊尾巴"、无明接头。

"四有"　即有过电流和漏电保护装置，有螺钉和弹簧垫，有密封圈和挡板，有接地装置。

"两齐"　即电缆悬挂整齐、设备硐室清洁整齐。

"三全"　即防护装置全、绝缘用具全、图纸资料全。

"三坚持"　即坚持使用检漏继电器，坚持使用煤电钻、照明和信号综保，坚持使用风电和瓦斯电闭锁。

电击　指电流通过人体内部，造成人体内部器官损伤和破坏。

电伤　指强电流瞬间通过人体的某一局部或电弧对人体表面造成的烧伤。

过电流　指实际通过电气设备或电缆的工作电流超过了额定电流值。

短路　在电网和电气设备中，不同相线之间通过导体直接短接或通过弧光放电短路均会产生过电流。

过负荷　指电气设备的工作电流不仅超过了额定电流值，而且超过了允许的过负荷时间。

断相　三相电动机在运行过程中出现一相断线。

保护接地　在井下变压器中性点不接地系统中，将电气设备正常情况下不带电的金属部分用导线与埋在地下的接地极连接起来，称保护接地。

"三专"　即专用变压器、专用开关、专用线路。

两闭锁　即风电闭锁、瓦斯电闭锁。

杂散电流　直流电网会产生漏电，习惯上将这一直流漏电电流叫杂散电流。

电气间隙　指两个不同电位的裸露导体之间的最短空气距离，即电气设备中有电位差的金属导体之间通过空气的最短距离。

爬电距离 指两个导体之间沿其固体绝缘材料表面的最短距离,即电气设备中有电位差的相邻金属零件之间,沿绝缘表面的最短距离。

移动式电气设备 在工作中必须不断移动位置,或安设时不需构筑专门基础并且经常变动其工作地点的电气设备。

手持式电气设备 在工作中必须用人手保持和移动设备本体或协同工作的电气设备。

固定式电气设备 除移动式和手持式以外的安设在专门基础上的电气设备。

带电搬迁 设备在带电状态下进行搬动(移动)安设位置的操作。

矿用一般型电气设备 专为煤矿井下条件生产的不防爆的一般型电气设备。这种设备与通用设备比较,对介质温度、耐潮性能、外壳材质及强度、进线装置、接地端子都有适应煤矿具体条件的要求,而且能防止从外部直接触及带电部分及防止水滴垂直滴入,并对接线端子爬车距离和空气间隙有专门的规定。

矿用防爆电气设备 指 GB 3836.1—2000 标准生产的专供煤矿井下使用的防爆电气设备。

隔爆型电气设备 d 具有隔爆外壳的防爆电气设备,该外壳既能承受其内部爆炸性气体混合物引爆产生的爆炸压力,又能防止爆炸产物穿出隔爆间隙点燃外壳周围的爆炸性混合物。

增安型电气设备 e 在正常运行条件下,不会产生电弧、火花或可能点燃爆炸性混合物的高温设备结构上,采取措施提高安全程度,以避免在正常和认可的过载条件下出现这些现象的电气设备。

本质安全型电气设备 全部电路均为本质安全电路的电气设备。所谓本质安全电路是指在规定的试验条件下,正常工作或规定的故障状态下产生的电火花和热效应均不能点燃规定的爆炸性混合物的电路。

正压型电气设备 p 具有正压外壳的电气设备。即外壳内充有保护性气体,并保持其压力(压强)高于周围爆炸性环境的压力(压强)高于周围爆炸性环境的压力(压强),以防止外部爆炸性混合物进入的防爆电气设备。

充油型电气设备 o　全部或部分部件浸在油内,使设备不能点燃油面以上的外壳外的爆炸性混合物的防爆电气设备。

充砂型电气设备 q　外壳内充填砂粒材料,使之在规定的条件下壳内产生的电弧、传播的火焰、外壳壁或砂粒材料表面的过热温度,均不能点燃周围爆炸混合物的防爆电气设备。

浇封型电气设备 m　将电气设备或其部件浇封在浇封剂中,使它在正常运行和认可的过载或认可的故障下不能点燃周围的爆炸性混合物的防爆电气设备。

无火花型电气设备 n　在正常运行条件下,不会点燃周围爆炸性混合物,且一般不会发生有点燃作用的故障的电气设备。

气密型电气设备 h　具有气密外壳的电气设备。

特殊型电气设备 s　异于现有防爆型式,由主管部门制定暂行规定,经国家认可的检验机构检验证明,具有防爆性能的电气设备。该型防爆电气设备须报国家技术监督局备案。

检漏装置　当电力网路中漏电电流过到危险值时,能自动切断电源的装置。

欠电压释放保护装置　即低电压保护装置,当供电电压低至规定的极值时,能自动切断电源的继电保护装置。

阻燃电缆　遇火点燃时,燃烧速度很慢,离开火源后即自行熄灭的电缆。

总接地网　用导体将所有应连接的接地装置连成的 1 个接地系统。

接地装置　各接地极和接地导线、接地引线的总称。

局部接地极　在集中或单个装有电气设备(包括连接动力铠装电缆的接线盒)的地点单独埋设的接地极。

接地电阻　接地电压与通过接地极流入大地电流值之比。

接触网 沿电气化铁路架设的供电网路，由承力索、吊弦和接能导线等组成。

加强导线 电力牵引区段内，当接能导线和承力索的总截面积不能满足输电要求时，为了加大总截面积而架设的1条平行输电导线。

四、运输类安全生产应知名词术语

机车 架线电机车、蒸汽机车、蓄电池电机车和内燃机车的总称。

电机车 架线电机车和蓄电池电机车的总称。

单轨吊车 在悬吊的单轨上运行，由驱动车或牵引车（钢丝绳牵引用）、制动车、承载车等组成的运输设备。

卡轨车 装有卡轨轮，在轨道上行驶的车辆。

齿轨机车 借助道床上的齿条与机车上的齿轮实现增加爬坡能力的矿用机车。

胶套轮机车 钢车轮踏面包敷特种材料以加大黏着系数提高爬坡能力的矿用机车。

提升装置 绞车、摩擦轮、天轮、导向轮、钢丝绳、罐道、提升容器和保险装置等的总称。

主要提升装置 含有提人绞车及滚筒直径2 m以上的提升物料的绞车的提升装置。

提升容器 升降人员和物料的容器，包括罐笼、箕斗、带乘人间的箕斗、吊桶等。

防坠器 钢丝绳或连接装置断裂时，防止提升容器坠落的保护装置。

挡车装置 阻车器和挡车栏等的总称。

挡车栏 安装在上、下山，防止矿车跑车事故的安全装置。

阻车器(挡车器) 装在轨道侧旁或罐笼、翻车机内使矿车停车、定位的装置。

跑车防护装置 在倾斜井巷内安设的能够将运行中断绳或脱钩

的车辆阻止住的装置或设施。

最大内、外偏角　钢丝绳从天轮中心垂直面到滚筒的直线同钢丝绳在滚筒上最内、最外位置到天轮中心的直线所成的角度。

常用闸　绞车正常操作控制用的工作闸。

保险闸　在提升系统发生异常现象,需要紧急停车时,能按预先给定的程序施行紧急制动装置,也叫紧急闸或安全闸。

罐道　提升容器在立井井筒中上下运行时的导向装置。罐道可分为刚性罐道(木罐道、钢轨罐道、组合钢罐道)和柔性罐道(钢丝绳罐道)。

罐座(闸腿、罐托)　罐笼在井底、井口装卸车时的托罐装置。

摇台　罐笼装卸车时与井口、马头门处轨道联结用的活动平台。

矿用防爆特殊型电机车　电动机、控制器、灯具、电缆插销等为隔爆型,蓄电池采用特殊防爆措施的蓄电池电机车。

机车制动距离　司机开始扳动闸轮或电闸手把到列车完全停止的运行距离。机车制动距离包括空行程距离和实际制动距离。

架空乘人装置　在倾斜井巷中采用无极绳系统或架空轨道系统运送人员的一种乘人装置,包括行人辅助器、蹬座(猴车)和单轨吊车等各种型式的乘人装置。

五、通防类安全生产应知名词术语

锚喷支护　联合使用锚杆和喷混凝土或喷浆的支护。

主要风巷　总进风巷、总回风巷、主要进风巷和主要回风巷的总称。

进风巷　进风风流所经过的巷道。为全矿井或矿井一翼进风用的叫总进风巷;为几个采区进风用的叫主要进风巷;为1个采区进风用的叫采区进风巷;为1个工作面进风用的叫工作面进风巷。

回风巷　回风风流所经过的巷道。为全矿井或矿井一翼回风用的叫总回风巷;为几个采区回风用的叫主要回风巷;为1个采区回风用的叫采区回风巷;为1个工作面回风用的叫工作面回风巷。

专用回风巷　在采区巷道中,专门用于回风,不得用于运料、安设电气设备的巷道。在煤(岩)与瓦斯(二氧化碳)突出区,专用回风巷内还不得行人。

采煤工作面的风流　采煤工作面工作空间中的风流。

掘进工作面的风流　掘进工作面到风筒出风口这一段巷道中的风流。

分区通风(并联通风)　井下各用风地点的回风直接进入采区回风巷或总回风巷的通风方式。

串联通风　井下用风地点的回风再次进入其他用风地点的通风方式。

扩散通风　利用空气中分子的自然扩散运动,对局部地点进行通风的方式。

独立风流　从主要进风巷分出的,经过爆炸材料库或充电硐室后再进入主要回风巷的风流。

全风压　通风系统中主要通风机出口侧和进口侧的总风压差。

火风压　井下发生火灾时,高温烟流流经有高差的井巷所产生的附加风压。

局部通风　利用局部通风机或主要通风机产生的风压对局部地点进行通风的方法。

循环风　局部通风机的回风,部分或全部再进入同一部局部通风机的进风风流中。

主要通风机　安装在地面的,向全矿井、一翼或1个分区供风的通风机。

辅助通风机　某分区通风阻力过大、主要通风机不能供给足够风量时,为了增加风量而在该分区使用的通风机。

局部通风机　向井下局部地点供风的通风机。

上行通风　风流沿采煤工作面由下向上流动的通风方式。

下行通风　风流沿采煤工作面由上向下流动的通风方式。

瓦斯　矿井中主要由煤层气构成的以甲烷为主的有害气体。有时单独指甲烷。

瓦斯矿井　低瓦斯矿井和高瓦斯矿井的总称。

瓦斯(二氧化碳)浓度　瓦斯(二氧化碳)在空气中按体积计算占有的比率,以％表示。

瓦斯涌出　由受采动影响的煤层、岩层,以及由采落的煤、矸石向井下空间均匀地放出瓦斯的现象。

瓦斯(二氧化碳)喷出　从煤体或岩体裂隙、孔洞或炮眼中大量瓦斯(二氧化碳)异常涌出的现象。在 20 m 巷道范围内,涌出瓦斯量大于或等于 $1.0 \, m^3/min$,且持续时间在 8 h 以上时,该采掘区即定为瓦斯(二氧化碳)喷出危险区域。

煤尘爆炸危险煤层　经煤尘爆炸性试验鉴定证明其煤尘有爆炸性的煤层。

岩粉　专门生产的、用于防止爆炸及其传播的惰性粉末。

粉尘　煤尘、岩尘和其他有毒有害粉尘的总称。

呼吸性粉尘　能被吸入人体肺泡区的浮尘。

煤(岩)与瓦斯突出　在地应力和瓦斯的共同作用下,破碎的煤、岩和瓦斯由煤体或岩体内突然向采掘空间抛出的异常的动力现象。

保护层　为消除或削弱相邻煤层的突出或冲击地压危险而先开采的煤层或矿层。

石门揭煤　石门自底(顶)板岩柱穿过煤层进入顶(底)板的全部作业过程。

第四节　煤矿井下安全标志

煤矿井下安全标志包括禁止标志、警告标志、指令标志以及路标、名牌、提示标志。由国家安全生产监督管理总局于 2005 年 12 月 7 日发布,2006 年 3 月 1 日起实施。其中禁止标志 19 种,警告标志 19 种,指令标志 11 种,路标、名牌、提示标志 20 种,共计 69 种。见彩页。

参 考 文 献

[1] 《煤矿安全基础管理培训丛书》编委会.煤矿班组安全基础管理(采煤班组).徐州:中国矿业大学出版社,2007.

[2] 《煤矿安全基础管理培训丛书》编委会.煤矿班组安全基础管理(综合本).徐州:中国矿业大学出版社,2007.

[3] 段绪华,凌标灿,金智新.煤矿顶板事故防治新技术.徐州:中国矿业大学出版社,2008.

[4] 李国军.煤矿岗位技术培训系列教材(事故案例).徐州:中国矿业大学出版社,2004.

[5] 山东省煤矿培训中心.煤矿班组安全培训教材.北京:煤炭工业出版社,2009.

[6] 严建华.煤矿班组长安全培训教材.徐州:中国矿业大学出版社,2009.

[7] 周心权,常文杰.煤矿重大灾害应急救援技术.徐州:中国矿业大学出版社,2007.

禁止入内

禁止停车

禁止驶入

禁止通行

禁止穿化纤
服装入井

禁止放
明炮、糊炮

禁止井下睡觉

禁止同时打开
两道风门

禁止井下
随意拆卸矿灯

禁带烟火

禁止酒后入井

禁止明火作业

禁止启动

禁止送电

禁止扒乘矿车

禁止
扒、登、跳人车

禁止登钩

禁止跨、乘输送带

禁止井下
攀牵线缆

当心坠入溜井

当心发生
冲击地压

当心片帮滑坡

当心矿车行驶

当心绊倒

当心滑跌

当心交叉道口

当心弯道

当心道路变窄
（左、右、正向）

注意安全

当心瓦斯

当心冒顶

当心火灾

当心水灾

当心煤（岩）与
瓦斯突出

当心
有害气体中毒

当心爆炸

当心触电

当心坠落

必须桥上通过

必须走人行道

鸣笛

必须加锁

持证上岗

必须持证上岗

必须戴安全帽

必须携带自救器

必须携带矿灯

必须穿戴
绝缘保护用品

必须系安全带

必须戴防尘口罩

运输巷道

指示牌

路标

避火灾、瓦斯
爆炸路线

避水灾路线

避有毒有害气体
路线

永久密闭

测风牌

炮检牌

瓦斯巡检牌

爆破警戒线

危险区

沉陷区

前方慢行

进风巷道

回风巷道

紧急出口
（左、右向）

电话

躲避硐

急救站